国家级职业教育规划教材
全国技工院校煤矿技术专业教材（中级技能层级）

采 煤 机

（第二版）

人力资源社会保障部教材办公室组织编写
沈国才　主编
郝成军　主审

中国劳动社会保障出版社

简介

本教材为全国技工院校煤矿技术专业国家级规划教材，由人力资源社会保障部教材办公室组织编写。教材内容力求适应煤炭生产的现状，准确把握技工院校学生的应知应会要求，注重理论联系实际，具有先进性、科学性、实用性和针对性，突出技工教育的特色，适应技能型人才的培养需要。教材配有电子课件，可通过职业教育教学资源和数字学习中心（http://zyjy.class.com.cn）下载。

本教材由沈国才任主编，沈兆振、夏孝够任副主编，王霄梅参加编写，郝成军任主审。

图书在版编目（CIP）数据

采煤机/沈国才主编. -- 2版. -- 北京：中国劳动社会保障出版社，2018
全国技工院校煤矿技术专业教材. 中级技能层级
ISBN 978-7-5167-3093-5

Ⅰ. ①采… Ⅱ. ①沈… Ⅲ. ①采煤机-中等专业学校-教材 Ⅳ. ①TD421.6

中国版本图书馆 CIP 数据核字（2018）第 035894 号

中国劳动社会保障出版社出版发行
（北京市惠新东街 1 号 邮政编码：100029）

*

三河市潮河印业有限公司印刷装订 新华书店经销

787 毫米×1092 毫米 16 开本 12.75 印张 1 插页 285 千字
2018 年 3 月第 2 版 2024 年 8 月第 5 次印刷
定价：24.00 元

营销中心电话：400-606-6496
出版社网址：http://www.class.com.cn
http://jg.class.com.cn

前　言

全国中等职业技术学校煤矿技术专业教材自出版以来，在学校的教学中发挥了重要作用。近年来，随着我国煤炭工业的发展，煤矿企业对从业人员的知识水平和职业能力提出了更高的要求。为了适应这些变化，满足学校的人才培养需求，我们组织了一批教学经验丰富、实践能力强的一线教师和行业、企业专家，在充分调研的基础上，对现有教材进行了修订。

在体系结构上，新版教材仍然按“综合机械化采煤”“综合机械化掘进”“煤矿电气设备维修”和“煤矿机械设备维修”四个专业方向设计，包括《采煤概论（第二版）》《矿井通风与安全（第二版）》《液压支架与泵站（第二版）》《煤矿电工学（第二版）》《综合机械化采煤工艺（第二版）》《采煤机（第二版）》《综采运输机械（第二版）》《掘进与支护（第二版）》《综合机械化掘进机械（第二版）》《综合机械化掘进工艺（第二版）》《煤矿供电（第二版）》《煤矿电气设备维修技能训练（第二版）》《煤矿机械（第二版）》和《煤矿固定设备维修技能训练（第二版）》。

在内容上，新版教材根据煤炭工业的现状和发展趋势，以及企业的岗位需求做了调整和更新，例如，在相关教材中增加了煤矿环境保护与治理的内容，以及来源于实际生产的案例、技能训练和例题，同时，严格执行国家最新技术标准，体现了行业的新知识、新技术、新工艺、新设备。

在表现形式上，新版教材充分考虑学生的认知规律，注重利用图表、实物照片和案例辅助讲解知识点和技能点，增加教材的亲和力，为学生营造生动、直观的学习环境，激发学生的学习兴趣。

本套教材的修订得到了山东、江苏、河北、河南、山西等省人力资源社会保障部门及有关院校的大力支持，在此，我们表示诚挚的谢意！同时，恳切希望广大读者对教材提出宝贵的意见和建议。

人力资源社会保障部教材办公室

目　录

第一章

采煤机概述

学习目标

了解采煤机的主要类型、适用条件、分类和外形结构，掌握滚筒式采煤机的组成与作用，了解滚筒式采煤机的工作原理、工作过程、型号和工作性能参数，掌握采煤工作面配套设备的使用。

采煤机是机械化采煤作业中最主要的机械设备，学习本章可以较为广泛地了解采煤机的基本知识，初步建立对采煤机的整体感性认识，为后续内容的学习奠定良好的基础。

第一节　采煤机分类与命名

采煤机的功能是落煤和装煤，现在普遍使用的采煤机有刨煤机、连续采煤机（又称掘采机）和滚筒式采煤机三种。

刨煤机是一种采用刨削方式落煤的采煤机械。它的工作机构是装有一系列刨刀的刨头，由安装在刨煤机两端的传动装置通过牵引链曳引，使刨头沿着输送机在煤壁上往复刨削落煤。因刨煤机对煤层地质条件要求较高，使用数量近年来逐渐减少。但是，刨煤机结构简单，操作容易，当条件适合时，尤其在薄煤层条件下，劳动生产率较高，适用于薄煤层及中厚煤层下的长壁工作面开采。

连续采煤机是一种可以连续采掘煤炭的机械设备，通常由截割机构、装运机构、行走机构、液压系统、电气系统、冷却喷雾系统、除尘装置和安全防护装置等组成。它既可以用来开掘以煤为基岩的巷道，又可作为单独的采煤机使用。连续采煤机在我国很多大煤矿都有使用，对地质条件好的巷道开掘或者对煤矿井田构造复杂的边角煤开采有得天独厚的优势，是一种值得推广的煤矿机械设备。

滚筒式采煤机对各种煤层适应性很强，能适应较复杂的顶板条件，因此得到了广泛应用，本教材以滚筒式采煤机为例进行介绍。

我国采煤机技术经过了半个多世纪的发展，经历了从仿制国外设备、引进国外设备和技术，到自主产品技术研制、国际合作研制、自主技术创新的发展过程。从理论到技术，从产品到标准，已经由国外技术一统天下的局面，发展到现在我国采煤机产品基本上满足常规生产的需求，并实现了液压调速采煤机向高效的电气调速采煤机的过渡，已形成了开采范围0.52~8 m、适应倾角0°~55°、总装机功率最大达2 215 kW的具有自主知识产权的采煤机产品及各种配套的行业标准。

MG系列采煤机作为采煤机的主导系列，主要包括MG300、MG200和MG150三大系列，其共同特点如下：

（1）覆盖的采高范围大（1.1~4.5 m），适用于倾角35°以下（个别可达55°）的中硬和硬煤层。

（2）大部分元部件可在各系列之间和本系列之间互换使用，通用性强。

（3）价格便宜，一般较其他系列同类机型便宜30%~65%。

（4）绝大部分机型采用无链牵引机构，运行平稳、安全。

（5）采用电动机恒功率调速，可充分发挥电动机的能力。

（6）具有完善的保护系统。

（7）采用弯摇臂，装煤效果好。

近年来，MG系列采煤机中又新添了MG400、MG375等多种系列采煤机，此外还生产了不同电动机功率和不同地质条件使用的其他MG系列采煤机，它们都在一定范围内实现了系列化、通用化和标准化。除MG系列采煤机以外，我国还有MXA、AM500、MLS3-170和BM-100等系列采煤机。

现代滚筒式采煤机均为可调高摇臂滚筒采煤机，其发展是从有链到无链，由机械牵引到液压牵引再到电牵引，由单机纵向布置驱动到多机横向布置驱动，由单滚筒到双滚筒，且向大功率、遥控、遥测、智能化发展，其性能日臻完善，生产效率和可靠性进一步提高。工况自动监测、故障诊断，以及计算机数据处理等先进的监控技术已在采煤机上得到应用。近年来我国研制的大功率采煤机主要技术参数见表1—1。

表1—1　近年来我国研制的大功率采煤机主要技术参数

型　号	MG900/2215-WD	MG750/1815-WD	MG750/1800-WD	MG750/1910-WD	MG800/2040-WD
总装机功率（kW）	2 215	1 815	1 800	1 910	2 040
截割电动机功率（kW）	900×2	750×2	750×2	750×2	800×2
牵引电动机功率（kW）	AC110×2	AC90×2	AC90×2	AC110×2	AC120×2
泵站电动机功率（kW）	35	35	35	40	40
牵引力（kN）	1 142/653（可选）	780/445	726/305	1 000/500	1 250/785（可选）
牵引速度（m/min）	0~10，0~17.5	0~12.0，0~21.0	0~10.4，0~24.58	0~11.5，0~23	0~10，0~16
工作电压（V）	3 300	3 300	3 300	3 300	3 300
牵引测量方式	交流	交流	交流	交流	交流
截深（mm）	800~1 000	800~1 000	850	800~1 000	800~1 000
滚筒转速（m/min）	24.21/28.34	23.5/26.7	26.4	24.4	23

一、采煤机分类

目前，国内外滚筒式采煤机的种类很多，分类方式也各不相同。各种类型采煤机的分类方式、特点及适用范围见表1—2。

表1—2 各种类型采煤机的分类方式、特点及适用范围

分类方式	采煤机类型	特点及适用范围
按滚筒数目	单滚筒采煤机	机身较短，质量较小，自开切口性能较差，适宜在煤层起伏变化不大的条件下工作
	双滚筒采煤机	调高范围大，生产效率高，可在各种煤层地质条件下工作
按煤层厚度	厚煤层采煤机	机身几何尺寸大，调高范围大，采高大于3.5m
	中厚煤层采煤机	机身几何尺寸较大，调高范围较大，采高为1.3~3.5m
	薄煤层采煤机	机身几何尺寸较小，调高范围小，采高小于1.3m
按调高方式	固定滚筒式采煤机	靠机身上的液压缸调高，调高范围小
	摇臂调高式采煤机	调高范围较大，挖底量大，装煤效果好
	机身摇臂调高式采煤机	机身短窄，稳定性好，但自开切口性能差，挖底量较小，可适应煤层起伏变化小、顶板条件差等特殊地质条件
按机身设置方式	骑输送机采煤机	适用范围广，装煤效果好，适用于中厚及以上煤层
	爬底板采煤机	适用于各种薄煤层
按牵引传动方式	机械牵引采煤机	操作简单，维护检修方便，适应性强
	液压牵引采煤机	控制、操作简单、可靠，功能齐全，适用范围广
	电牵引采煤机	控制、操作简便，传动效率高，适用于各种地质条件
按牵引工作机构	钢丝绳牵引采煤机	牵引力较小，一般适用于中小型矿井的普采工作面
	锚链牵引采煤机	中等牵引力，安全性较差，适用于中厚煤层工作面
	无链牵引采煤机	工作平稳、安全，结构简单，适于开采倾斜煤层
按牵引机构设置	内牵引采煤机	结构紧凑，操作安全
	外牵引采煤机	机身短，维护和操作方便
按适用煤层条件	缓倾斜煤层采煤机	设有特殊的防滑装置，适用于倾角15°以下的煤层工作面
	倾斜煤层采煤机	牵引力较大，具有特殊设计的制动装置，与无链牵引机构相配，适用于倾角为15°~45°的倾斜煤层工作面
	急倾斜煤层采煤机	牵引力较大，具有特殊的工作机构和牵引导向装置，适用于倾角45°以上的急倾斜煤层工作面

二、采煤机型号与命名

1. 产品型号的组成和排列

采煤机的产品型号用阿拉伯数字和汉语拼音字母混合编制，其排列方式如下：

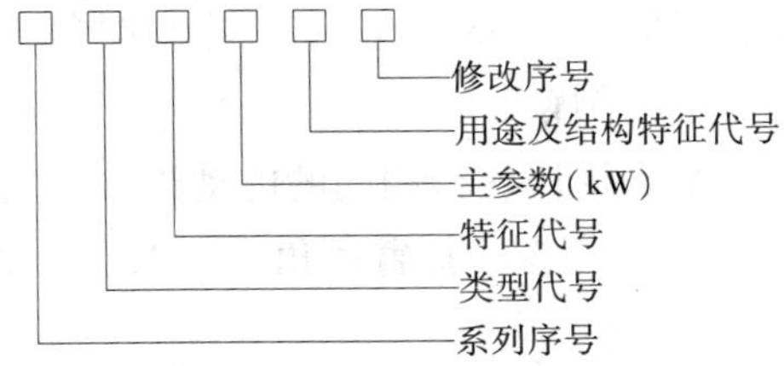

2. 产品型号各组成代号的说明

（1）系列序号。当产品按系列设计时，以阿拉伯数字顺序编号。当产品按单机设计时，此项应省略。

（2）类型代号。以产品类型代号 M 表示采煤机。

（3）特征代号。以产品特征代号 G 表示滚筒式。

（4）主参数。主参数用截割电动机功率/装机总功率表示。

（5）用途及结构特征代号。滚筒式采煤机用途及结构特征代号见表 1—3。

表 1—3　　滚筒式采煤机用途及结构特征代号

序号	用途及结构特征	代　号	序号	用途及结构特征	代　号
1	适用于薄煤层	B	5	爬底板式	P（省略 B）
	适用于中厚煤层以上	省略	6	摇臂摆角小于 120°	省略
2	适用于煤层倾角 35°以下	省略		摇臂摆角大于 120°（短壁式）	N（省略 T）
	适用于煤层倾角 35°~55°（大倾角）	Q	7	牵引链或钢丝绳牵引	省略
3	基型	省略		无链牵引	W
	高型	G	8	内牵引	省略
	矮型	A		外牵引	F
4	双滚筒	省略	9	液压调速牵引	省略
	单滚筒	T		电气调速牵引	D
5	骑刮板输送机式	省略			

（6）修改序号。修改序号一般用阿拉伯数字 1、2、3…表示，1 代表第一次修改（可省略），2 代表第二次修改，依次类推。

3. 产品型号编制示例

示例 1：型号 3MG400/985-GWD 表示第 3 系列中截割电动机额定功率为 400 kW、装机总功率为 985 kW、适用于中厚煤层、煤层倾角小于 35°、高型、摇臂摆角小于 120°、无链牵引、内牵引、电气调速牵引的采煤机。

示例 2：型号 2MG250/300-NWD 表示第 2 系列中截割电动机额定功率为 250 kW、装机总功率为 300 kW、适用于中厚煤层、煤层倾角小于 35°、基型、摇臂摆角大于 120°、无链牵引、内牵引、电气调速牵引的短壁采煤机。

示例 3：型号 MG300/350-PWD 表示截割电动机额定功率为 300 kW、装机总功率为 350 kW、适用于薄煤层、煤层倾角小于 35°、基型、摇臂摆角小于 120°、无链牵引、内牵引、电气调速牵引的薄煤层爬底板采煤机。

示例 4：型号 MG2×300-GW 表示用两台相同的电动机（额定功率为 300 kW）驱动、适用于中厚煤层、煤层倾角小于 35°、高型、摇臂摆角小于 120°、无链牵引、内牵引、液压调速牵引的采煤机。

第二节 滚筒式采煤机组成与原理

一、滚筒式采煤机主要组成及作用

滚筒式采煤机分为单滚筒采煤机和双滚筒采煤机，如图 1—1 所示为单滚筒采煤机的组成示意图，如图 1—2 所示为双滚筒采煤机的组成示意图。无论哪种类型的采煤机，尽管其结构不同，但其基本组成部分大体相同，各种类型的滚筒式采煤机一般都由牵引部、截割部、电气系统、附属装置 4 大部分组成。

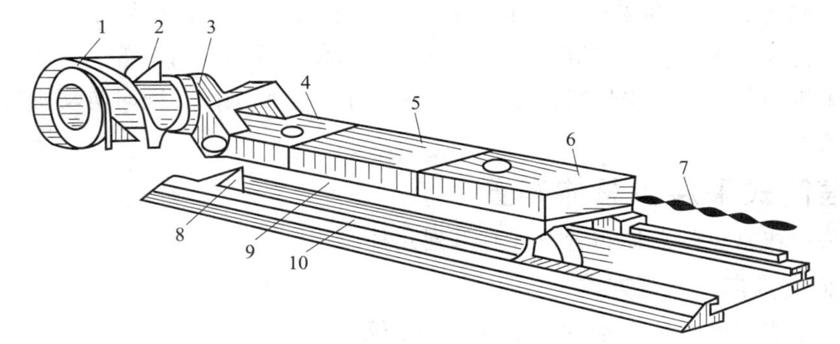

图 1—1 单滚筒采煤机的组成示意图

1—挡煤板 2—螺旋滚筒 3—摇臂箱 4—固定减速箱 5—电动机
6—牵引部 7—牵引链 8—滑靴 9—底托架 10—输送机

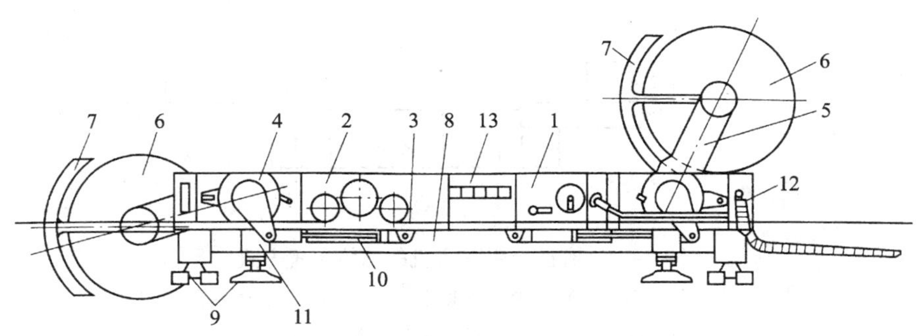

图 1—2 双滚筒采煤机的组成示意图

1—电动机 2—牵引部 3—牵引链 4—截割部固定减速箱 5—摇臂
6—滚筒 7—弧形挡煤板 8—底托架 9—滑靴 10—摇臂调高液压缸
11—机身调斜液压缸 12—拖缆装置 13—电气控制箱

1. 牵引部

牵引部由牵引机构和牵引传动装置组成。牵引机构是移动采煤机的执行机构，又可分为链牵引和无链牵引两类，牵引传动装置主要用于传递（转换）能量。牵引部的主要作用是控制采煤机，使其按要求沿工作面运行，并对采煤机进行必要的过载保护。

2. 截割部

截割部包括摇臂减速箱、固定减速箱（又称机头减速箱）、滚筒和挡煤板等。截割部的主要作用是落煤和装煤。

3. 电气系统

电气系统包括电动机及其箱体和装有各种电气元件的中间箱、接线箱等。电气系统的主要作用是为采煤机提供动力，并对采煤机进行过载保护，控制其动作。

4. 附属装置（辅助装置）

附属装置主要起各种辅助作用，如支撑、导向、冷却、除尘、调高、防滑等，同上述三大主要部分一起构成完整的采煤机功能体系，以满足高效、安全采煤的要求。它包括挡煤板、底托架、拖缆装置、供水喷雾冷却装置，以及调高装置和调斜装置。

双滚筒采煤机与单滚筒采煤机的主要区别是多了一个截割部，同时电动机可根据功率要求配置一台或两台等。

二、滚筒式采煤机总体布置

滚筒式采煤机常见的总体布置方式有下列几种：

1. 沿轴向（纵向）布置方式

有链牵引采煤机的总体布置方式如图 1—3 所示。

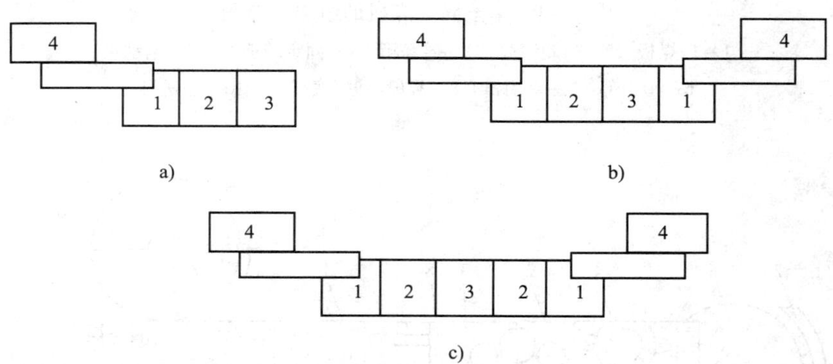

图 1—3　有链牵引采煤机的总体布置方式

a）单滚筒采煤机　b）双滚筒采煤机　c）双滚筒双电动机采煤机

1—截割部　2—电动机　3—牵引部　4—滚筒

无链牵引采煤机的总体布置方式如图 1—4 所示。

2. 多电动机横向布置方式

多电动机采煤机的总体布置方式如图 1—5 所示。

三、滚筒式采煤机工作原理

采煤机的割煤是通过螺旋滚筒的旋转和安装在滚筒上的截齿截入煤壁，对煤壁进行切割实现的。

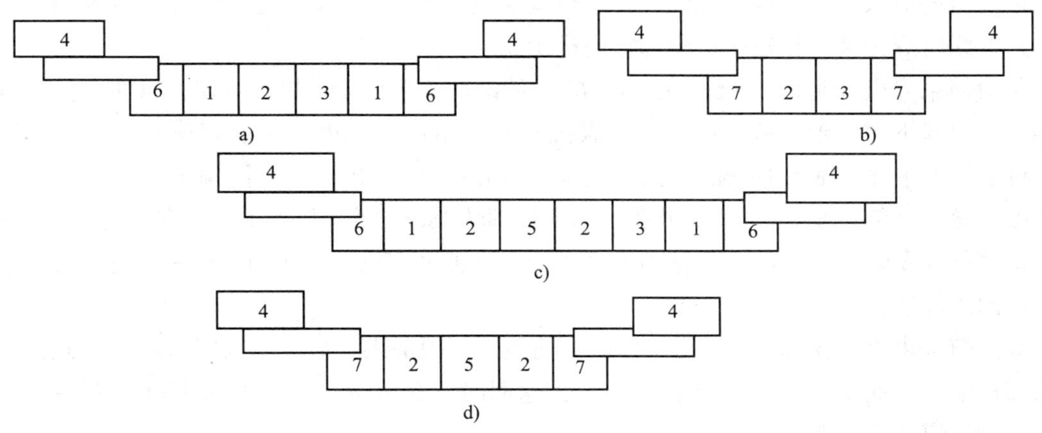

图 1—4　无链牵引采煤机的总体布置方式

a）双滚筒单电动机采煤机　b）双滚筒单电动机（牵截合一）采煤机

c）双滚筒双电动机采煤机　d）双滚筒双电动机（牵截合一）采煤机

1—截割部　2—牵引部　3—电动机　4—滚筒　5—中间箱

6—牵引行走部　7—牵截合一截割部

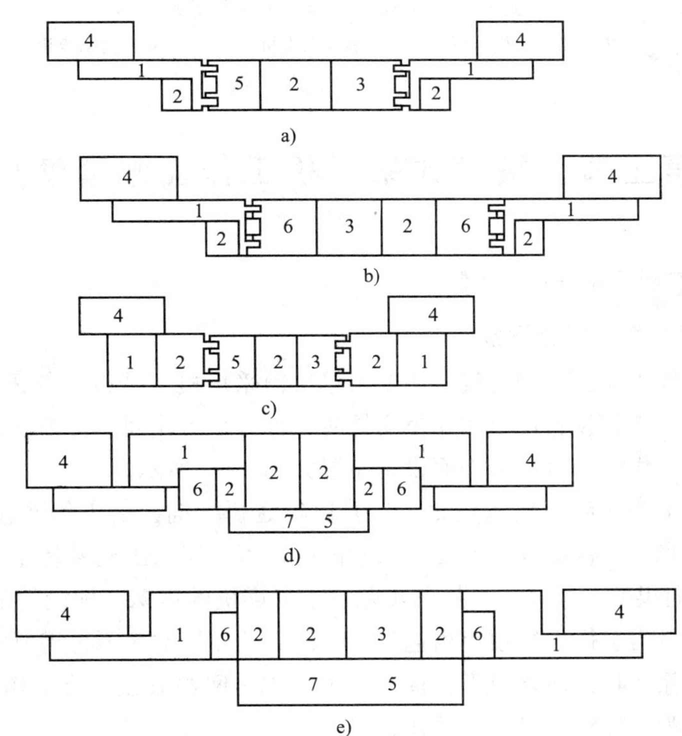

图 1—5　多电动机采煤机的总体布置方式

a）双滚筒多电动机采煤机（有链）　b）双滚筒多电动机采煤机（无链）　c）双滚筒机身摇臂调高式多电动机采煤机（有链）　d）双滚筒爬底板多电动机采煤机（无链）　e）双滚筒爬底板多电动机（电牵引）采煤机

1—截割部　2—电动机　3—牵引部　4—滚筒　5—中间箱　6—牵引行走部　7—过桥

采煤机的装煤是通过滚筒螺旋叶片的螺旋面进行的，将从煤壁上切割下的煤运出，再利用叶片外缘将煤抛到刮板输送机中部槽内运走。

单滚筒采煤机（见图1—6a和图1—6b）的滚筒一般位于采煤机下端，以使滚筒割落下的煤不经机身下部运走，从而可降低采煤机机面（由底板到电动机上表面）高度。单滚筒采煤机上行工作时（见图1—6a），滚筒割顶部煤并把落下的煤装入刮板输送机，同时跟机悬挂铰接顶梁，割完工作面全长后，将弧形挡煤板翻转180°，接着机器下行工作（见图1—6b），滚筒割底部煤及装煤，并随之推移刮板输送机。这种采煤机沿工作面往返一次进一刀的采煤法叫单向采煤法。

双滚筒采煤机（见图1—6c）工作时，前滚筒割顶部煤，后滚筒割底部煤。因此，双滚筒采煤机沿工作面牵引一次，可以进一刀，返回时，又可进一刀，即采煤机往返一次进二刀，这种采煤法称为双向采煤法。

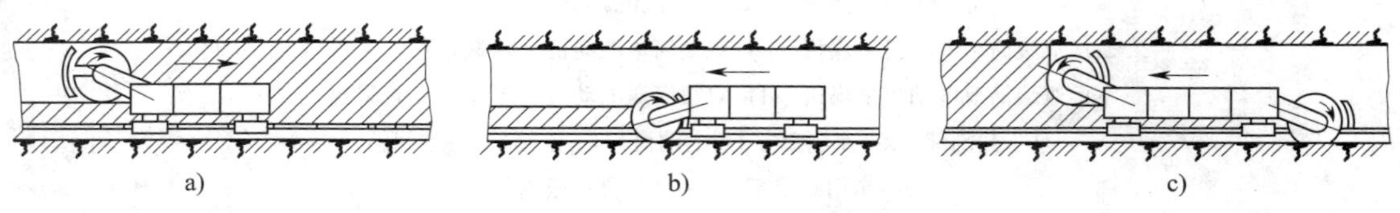

图1—6 滚筒式采煤机的工作原理

a）单滚筒采煤机上行 b）单滚筒采煤机下行 c）双滚筒采煤机

第三节 滚筒式采煤机工作面配套使用

一、采煤工作面配套设备

1. 普采工作面采煤机配套设备

普通机械化采煤工作面的配套设备主要由单滚筒采煤机（或双滚筒采煤机）、刮板输送机及支护设备组成。支护设备用金属摩擦支柱时，称普采工作面；支护设备采用单体液压支柱时，称高档普采工作面。普采工作面设备布置如图1—7所示。

单滚筒采煤机1骑在刮板输送机2上，并以输送机导向，沿工作面移动进行落煤和装煤。用金属支柱3和金属铰接顶梁4支护裸露出的顶板。当采煤机采装完煤以后，用千斤顶5把刮板输送机推向煤壁一个步距。推移步距等于采煤机的截深，即滚筒的宽度。推移完毕后应立即架设支架。当工作面控顶距离达到一定值后，在采空区不再需要支护的地方，应将金属支柱和顶梁拆除回收，使顶板岩石冒落下来，称为回柱放顶。沿工作面全长采完一刀，工作面推进一个步距，称为完成一个循环。

2. 综采工作面采煤机配套设备

在使用双滚筒采煤机的综采工作面中，主要配套的设备有采煤机、可弯曲刮板输送机和自移式液压支架；另外，在工作面运输巷内还有桥式转载机和可伸缩带式输送机。综合机械化采煤，就是通过以上设备相互配合和协调动作，实现落煤、装煤、运煤、支护、顶板管

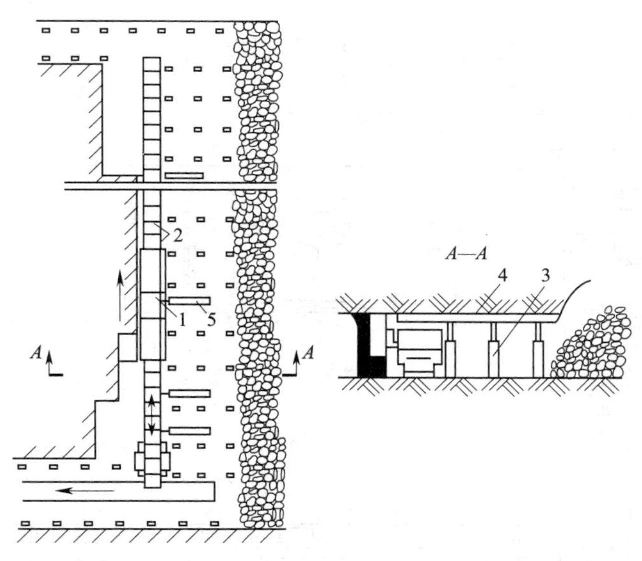

图 1—7　普采工作面设备布置

1—单滚筒采煤机　2—刮板输送机

3—金属支柱　4—金属铰接顶梁　5—千斤顶

理，以及工作面巷道运输等生产工序的全部机械化。

综合机械化采煤工作面的配套设备及工作面布置如图 1—8 所示。采煤机、可弯曲刮板输送机和液压支架用来组成工作面设备；端头支架用来推移输送机驱动装置、机尾并支护端头空间；桥式转载机与刮板输送机搭接，用来将工作面运来的煤转载到可伸缩带式输送机上运出；乳化液泵站用来为液压支架提供压力液；设备列车用来安放移动变电站、乳化液泵站、集中控制台等设备；喷雾泵站为采煤机提供喷雾冷却用的压力水；液压安全绞车用于当煤层倾角大于 16°时防止采煤机断链下滑；集中控制台用于控制刮板输送机、桥式转载机、可弯曲带式输送机及通信等。

二、采煤机的工作方式

当采煤机沿工作面双向采煤时，每次截割完工作面全长后，工作面就向前推进一个截深的距离。在采煤机重新开始截割下一刀之前，首先要使滚筒切入煤壁，推进一个截深，这一过程称为进刀。综采工作面两端巷道的断面较大，刮板输送机的驱动装置和机尾一般可伸进巷道。当采煤机截割到工作面端头时，其前滚筒可截割至巷道，因此不需要人工预开切口，而由采煤机在进刀过程中自开切口。采煤机的进刀方式主要有两种，即斜切进刀法和正切进刀法。其中斜切进刀法又分为端部斜切法和中部斜切法（半工作面法）。

1. 斜切进刀法

（1）端部斜切进刀法

利用采煤机在工作面两端 25～30 m 范围内斜切进刀的操作方法称为端部斜切进刀法（见图 1—9），其操作过程如下：

1）采煤机下行正常割煤时，滚筒 2 割顶部煤，滚筒 1 割底部煤（见图 1—9a），在离滚

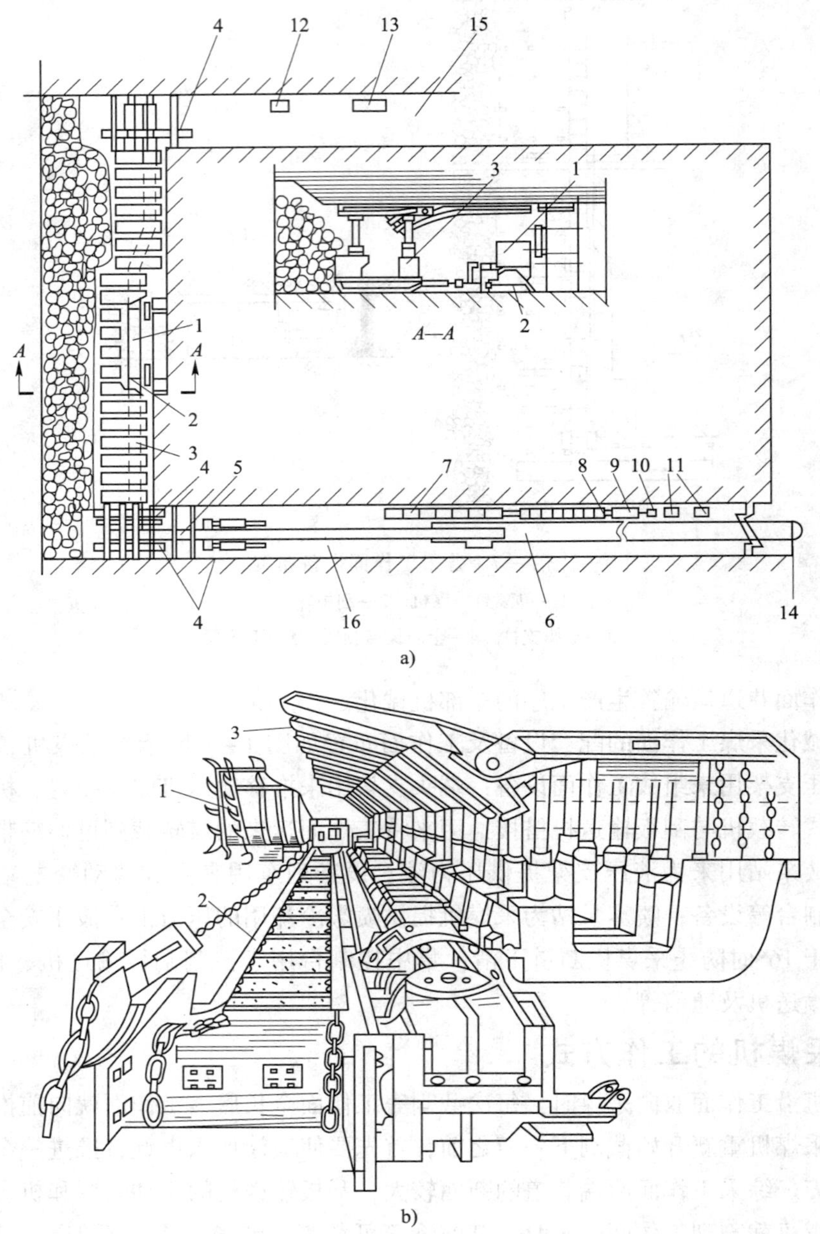

图 1—8　综采工作面设备布置图

a）平面图　b）立体图

1—采煤机　2—可弯曲刮板输送机　3—液压支架　4—端头支架　5—桥式转载机
6—可伸缩带式输送机　7—集中控制台　8—配电箱　9—乳化液泵站　10—设备列车
11—移动变电站　12—液压安全绞车　13—喷雾泵站　14—煤仓　15—工作面回风巷　16—工作面运输巷

筒 1 约 10 m 处开始逐段移输送机；当采煤机割到工作面运输巷处时，将滚筒 2 逐渐下降，以割底部残留煤，同时将输送机移成如图 1—9b 所示的蛇弯形。

2）翻转挡煤板，将滚筒 1 升到顶部，然后开始上行斜切（见图 1—9b 中虚线），斜切长度约 20 m，同时将输送机移直（见图 1—9c）。

3）翻转挡煤板并将滚筒 1 下降割煤，同时将滚筒 2 上升，然后开始下行斜切（见图 1—9c 中虚线），直到工作面运输巷。

4）翻转挡煤板，将滚筒位置上下对调，由滚筒 2 割残留煤（见图 1—9d），然后快速移过斜切长度开始上行正常割煤，随即移动下部输送机，直到工作面回风巷时，又重复上述进刀过程。

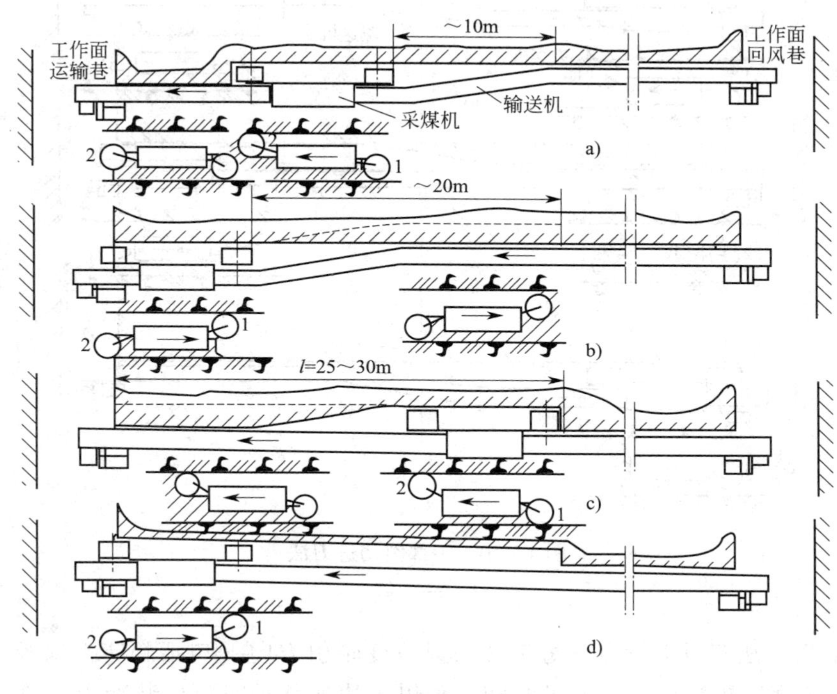

图 1—9　端部斜切进刀法

1、2—滚筒

可见，端部斜切进刀法要在工作面两端近 20 m 地段使采煤机往返 1 次，翻转挡煤板及对调滚筒位置 3 次，所以工序比较复杂。这种进刀法适于工作面较长、顶板较稳定的情况。

（2）中部斜切进刀法（半工作面法）

利用采煤机在工作面中部斜切进刀的操作方法称为中部斜切进刀法（见图 1—10），其操作过程如下：

1）开始时工作面是直的，输送机在工作面中部弯曲（见图 1—10a）；采煤机在工作面运输巷将滚筒 1 升起，待滚筒 2 割完残留煤后快速上行到工作面中部，装净上一刀留下的浮煤，并逐步使滚筒斜切入煤壁（见图 1—10a 中虚线）；然后转入正常割煤，直到工作面回风巷；再翻转挡煤板，将滚筒 1 下降割残留煤，同时将下部输送机移直。这时，工作面是弯的，输送机是直的（见图 1—10b）。

2）将滚筒 2 升起，机器下行割掉残留煤后即快速移到中部，逐步使滚筒斜切入煤壁（见图 1—10b 中虚线），转入正常割煤，直到工作面运输巷；再翻转挡煤板，并将滚筒 2 下降，即完成了一次进刀；然后将上部输送机逐段前移，如图 1—10c 所示，即又恢复到工作面是直的、输送机是弯的位置。

3）将滚筒 1 上升，机器快速移到工作面中部，又开始新的斜切进刀，重复上述过程。

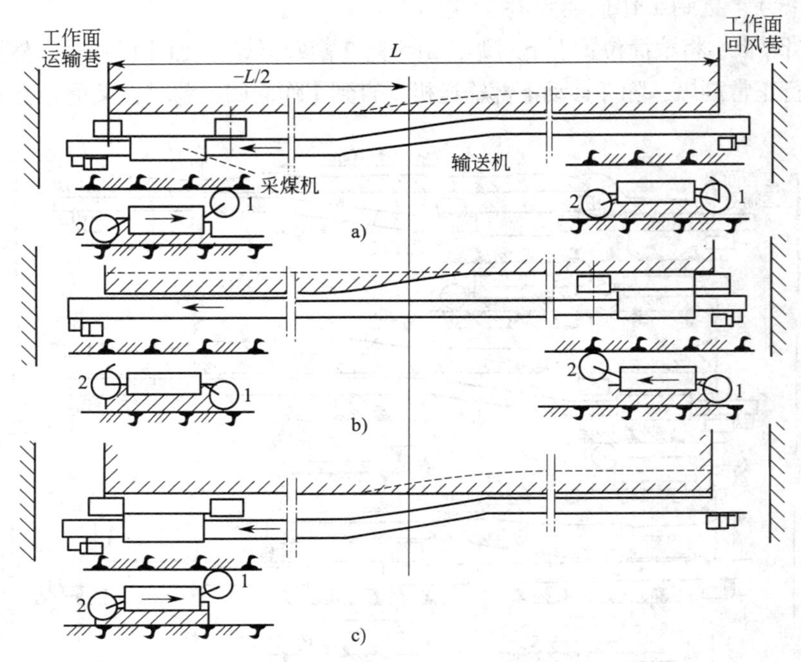

图 1—10　中部斜切进刀法

1、2—滚筒

中部斜切进刀法有以下特点：每进 2 刀只改变牵引方向（包括翻转挡煤板及对调滚筒位置）4 次，工序比较简单，节省了时间；采煤机快速移动时可以装净上次进刀留下的浮煤，装煤效果好；采煤机割煤时，输送机机头处于不移动状态，且有一半时间输送机完全呈直线，故能延长输送机寿命；采煤机每割 1 刀要多跑 1 个工作面长度，但由于牵引速度高，因此所花费的总时间仍不长；在滞后支护的条件下，采用中部斜切进刀法，空顶的面积和时间要比端部斜切进刀法大。

中部斜切进刀法适用于煤层工作面较短、片帮严重的情况。

2. 正切进刀法（钻入法）

正切进刀法是在工作面两端用千斤顶将输送机及其上面的采煤机滚筒推向煤壁，利用滚筒端盘端面上的截齿钻入煤壁，以实现进刀的操作方法。

正切进刀法的操作过程如图 1—11 所示。

（1）当采煤机割到工作面一端后（见图 1—11a），放下上滚筒，返回割一个机身长的底部煤，则工作面如图 1—11b 所示。

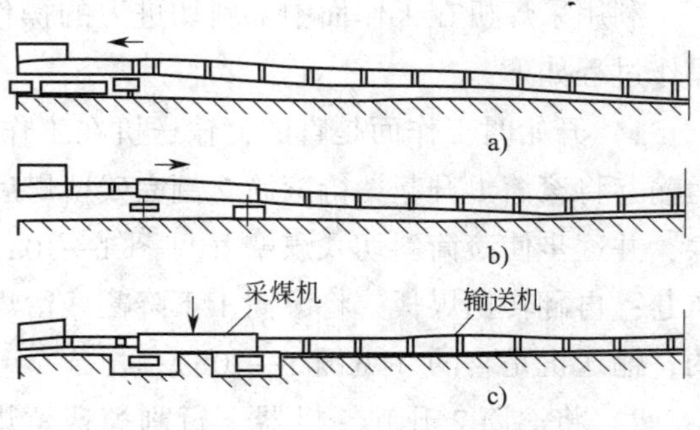

图 1—11　正切进刀法

（2）开动滚筒，并靠推移装置将输送机连同采煤机强力推入煤壁。为便于钻入，在推移刮板输送机同时将采煤机在 1 m 距离内往复牵引，直到钻入一个截深（见图 1—11c）。

（3）滚筒切入后，变换前后滚筒高度，割去端面剩余残煤，再转入正常割煤状态。

正切进刀法的优点是工作面空顶面积小，切入时间短，可提高工效。但此法只适于用有门式挡煤板或无挡煤板的采煤机，且千斤顶推力大，并要求输送机、采煤机摇臂强度大，因此一般很少采用。

三、采煤机主要工作参数

采煤机的基本参数规定了滚筒式采煤机的适用范围和主要技术性能。

1. 采高

采高是指采煤机实际开采高度范围，并不一定等于煤层厚度。采高规定了采煤机的适用范围，也是与支护设备配套的一个重要参数。

2. 截深

截深是指采煤机截割机构（如滚筒）一次切入煤壁的深度。它决定工作面每次推进的步距，是决定采煤机装机功率和生产率的主要因素，也是支护设备配套的一个重要参数。

为了充分利用顶板压力对煤壁浅部的压缩作用，采煤机采用浅截深，在 0.5~1 m 范围内，上限用于小采高，下限用于大采高。目前多数滚筒式采煤机采用 0.6 m，薄煤层采煤机为了提高生产率，在条件允许的情况下可加大到 0.75~1.0 m。

3. 截割速度

滚筒上截齿齿尖的圆周切线速度称为截割速度。截割速度决定于截割部传动比、滚筒直径和滚筒转速，对采煤机的功率消耗、装煤效果、煤的块度和煤尘大小等有直接影响。为了减少滚筒截割时产生的细煤和粉尘，增大煤的块度，应降低滚筒转速。

4. 牵引速度

采煤机截煤时，牵引速度越高，单位时间内的产煤量越大，但电动机的负荷和牵引力也相应增大。为使牵引速度与电动机负荷相适应，牵引速度应能随截割阻力的变化而变化。当截割阻力变小时，应加快牵引，以获得较大的切屑厚度，增加产量；当截割阻力变大时，则应降速牵引，以减小切屑厚度，防止电动机过载，保证机器正常工作。为此，牵引速度应是无级的，至少是多级的，并且能随截割阻力的变化自动调速。目前，双滚筒采煤机的最大截割牵引速度可达 10~12 m/min，有的采煤机最大牵引速度高达 18~20 m/min。截煤时，牵引速度一般不超过 5~6 m/min，而较大的牵引速度仅用于空载调动机器和返程清理浮煤。

5. 牵引力

牵引力是牵引部的另一个重要参数，是由外载荷决定的。影响采煤机牵引力的因素很多，如煤质、采高、牵引速度、工作面倾角、机器自重、导向机构的结构和摩擦因数等。目前使用的链牵引滚筒式采煤机的牵引力 F（kN）与电动机功率 P（kW）之间有以下关系：

$$F=(1.0\sim1.3)P$$

由于无链牵引滚筒式采煤机用于大倾角煤层，一般都是双牵引部，故牵引力比链牵引采煤机的牵引力大 1 倍。

6. 装机功率

装机功率是指采煤机所有电动机的功率总和，它是表示采煤机工作能力的一个综合参数。装机功率越大，采煤机可采越坚硬的煤层，生产能力也越高。滚筒式采煤机装机功率的85%~90%消耗在截割部，牵引部所消耗的功率占采煤机的一小部分。为了防止电动机经常处于过载状态运行，一般电动机的功率都有一定的富余量。

7. 生产率

采煤机的工作条件不同，其生产率也不相同。采煤机技术特征给出的值是指可能的最大生产率，也即指在给定条件下以最大参数（采高、截深、牵引速度）运行的生产率。

采煤机的实际生产率由于受辅助作业时间、故障停机时间及工序间不谐调等诸多因素的影响，远比最大生产率小。

第四节　其他类型采煤机简介

一、刨煤机

刨煤机是一种以刨头为工作机构，采用刨削方式落煤的浅截式采煤机械。整个机组组成如图 1—12 所示。

刨煤机的刨头通过刨链沿输送机往复牵引时，利用刨头上刨刀的切削力把煤刨落，同时利用刨头的犁形斜面把煤装入输送机。输送机和刨煤机组成一个整体，利用液压千斤顶推移，从而实现了落煤、装煤、运煤等工序的机械化。刨煤机与液压支架配套使用，就能实现全工作面的综合机械化。

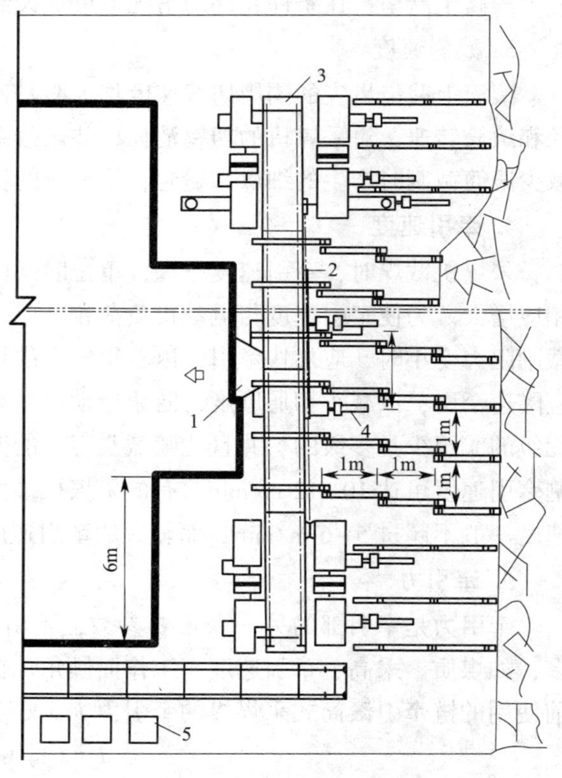

图 1—12　刨煤机工作面布置
1—刨头　2—刨链　3—输送机　4—推移装置　5—电控设备

刨煤机具有截深浅（不大于 120 mm）、牵引速度高（一般为 20~40 m/min，快速刨为 120 m/min 以上）、结构简单、块煤率高、能充分利用矿压等特点。

刨煤机按刨刀对煤的作用力性质不同，可分为静力刨煤机和动力刨煤机。动力刨煤机是为解决硬煤开采而设计的。它的特点是刨刀本身还带有产生冲击的振动器，刨刀以冲击力来破碎煤体。这类刨煤机由于结构复杂、能源输送困难，所以发展缓慢。静力刨煤机与动力刨煤机的根本区别是刨头本身不带动力。拖钩式刨煤机、刮斗式刨煤机和滑行式刨煤机都属于静力刨煤机。

拖钩式刨煤机的刨链位于输送机采空区一侧，刨头设有插在中部槽底部的拖板，刨刀可看成一钩子，刨链拖动刨头时加强了刨头对煤壁的楔入作用，故称拖钩式刨煤机。

刮斗式刨煤机是在刮斗上装刨刀的刨煤机，除了刨煤外还利用刮斗运煤。它适用于煤质松软、底板较硬且较平整的极薄煤层。

滑行式刨煤机是在拖钩式刨煤机的基础上发展起来的，刨头无拖板，而是在导轨上滑行，牵引速度快。滑行式刨煤机由于克服了拖钩式刨煤机摩擦阻力大的缺点，因此刨煤动力加大，能刨硬煤，发展较快。

为了提高刨煤效率，刨煤机的牵引速度近几年来有了很大提高，出现了许多种快速刨煤机。刨煤机速度的快慢是对输送机的链速而言，一般为输送机链速的 1~2 倍。为了能装满输送机，最大限度地发挥输送机的能力，刨速与输送机链速的最佳比值为 3∶1，除了拖钩式快速刨煤机外，滑行式刨煤机也是快速刨煤机。

目前刨煤机是薄煤层采煤机械化有效的采煤机械，也是主要发展途径之一，尤其是在很薄的煤层中，刨煤机的优越性更加突出。

1. 拖钩式刨煤机

拖钩式刨煤机的构造如图 1—13 所示。在输送机 5 的机头和机尾槽靠采空区一侧，各加设一套由 40 kW 电动机、液压联轴器和减速器组成的刨头驱动装置 4，该装置固定在刨头 6 上的牵引链 1 上，拖动刨头在工作面上往返移动。

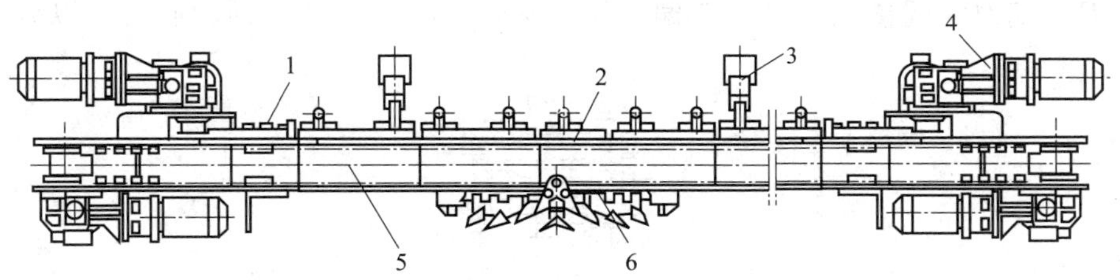

图 1—13　拖钩式刨煤机的构造

1—牵引链　2—导链架　3—推进油缸　4—刨头驱动装置　5—输送机　6—刨头

有的刨煤机牵引链在采空区侧，称为后部牵引；有的刨煤机牵引链在煤壁侧，称为前部牵引。与前部牵引相比，后部牵引的优点是：

（1）刨链的牵引对刨刀产生一个切入煤壁的力，可以提高刨刀的切削性能。

（2）刨链检修较方便。

（3）缩小了输送机与煤壁的距离，提高了装煤效果。

（4）刨头的稳定性较好。

其缺点是牵引阻力较大，刨链寿命较短。这两个缺点对提高刨速和刨硬煤都是不利的。

为了保持刨头工作时的稳定性，把刨头 1 的拖板 2 压在输送机中部槽 3 下面，如图 1—14 所示。拖板还钩住输送机中部槽靠采空区的一侧，以引导刨头顺着中部槽运行。牵引链 4 挂在刨头拖板的两端。为了更好地适应底板的起伏，拖板由三段铰接而成。较长的刨头，可由更多段拖板铰接而成，以减小每段拖板的长度。

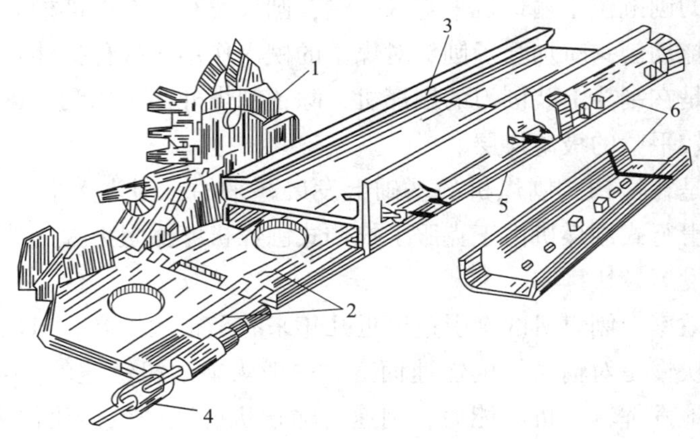

图 1—14 拖钩刨的拖板

1—刨头 2—拖板 3—输送机中部槽 4—牵引链 5—导链架 6—护罩

刨头是刨煤机的工作机构，它由刨体、回转刀座、刨刀和拖板等组成，如图 1—15 所示。在刨体的回转刀座上装有底刀、预割刀、腰刀和顶刀。底刀刨煤层底部的煤，受力最大，最易磨损，一般只使用 1、2 个班就需更换。底刀的安装和磨损情况对刨头的稳定性影响较大，当底刀角度（指与煤层底板的夹角）过小或磨钝时就飘刀，角度过大就啃底。当发现飘刀和啃底现象时要及时检查底刀，用底刀的调整机构来调整底刀的角度，或者更换已磨损的底刀。底刀的调整机构是一个偏心轮，旋转偏心轮使凸块顶起底刀，以调整底刀的

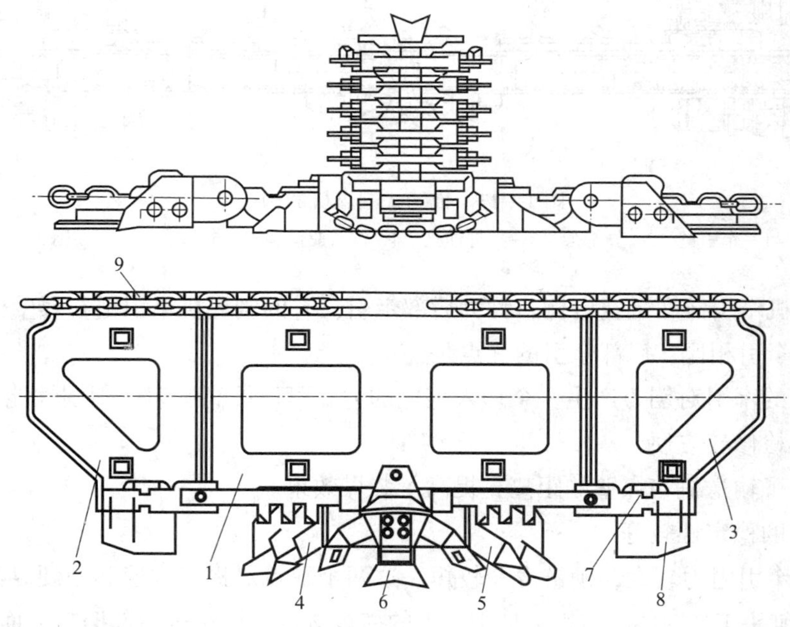

图 1—15 刨头

1—刨体 2、3—左右拖板 4、5—回转刀架 6—预割刀 7—导向块 8—限位块 9—卡链块

角度。

预割刀的截深最大，起预先掏槽的作用，以增加煤的自由面，减少底刀和腰刀的切削阻力。预割刀安装在刨体的下部，比底刀超前 40 m，在运行中负荷很大，故预割刀易磨损或折断。

腰刀装在加高块的回转刀座上，大部分煤由腰刀刨下来。回转刀座可左右转动 2.5°，使不工作边的刨刀让开煤壁，即让刀，以减少刨刀的磨损。

顶刀装在刨体的上部，起着剥落顶煤和避免刨刀架磨损的作用。用增减加高块的数目来调节顶刀的高低，以适应煤层厚度的变化。

在左右拖板上还装有限位块、导向块和清底刀。限位块用来限制刨刀的截深。在刨煤机链轮和接合套筒之间装有保险销，过载时剪断保险销。

2. 滑行式刨煤机

实验资料表明，拖钩式刨煤机只有 1/3 左右的装机功率用于刨煤和装煤，其余大部分装机功率都被摩擦消耗掉，使中部槽和刨头磨损较快。并且，当底板不够坚硬时，刨头容易把底板破碎，以致陷入底板。

滑行式刨煤机的刨煤方式与拖钩式刨煤机相同，但刨头的滑行装置比较特殊，这种滑行装置大大减少了摩擦阻力，提高了刨煤机的有效功率。

滑行式刨煤机的结构和工作原理如图 1—16 所示。

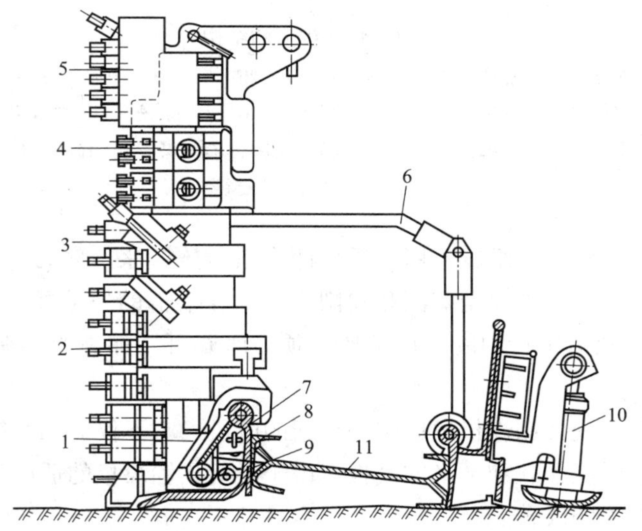

图 1—16　滑行式刨煤机的结构和工作原理

1—滑行架　2、3—加高架　4—中间加高块　5—顶刀座　6—平衡架

7—空回链　8—导链块　9—牵引链　10—抬高千斤顶　11—刮板输送机

在刮板输送机 11 的靠煤壁侧的中部槽帮上，装有滑行架 1，其长度与中部槽相等。在滑行架上有两根导向管，刨头就沿着这两根管子滑动。滑行架兼有刨头导向、装煤、刨链导向、护链和限制刨深等作用。为了保证刨头工作稳定，在刨头上加了平衡架 6，平衡架还沿着输送机采空侧的导向管滑动。

滑行式刨煤机的方向控制，除了用拖钩刨类似的偏心轮调整底刀的位置外，还用抬高千斤顶来控制。在煤层局部发生变化时，控制抬高千斤顶 10 的缩回和伸出，使刮板输送机及滑行架处于水平、上倾和下倾位置。

刨头的结构如图 1—17 所示。

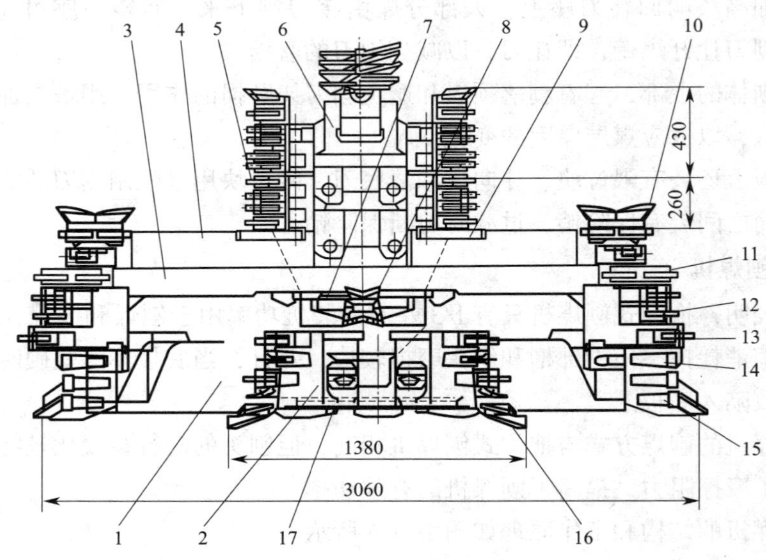

图 1—17　刨头的结构

1—左右滑橇　2—左右底刀座　3—加高架　4—加高梁　5—中间加高块　6—顶刀座　7—辅助回转刀座　8—双向掏槽刀　9—平衡架　10—上回转座　11—加高架上的刀座　12—腰刀　13—掏槽刀　14—左右盲块　15—左右装煤底刀　16—左右底刀　17—带夹紧块的特殊链链节

刨头的基体由左右滑橇 1 组成，用链子把两个滑橇连起来。底刀座可在扇形体上摆动，用偏心轮调整底刨刀的位置来决定截深和刨削水平。在滑橇的外端装有左右装煤底刀 15 和左右盲块 14，它们担负着滑行刨的装煤工作。顶刀座 6 可用加高块和调整刀头长度来调整刨头高度。

滑行式刨煤机的出现使刨煤机发展到一个新的阶段，它不仅能加大刨深、提高刨速、可刨较硬的煤，而且能适应松软和不平的底板。由于滑行式刨煤机的适应性增强，结构比较简单，稳定性也有了很大的改善。

二、连续采煤机

1. 连续采煤机的发展概况

1949 年美国利诺斯公司研制成功第一台连续采煤机。在 20 世纪 60 年代之前，连续采煤机主要用于房式或房柱式采煤。20 世纪 60 年代之后，美国将连续采煤机推广应用于长壁采煤的准备巷道的快速掘进中。现在，连续采煤机在世界许多国家中使用，发展很快，取得了显著的经济效益。它的发展演变过程，按落煤机构来划分，大体上经历了以下 3 个阶段：

第一阶段，20 世纪 40 年代，以利诺斯公司 CM28H 型和久益公司的 3JCM 及 6CM 型为代表的截链式连续采煤机，主要用于开采煤炭、钾碱、铝土、硼砂等。其缺点是结构较复杂，装煤效果差，生产能力不高。

第二阶段，20 世纪 50 年代，以久益公司的 8CM 型为代表的摆动式截割头连续采煤机。其优点是生产能力较高，装煤效果较好；缺点是振动大，维护费用高。

第三阶段，20 世纪 60 年代至今，是滚筒式连续采煤机高速发展且日趋成熟的阶段。20 世纪 60 年代末，久益公司生产出 10CM、11CM 系列的连续采煤机，是现代滚筒式连续采煤机的雏形。到 20 世纪 70 年代末，久益公司在 11CM 型基础上又生产出 12CM 系列连续采煤机。经过对 12CM 系列连续采煤机的不断改进、完善和提高，生产出适于开采中硬煤层的 12CM12-10B、12CM18-10D 和 B 型机，以及适于开采特别坚硬煤层的 12HM31C 型和 B 型机。

1976 年我国开始引进连续采煤机，以单机为主。目前，这一批设备由于多数不配套，掘进巷道断面偏小，备件供应困难，维护管理技术跟不上等原因，在生产中基本上已不再使用。

20 世纪 90 年代，我国的连续采煤机以配套引进为主，主要用于房柱式开采和长壁工作面煤巷掘进，取得了优异的技术经济指标。就掘进而言，悬臂式掘进机虽然可以掘进煤巷，还可以在普氏系数 $f=6\sim8$ 的岩巷中掘进矩形、梯形、拱形等断面，但悬臂式掘进机的掘进工效是无法与连续采煤机相比的。连续采煤机不论是在房柱式采煤还是在长壁采煤准备煤巷的掘进中，都具有很好的经济效益和社会效益。连续采煤机的缺点是初期投资费用比悬臂式掘进机大，仅限于掘进煤巷。

2. 连续采煤机的工作原理及作业循环

（1）连续采煤机的工作原理

连续采煤机的工作原理与滚筒式采煤机的工作原理基本相同，仅工作方式上略有差异。

连续采煤机的工作机构是横置在机体前方的旋转截割滚筒。截割滚筒（有的还装有同步运动的截割链）上装有按一定规律排列的锥形截齿。在每一个作业循环的开始，截割机构的升降液压缸将截割滚筒举至要截割的高度位置。在行走履带向前推进的过程中，旋转的截割滚筒切入煤层的一定深度，称为截深。然后行走履带停止推进，再用升降液压缸使截割滚筒向下运动至底板，即可切割出宽度等于截割滚筒长度、厚度等于截深的弧形条带煤体，这就是一个循环作业切割下来的煤体。连续采煤机的工作原理如图 1—18 所示。

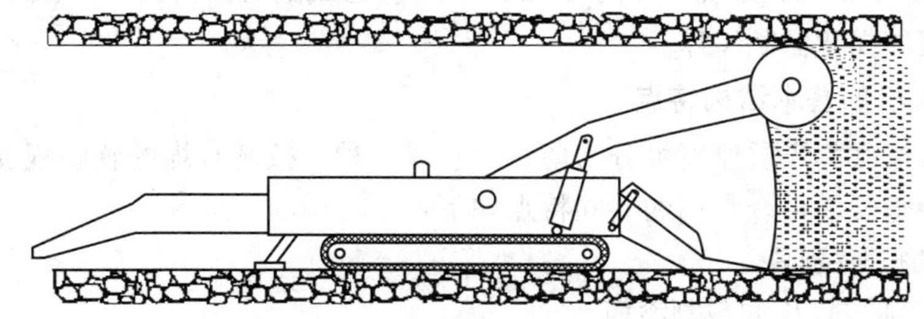

图 1—18　连续采煤机的工作原理

（2）连续采煤机的作业循环

连续采煤机的作业循环方式与滚筒式采煤机的作业循环方式是不相同的。目前连续采煤机的截割滚筒长度绝大多数为 3. 3 m，由于它的截割臂只能上下运动而不能左右摆动，所以它一次只能截割 3. 3 m 的宽度。

连续采煤机的作业循环如图 1—19 所示，具体步骤分述如下：

1）铲装板处于停放或飘浮的位置，截割臂处于半举升状态。向前移动机器至工作面与端头煤壁接触，再举升起截割臂至需要的高度，打开喷雾水阀，再开动截割机构电动机，并开动湿式除尘器风扇电动机。

2）降下稳定靴，增加机器的稳定性，随后开动机器向工作面前端掏槽 392~558 mm（具体掏槽量根据截割煤的性质而定），然后操纵多路换向阀控制手柄，使截割滚筒向下截割整个工作面的高度。

3）提起稳定靴，使截割滚筒沿底板截割，机器后退约 490 mm，用以修整底板。

4）升起截割臂至顶部，沿顶板截割，机器前进修整顶板，至切入煤壁掏槽深 392~588 mm，再向下截割工作面高度大约一半。

5）将机器的截割滚筒从掏槽的位置向后退出，并将输送机机尾放置于梭式矿车的输送机上面，开动机器的装运机构电动机，再向前移动，装载已截割下来的物料，装完后降下稳定靴，继续对剩下的工作面端头煤壁进行截割装载。当梭式矿车装载满后，关掉装载机构电动机，提起稳定靴倒车，并用截割滚筒整平底板，然后举升起截割臂至适当高度，准备进行下一个作业循环。

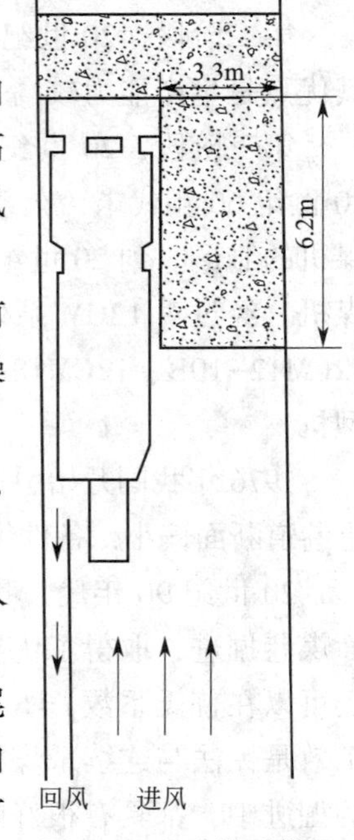

图 1—19　连续采煤机的作业循环

经过上述 5 个步骤的截割操作后，达到总切槽 6 m 左右的长度，这称为一个切槽工序。随后，连续采煤机后退至巷道的另一侧，仍按照上面的方法和步骤，截割剩余宽度的煤垛，这一工序称采垛工序。完成了截割长 6 m 和宽小于等于 6. 6 m 的巷道，随即调动连续采煤机到另一巷道进行作业循环。同时，将锚杆钻机调入已截割好的巷道中进行钻孔及锚杆支护，这完成了连续采煤机的一个完整的作业循环。

在连续采煤机的作业过程中，两台梭式矿车（或运煤车）不停地往返于机器和给料破碎机之间，不断地将连续采煤机截割下来的煤运走。

6）在上述 5 个步骤完成宽小于等于 6. 6 m 的巷道截割后，向另一巷道调动机器时，有时还要完成巷道的拐弯截割工序。

3. 连续采煤机的基本结构特点

连续采煤机按截割煤层厚度可分为薄、中、厚 3 种，按截割煤的软硬程度又可分为中等坚硬、坚硬和特坚硬 3 种。它们的共同特点如下：

（1）多电动机独立驱动。

（2）采用横轴式较长的截割滚筒。

（3）截割滚筒的截齿布置较简单，截线距离较大。

（4）增强截割硬煤和夹矸的能力。

（5）装运机构的传动布置已定型化，输送机链条结构已标准化。

(6) 采用启动转矩大的直流串激电动机驱动行走履带机构。

(7) 各主要传动系统多采用电动机驱动。

(8) 液压系统采用了齿轮油泵、多液压缸开式系统。

(9) 机器的自动控制、自动检测和安全装置较完善。

4. 典型连续采煤机的结构

以 12CM18-10D 型连续采煤机为例，介绍连续采煤机的结构。12CM18-10D 型连续采煤机结构如图 1—20 所示，它主要由截割机构、装载运输机构、履带行走机构、液压系统、电控系统、冷却喷雾除尘系统和安全保护装置等组成。

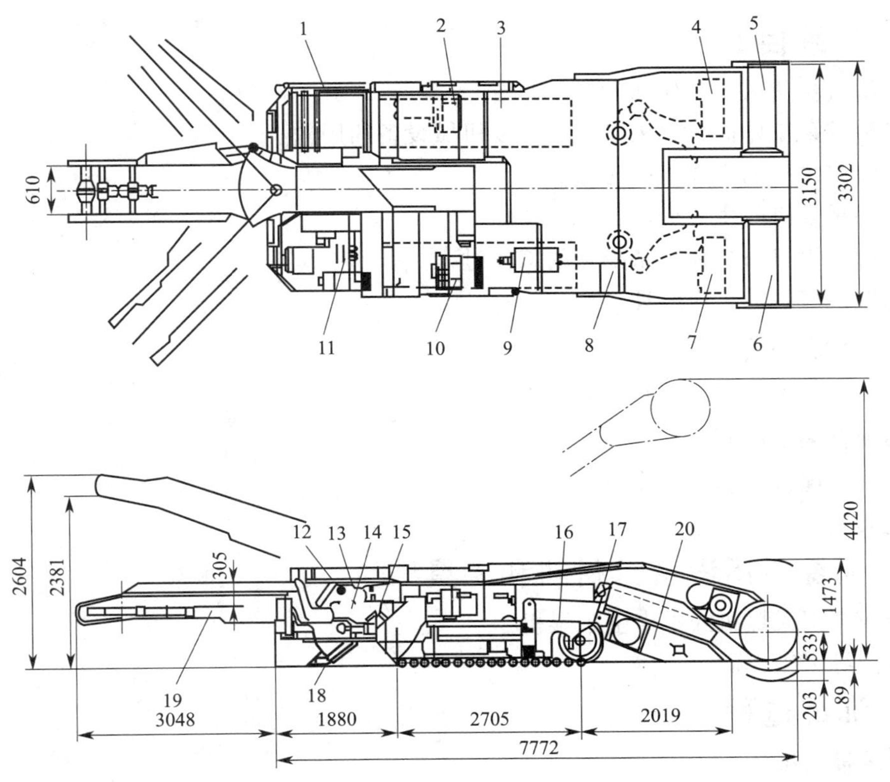

图 1—20　12CM18-10D 型连续采煤机

1—电控箱　2—左行走履带电动机　3—左行走履带　4—左截割滚筒电动机　5—左截割滚筒　6—右截割滚筒　7—右截割滚筒电动机　8—装运机构电动机　9—液压泵和电动机　10—右行走履带电动机　11—操作把手　12—行走部控制器　13—主控站　14—输送机升降液压缸　15—主断路器　16—截割臂升降液压缸　17—装载机构升降液压缸　18—稳定液压缸　19—运输机构　20—装载机构

12CM18-10D 型连续采煤机共有 7 台电动机，总装机功率为 448 kW，其中截割机构为 2×140 kW，装载运输机构为 45 kW，履带行走机构为 2×26 kW，液压泵站为 52 kW，湿式除尘装置为 19 kW。这些电动机除行走机构为直流电动机外，其他均为交流电动机，且为外水冷型。其主要特点是：机架整体布局紧凑，主要驱动动力均为电动机而不采用液压马达，因此传动效率较高，故障率相对较低，而且所有的电动机均布置在易于拆装的外侧，方便维修和更换，在操作方面也十分方便和安全，既可手动也可离机遥控。在启动过程中，顺序控制严格，安全可靠，并有操作显示屏进行操作步骤显示和故障显示，避免了带隐患进行工作，更不会误动作。易发生过载的传动系统中装设有安全离合器和扭矩轴。辅助装置还设有瓦斯监测、湿式除尘和干式灭火装置。两台截割电动机横向布置在截割臂的两侧，通过减速器将动力传至截割链及左右截割滚筒。

技能训练一　参观机械化采煤工作面

一、训练目的

1. 了解机械化采煤工作面的设备布置。
2. 了解综采工作面、普采工作面主要机械设备的用途。
3. 了解采煤机的主要性能参数。
4. 了解采煤机的主要分类。
5. 掌握采煤机与其他设备配合的工作过程。
6. 掌握采煤机的工作原理。

二、训练内容

1. 参观综采工作面或模拟综采工作面。
2. 参观普采工作面。
3. 观察采煤机外形、组成。
4. 观察采煤机工作过程。

三、训练所用设备、材料和工具

1. 液压牵引采煤机或电牵引采煤机。
2. 模拟综采工作面。

四、训练过程

1. 训练前的准备

教师根据当地实际情况选择典型综采或普采工作面。

2. 操作训练

(1) 学生到实际矿井参观综采（普采）工作面或在实习车间中模拟综采工作面。
(2) 学生观察采煤机与工作面设备的配合情况，并能说出各种配套设备的名称及作用。
(3) 学生观察采煤机与工作面设备的工作过程，并能说出采煤机的工作方式。
(4) 学生观察采煤机外形，画出采煤机组成示意图，标出各部分名称。
(5) 学生说出参观采煤机的型号、含义、主要技术特征及用途。
(6) 指导教师根据学生掌握的情况进行点评与总结。

五、注意事项

1. 井下参观听从指挥，听从带队教师讲解。

2. 井下设备不准乱摸乱动。

3. 注意观察周围工作环境，注意自身及周围人员安全，注意记笔记。

六、考核评价

参观机械化采煤工作面的考核评价见表1—4。

表1—4　参观机械化采煤工作面考核评价

类型	项目	项目与技术要求	配分	评定方法	得分
过程评价（40%）	1	遵守劳动（学习）纪律	10	考勤	
	2	认真听讲记笔记	10	观察	
	3	回答问题积极	20	检查、观察	
质量评价（60%）	1	回答问题正确	30	提问、检查、观察	
	2	熟练、安全	30	检查、观察	

思考练习题

1. 采煤机主要由哪几部分组成？各部分有什么作用？
2. 简述采煤机的工作原理。
3. 综采工作面采煤机的主要配套设备有哪些？
4. 简述采煤机的分类、特点及适用范围。
5. 采煤机有哪些工作方式？
6. 采煤机的主要工作参数有哪些？

第二章

采煤机截割部

学习目标

了解采煤机截割部的结构、组成，掌握螺旋滚筒的主要参数，掌握截齿的种类及适用条件，掌握截割部传动方式、传动特点及截割部的润滑。

采煤机截割部是采煤机直接完成落煤、装煤任务的部分，工作环境非常恶劣。采煤机截割部消耗的功率占整个采煤机功率的80%~90%，其性能的好坏直接关系到采煤机的生产率、传动效率、能耗和使用寿命。采煤机截割部主要由截割工作机构和传动装置两部分组成，其中截割工作机构是指滚筒和安装在滚筒上的截齿，而传动装置是指固定减速箱、摇臂齿轮箱，有时还包括滚筒内的传动装置。

第一节　截割部工作机构

一、螺旋滚筒

1. 螺旋滚筒的结构

如图2—1所示，螺旋滚筒由螺旋叶片1、端盘2、齿座3、喷嘴4及筒毂5等部分组成。螺旋叶片用来将截落的煤推向输送机。端盘紧贴煤壁工作，以切出新的整齐的煤壁，为防止端盘与煤壁相碰，端盘边缘的截齿向煤壁侧倾斜，端盘上截齿截出的宽度 $B_t=80\sim120$ mm。齿座焊在叶片和端盘上，齿座的孔用来安装落煤的截齿。叶片上两齿座间布置有内喷雾喷嘴，内喷雾水则由喷雾泵通过供水系统引入滚筒并通向喷嘴。筒毂5与滚筒轴连接。

2. 螺旋滚筒的参数

螺旋滚筒的参数有结构参数和工作参数两种。结构参数包括滚筒的直径、宽度和螺旋叶片的旋向、头数，工作参数指滚筒的转速和转动方向。

（1）滚筒的直径

滚筒直径（D）是指截齿齿尖处的直径，可根据煤层厚度或截割高度来选择。滚筒直径尺寸已成系列，包括 0.6 m、0.65 m、0.7 m、0.8 m、0.9 m、1.0 m、1.1 m、1.25 m、1.4m、1.8 m、2.0 m、2.3 m 和 2.6 m 等。

另外还有叶片外缘直径（D_y）和筒毂直径（D_g），筒毂直径（D_g）越小，螺旋叶片内外缘之间的运煤空间越大，对提高滚筒的装运煤能力越有利，通常筒毂直径（D_g）与叶片外缘直径（D_y）之比为 0.4~0.6。

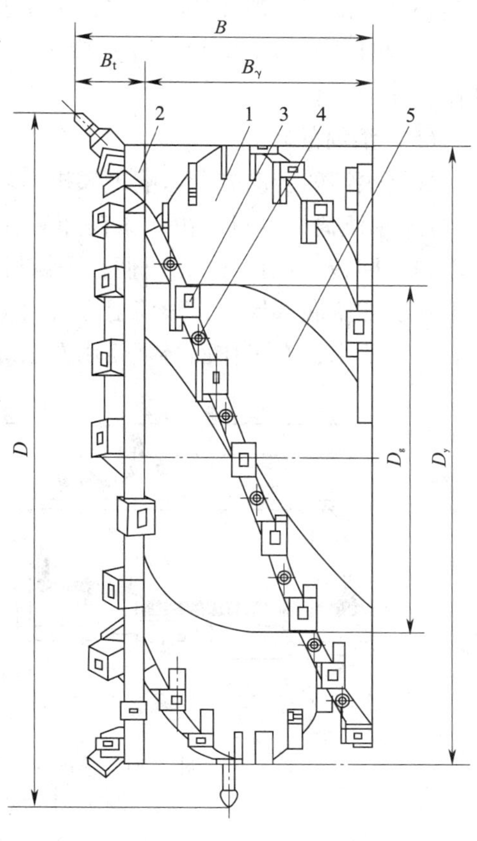

图 2—1　螺旋滚筒

1—螺旋叶片　2—端盘　3—齿座
4—喷嘴　5—筒毂

（2）滚筒宽度

滚筒宽度（B）是滚筒边缘到端盘最外侧截齿齿尖的距离，也就是采煤机的截深，但滚筒的实际截深小于滚筒宽度。为了充分利用煤的压张效应，减小截深是有利的，但截深太小则容易影响采煤机的生产率。我国滚筒宽度系列为 500 mm、600 mm、630 mm、700 mm、750 mm、800 mm 和 1 000 mm。近年来，特别是薄煤层采煤机，多采用 800~1 000 mm 的截深，以提高工作面生产率。

（3）螺旋叶片头数

如图 2—2 所示，螺线旋转一周的轴向距离叫导程，用 L 表示，相邻两螺线之间的轴向距离叫螺距，用 S 表示，若螺旋叶片头数为 Z，显然有 $L=ZS$。通常螺旋叶片头数为 2~4 头，以双头螺旋叶片用得最多，三、四头螺旋叶片一般用于直径较大的滚筒或开采硬煤。

（4）螺旋叶片的旋向

滚筒的螺旋叶片有左旋和右旋之分，如图 2—3 所示。为向输送机推运煤，滚筒的旋转

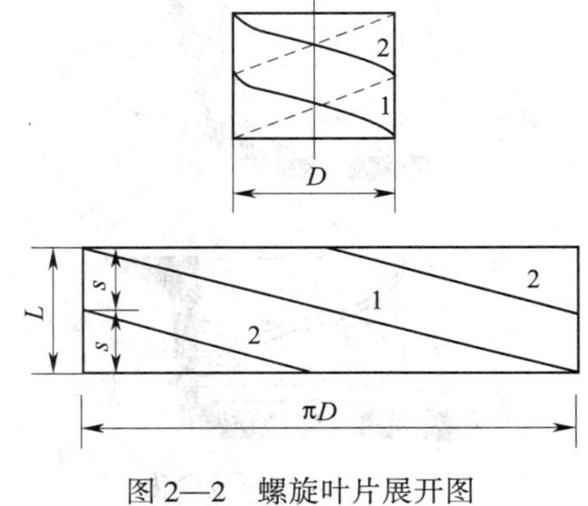

图 2—2　螺旋叶片展开图

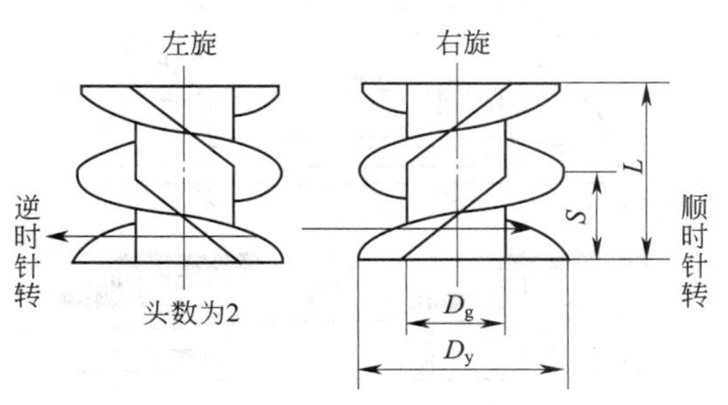

图 2—3　螺旋叶片的旋向

方向必须与滚筒的螺旋方向一致，站在采空区侧看滚筒，对逆时针旋转的滚筒，叶片应为左旋，对顺时针旋转的滚筒，叶片应为右旋。即应符合通常所说的“左转左旋，右转右旋”规律。

（5）滚筒的转向

螺旋滚筒的转动方向影响采煤机的装煤能力、运行稳定性和司机操作安全。

1）单滚筒采煤机。由于滚筒布置在机身靠运输平巷一端，如图 2—4 所示，因此滚筒采取向内回转（向内滚），以便在采煤机向上牵引切割顶部煤时，摇臂不会阻碍装煤，而在向下牵引切割底部煤时，滚筒上方自由空间大，有利于增加块度、降低能耗。为了适应工作面装煤的要求，右工作面必须使用左螺旋滚筒，左工作面必须使用右螺旋滚筒。

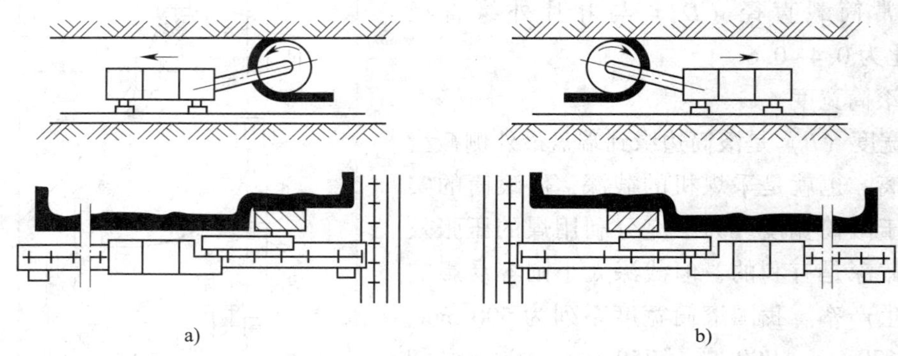

图 2—4　单滚筒采煤机的滚筒转动方向和螺旋方向

a）右工作面使用左螺旋滚筒　b）左工作面使用右螺旋滚筒

2）双滚筒采煤机。两个滚筒采取相背向外的转动方向（向外滚），如图 2—5 所示。为了符合装煤要求，滚筒叶片的螺旋方向是左滚筒为左螺旋，右滚筒为右螺旋。

（6）滚筒的转速

采煤机在截割过程中，滚筒以一定的转速 n 旋转，同时又以一定牵引速度 v_q 沿工作面移动，截齿切下的煤屑呈月牙形，其最大厚度为 h_{max}，如图 2—6 所示。显然，牵引速度 v_q 越

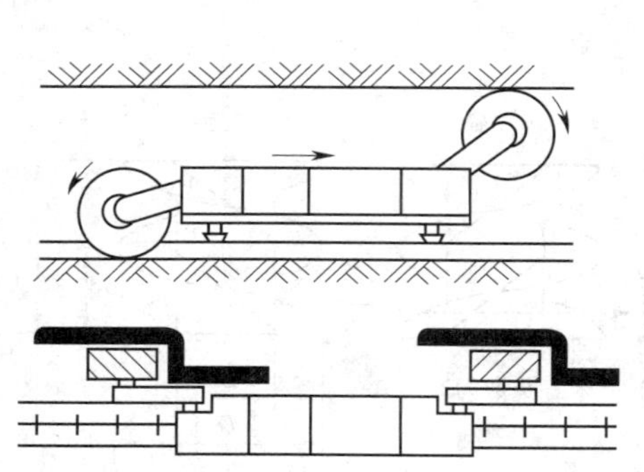

图 2—5　双滚筒采煤机的滚筒转动方向和螺旋方向

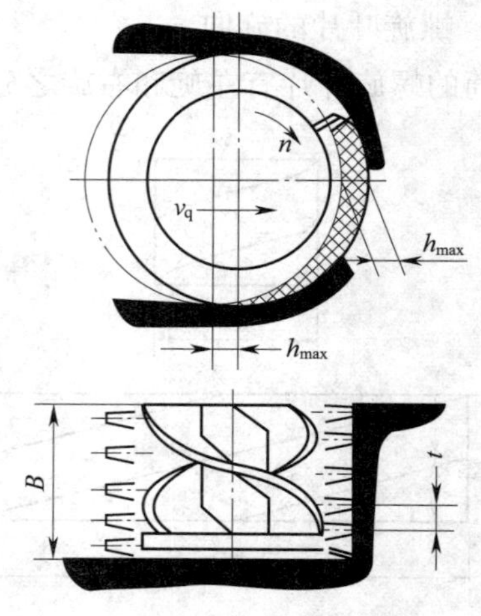

图 2—6　煤屑厚度变化

大，切割煤的深度就越深，也即煤屑厚度 h_{max} 就越大。而滚筒转速 n 越高，则煤屑厚度 h_{max} 就越小，也即煤的块度越小，并造成煤尘飞扬。所以，滚筒转速一般限制在 20～50 r/min，而薄煤层一般为 60～100 r/min，相应的截割速度一般为 3～5 m/s。

（7）截齿排列

螺旋滚筒上截齿的合理排列，可以降低截煤能耗、提高块煤率，以及使滚筒受力平稳、振动小。截齿的排列取决于煤的性质和滚筒直径等。截齿的排列情况可用截齿配置图来表示，如图 2—7 所示。截齿配置图就是滚筒截齿齿尖所在圆柱面的展开图。图中水平线为不同截齿的空间轨迹展开线，称为截线，相邻截线间的间距称为截距。

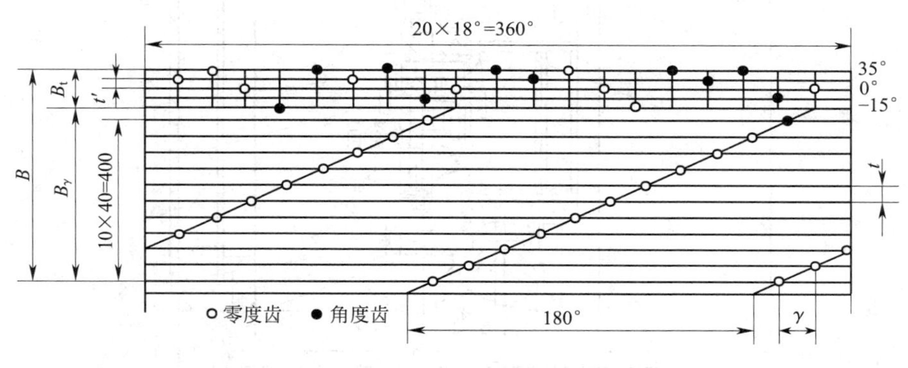

图 2—7 截齿配置图

由于端盘贴煤壁工作，煤的压张程度差，工作条件恶劣，故端盘部分截齿的截距要比螺旋叶片部分的截距小，而且越贴近煤壁，截距越小。端盘上的截距都是靠调整齿座倾角获得，向煤壁的倾角用“+”号表示，向采空区侧的倾角用“-”号表示。由图可见，端盘部分的截齿较密，通常每条截线上的截齿数等于叶片头数，图 2—7 中为二头螺旋叶片。

3. 螺旋滚筒的连接

滚筒和滚筒轴的连接方式有锥形轴端和平键连接、内齿轮副与锥形盘复合连接、轴端突缘与楔块连接和方头连接等多种方式。一般较小功率的采煤机采用前三种连接结构，中、大功率的采煤机多用方头连接结构。

内齿轮副与锥形盘复合连接结构如图 2—8 所示。滚筒中部是圆锥套 1，其内孔有 1∶6 的锥度，圆锥盘 2 由挡板 6 和螺钉 5 固定在滚筒轴上，并用卡环 9 和螺钉 8 将其与圆锥套 1 锁紧在一起。圆锥盘 2 由内齿轮 3 与滚筒轴连接。高压水通过内喷雾接口 7 和内喷雾分流器 4 进入喷嘴实现内喷雾。由于配合圆锥较短，锥角和配合直径都较大，故滚筒拆装方便，连接可靠。

轴端突缘与楔块连接结构如图 2—9 所示。MKⅡ型采煤机用 4 个 ϕ35 mm 的圆柱销（虚线表示）和 12 根螺钉 1 连接滚筒和轴端突缘，此外还用 6 根螺钉 2 拉紧 6 块弧形楔块 3，使滚筒轮毂内孔和楔块外缘表面斜面契合。安装滚筒时，把滚筒转到楔块最低位置，预紧 12 根螺钉 1，使滚筒与轴端突缘的端面贴紧，再预紧 6 根螺钉 2，使楔块稍微楔紧，然后拧紧各根螺钉 1 到 480 N·m，再依次拧紧各螺钉 2 到 480 N·m。

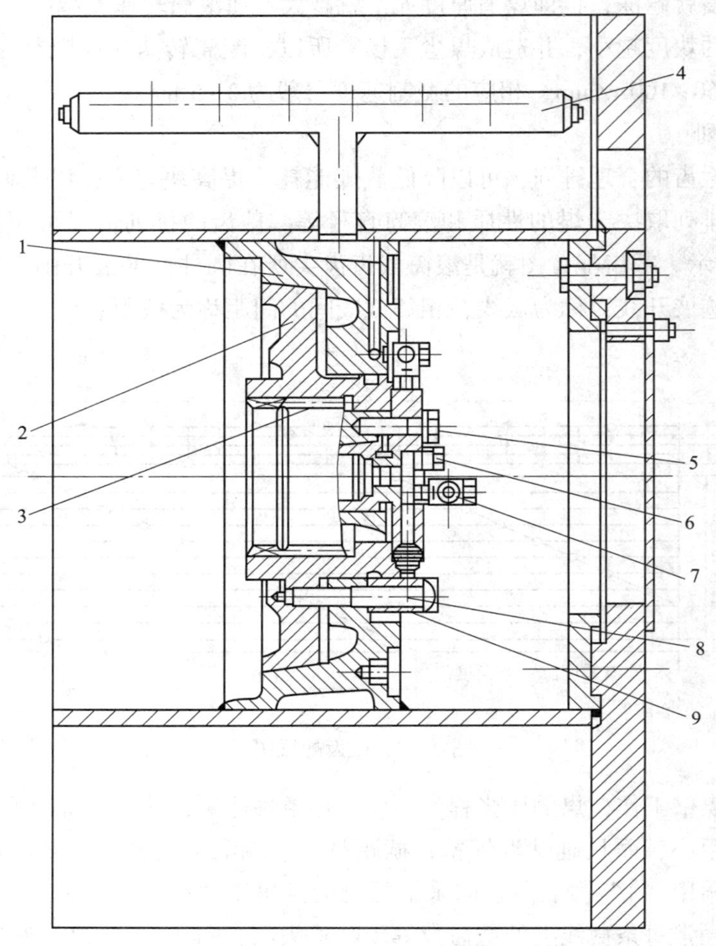

图 2—8　内齿轮副与锥形盘复合连接结构

1—圆锥套　2—圆锥盘　3—内齿轮　4—内喷雾分流器

5、8—螺钉　6—挡板　7—内喷雾接口　9—卡环

二、截齿

截齿是采煤机直接落煤的刀具，截齿的几何形状和质量直接影响采煤机的工况、能耗、生产率和吨煤成本，丢失截齿将增大采煤机的功率、牵引力和振动。对截齿的要求是强度高、耐磨、几何形状合理、固定牢靠和拆装方便。

1. 截齿的种类

（1）扁形截齿

扁形截齿使用较多，它沿滚筒径向安装，又称径向截齿，如图 2—10 所示，其刀体断面呈矩形，用优质合金钢制造，刀头经热处理并镶嵌碳化钨硬质合金。扁形截齿的固定方法有多种。图 2—10a 中，销钉和橡胶套装在齿座侧孔内，装入截齿时靠刀体下端斜面将销钉压回，对位后销钉被橡胶套弹回至刀体窝内而将截齿固定；图 2—10 b 中，销钉和橡胶套装在刀体孔中，装入时，销钉沿斜面压入齿座孔中而实现固定；图 2—10c 中，横销和橡胶套装在齿座中，用卡环挡住横销并防止橡胶套转动，装入时，刀体 14°斜面将销子压回，靠销子卡住刀体上缺口实现固定，拆卸时，用专用工具将截齿拔出。扁形截齿强度高、截割性能好、适应性强，特别适用于黏结性大、夹石多的硬煤层。

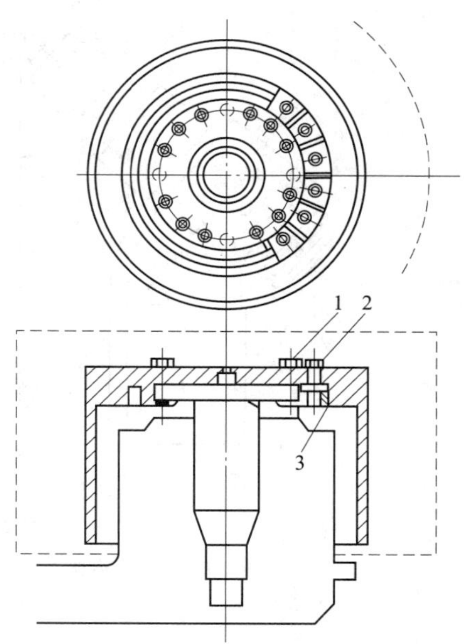

图 2—9 MKⅡ型采煤机的连接方法
1、2—螺钉 3—楔块

（2）锥形截齿

锥形截齿接近于沿滚筒切向安装，又称切向截齿。如图 2—11 所示，它的下部为圆柱形，上部为圆锥形，刀头上镶嵌圆锥形硬质合金并在表面堆焊碳化钨合金层。锥形截齿的固定比较简单，将截齿插入齿座后只要在其尾端环槽内装入弹簧圈即可。工作条件好时，锥形截齿在截割阻力作用下可在齿座内回转，达到自动磨锐齿尖的效果，但实际上常因煤粉堵塞使其不能转动，导致往往一面受力和磨损而过早失效。锥形截齿主要依靠齿尖的尖劈作用楔入煤体而将煤破碎，所以特别适用于脆性大、裂隙多的松软煤层。

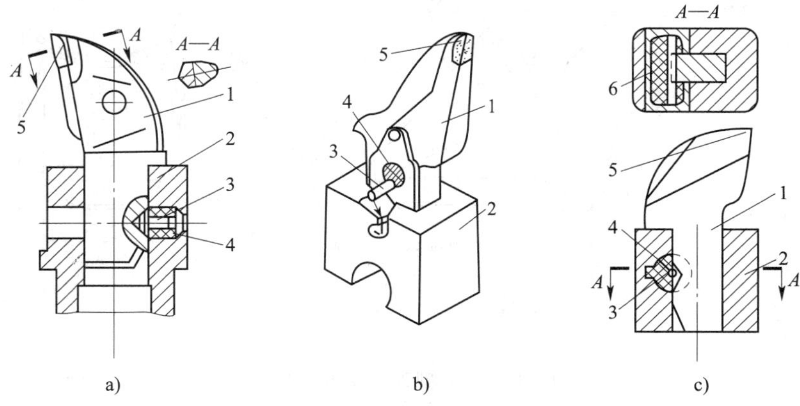

图 2—10 扁形截齿及其固定
1—刀体 2—齿座 3—销子 4—橡胶套 5—硬质合金头 6—卡环

如图 2—12 所示为 6Ls 型采煤机采用的圆锥形截齿，通过截齿套筒安装在齿座上，尾部用卡环固定，拆装简单而且可靠性高，其截齿头部镶焊有硬质合金核。

2. 截齿的失效形式及寿命

截齿失效形式有磨损、弯曲、崩合金片、掉合金、折断、丢失等，其中主要是磨损。截齿磨损量主要取决于煤层及夹矸的磨蚀性。截齿磨损后其端面与煤的接触面积增大，使阻力急剧上升。一般规定截齿齿尖的硬质合金磨去 1.5～3 mm 或与煤的接触面积大于 1 cm^2时，

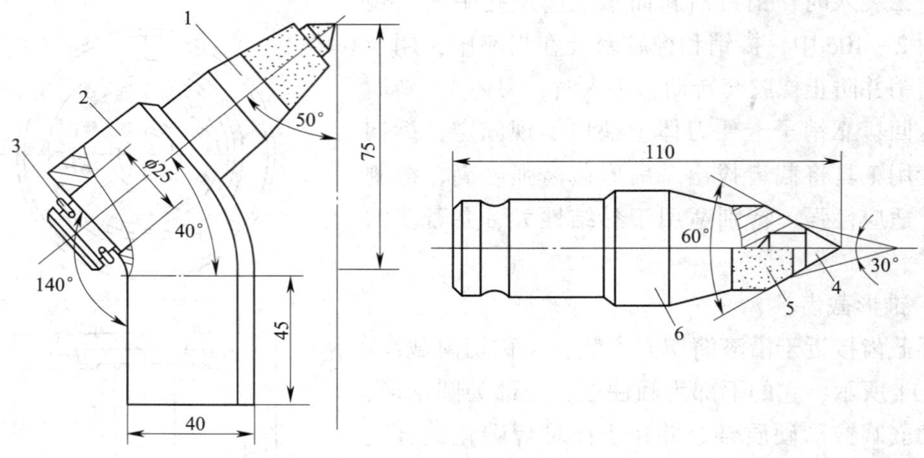

图 2—11 锥形截齿及其固定

1—锥形截齿 2—齿座 3—弹簧圈 4—硬质合金头 5—碳化钨合金层 6—齿身

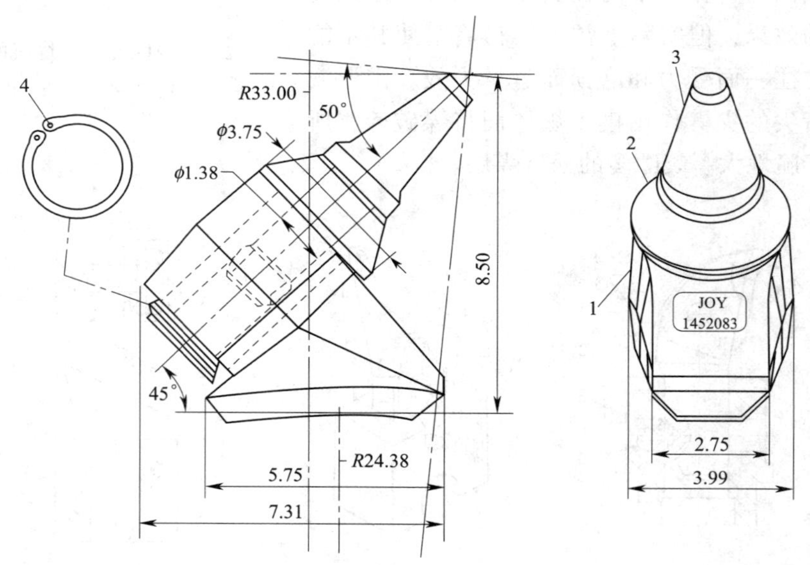

图 2—12 6Ls 型采煤机截齿安装图

1—齿座 2—衬套 3—截齿 4—卡环

应及时更换截齿。其他失效形式出现时，也必须及时更换截齿。

三、典型采煤机的滚筒

1. MG400(450)/920(1020) 系列采煤机截割滚筒

MG400(450)/920(1020) 系列采煤机截割滚筒结构如图 2—13 所示，主要由滚筒筒体、截齿、齿座和喷嘴等组成。滚筒与行星架采用方形连接套连接，螺钉紧固，拆装方便。

滚筒筒体为焊接结构，采用三头（或四头）螺旋叶片。叶片内设有内喷雾水道和中高压喷嘴。压力水从喷嘴雾状喷出，直接喷向齿尖，以达到冷却截齿、减少煤尘的目的。为延长螺旋叶片的使用寿命，在其出煤口处采用耐磨材料喷焊处理。为适应高牵引速度要求，可采用新型大截齿，以及与之相配套的大齿座和弹性固定元件。齿座采用了特殊材料和特殊加工工艺，强度高，耐磨性好，能可靠固定截齿。

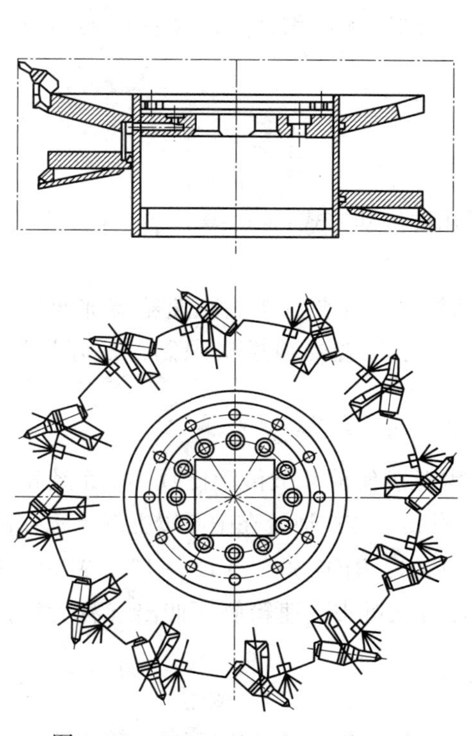

图 2—13 MG400(450)/920(1020)系列采煤机截割滚筒

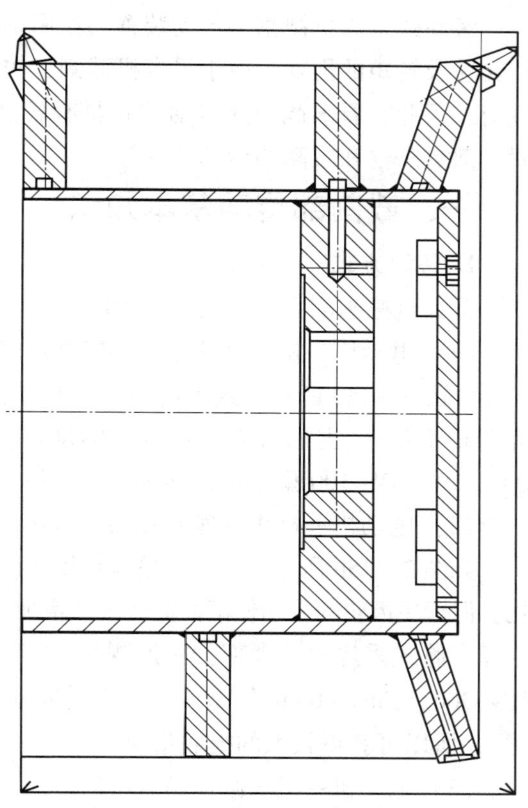

图 2—14 6MG200-W 采煤机截割滚筒

2. 6MG200-W 采煤机截割滚筒

6MG200-W 采煤机截割滚筒为螺旋焊接结构滚筒，采用三头螺旋叶片，如图 2—14 所示。为了适应截割硬煤，增强滚筒的强度，在排煤口叶片的排煤面上堆焊了耐磨层，以提高其耐磨性和工作可靠性。截割刀具采用锥型截齿、卷簧、齿座三件组合式锥型刀具，增加了端盘、叶片和壳体的厚度，以提高滚筒的强度，增加其可靠性。滚筒的端盘采用碟形结构，以减少滚筒割煤过程中端盘与煤壁的摩擦损耗，减小了采煤机前进过程中的牵引阻力。在滚筒的螺旋叶片上钻有内喷雾用的径向小孔水道，每一个水道安装一只喷嘴，每只喷嘴布置在截齿与截齿之间，离截齿较近，以便在煤尘尚未扩散之前就将其扑落，由此大大提高了降尘效果，端盘上也布置了多只喷嘴。

滚筒的连接方式采用方形连接。利用方形连接把截割滚筒安装在摇臂的输出轴上，并用螺栓进行轴向固定，以防止滚筒割煤过程中产生轴向移动。螺栓安装好后，必须用铁丝串接防松。

第二节 截割部传动装置

滚筒式采煤机截割部传动装置的作用是将采煤机电动机的动力传递到滚筒上，以满足滚筒转速及转矩的需要。由于采煤机截割工作机构消耗的功率大，并且承受很大的负载及冲击载荷，因此，要求截割部传动装置具有较高的强度、刚度和可靠性，以及良好的润滑、密封、散热条件和较高的传动效率等。

一、截割部传动基本知识

1. 传动方式

采煤机截割部大多采用齿轮传动，主要有以下几种传动方式：

（1）电动机—机头减速箱—摇臂减速箱—滚筒

如图 2—15a 所示，这种传动方式的特点是传动简单，摇臂从机头减速箱端部伸出（称为端面摇臂），支撑可靠，强度和刚度好，但摇臂下限位置受输送机限制，挖底量较小。DY-150、BM-100 型采煤机均采用这种传动方式。

（2）电动机—机头减速箱—摇臂减速箱—行星齿轮传动—滚筒

如图 2—15b 所示，由于行星齿轮传动比较大，因此可使前几级传动比减小，系统得以简化，但行星齿轮的采用使滚筒筒毂尺寸增加，因而这种传动方式适合在中厚以上煤层工作的大直径滚筒式采煤机，大部分中厚煤层采煤机如 AM-500、BJD-300、MLS_3-170、MXA-300、MG-300、6MG200-W 等型号都采用这种方式。其摇臂从机头减速箱侧面伸出（称为侧面摇臂），所以可获得较大的挖底量。

（3）电动机—机头减速箱—滚筒

如图 2—15c 所示，这种传动方式取消了摇臂，而由电动机、机头减速箱和滚筒组成的截割部来调高，使齿轮数大大减少，机壳的强度、刚度增大，可获得较大的调高范围，还可使采煤机机身长度大大缩短，有利于采煤机开切口等工作。

（4）电动机—摇臂—行星齿轮传动—滚筒

如图 2—15d 所示，这种传动方式采用主电动机横向布置，使电动机轴与滚筒轴平行，取消了承载大、易损坏的锥齿轮，使截割部更为简化。采用这种传动方式可获得较大的调高范围，并使采煤机机身长度进一步缩短。新型的电牵引采煤机如 3LS、EDW-150-2L、R550、MG400(450)/920(1020) 系列采煤机等都采用这种传动方式。

2. 截割部传动特点

（1）采煤机电动机转速为 1 460~1 475 r/min，而滚筒转速一般为 20~50 r/min，因此截割部总传动比为 30~50，所以一般需用 3~5 级齿轮减速。

（2）多数采煤机电动机轴心线与滚筒轴心线垂直，传动装置中必须装有圆锥齿轮。为减小传递转矩及便于加工，圆锥齿轮一般放在高速级（第一或第二级），并采用弧齿锥齿轮。两齿轮在安装时应使两轮的轴向力将两轮推开，以增大齿侧间隙，避免轮齿楔紧造成损

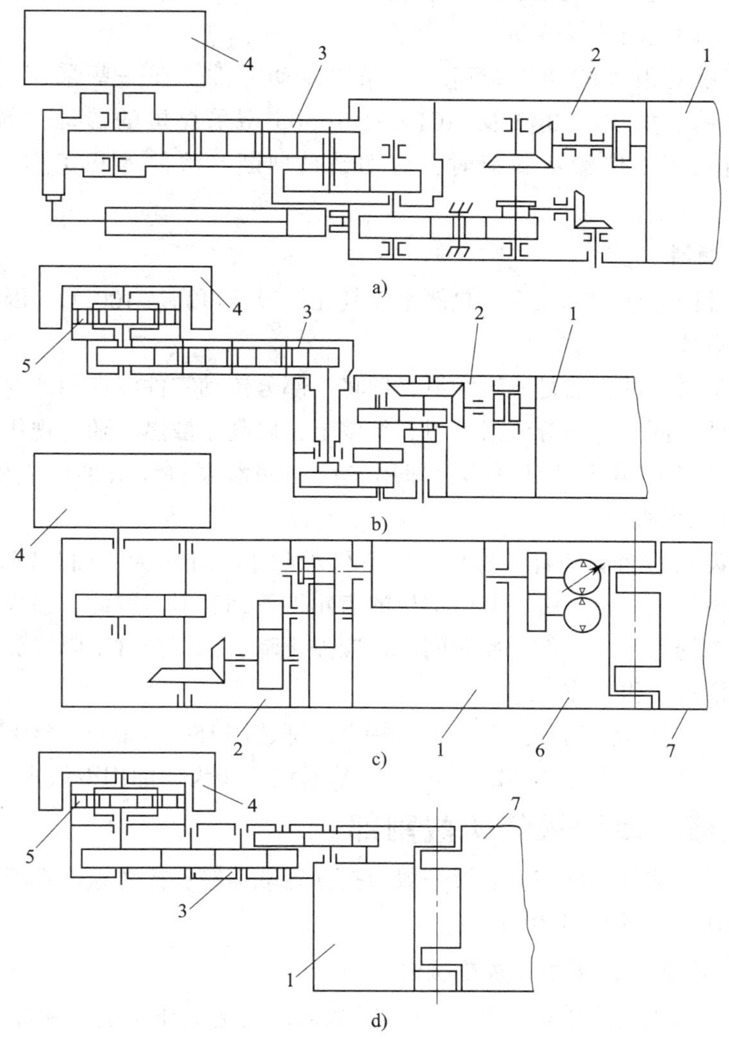

图 2—15 截割部传动方式

a）电动机—机头减速箱—摇臂减速箱—滚筒 b）电动机—机头减速箱—摇臂减速箱—行星齿轮传动—滚筒 c）电动机—机头减速箱—滚筒 d）电动机—摇臂—行星齿轮传动—滚筒

1—电动机 2—固定减速箱 3—摇臂 4—滚筒 5—行星齿轮传动 6—泵箱 7—机身及牵引部

坏。弧齿锥齿轮的轴向力方向取决于齿轮转向及螺旋线方向。

（3）通常采煤机的电动机除驱动截割部外还要驱动牵引部，故截割部传动系统中必须设置离合器，使采煤机在调整或检修（如更换截齿等）时将滚筒与电动机脱开，以保证作业安全。

（4）为适应破碎不同性质煤层的需要，有的采煤机备有两种或三种滚筒转速，利用变换齿轮变速。

（5）为扩大调高范围，加长摇臂，摇臂内常装有一串惰轮。

（6）由于行星齿轮传动为多齿啮合，传动比大，效率高，可减小齿轮模数，故末级采用行星齿轮传动可简化前几级传动。

（7）截割部承受很大的冲击载荷，为保护传动零件，在一些采煤机截割部中设有专门的安全保险销。如 MG-300 及 MCLE-DR6565 型采煤机的传动系统设置了安全剪切销，当外载荷到了 3 倍额定载荷时，剪切销被剪断，滚筒停止工作。剪切销一般放在高速级。

3. 截割部的润滑

采煤机截割部因传递功率大而发热严重，其壳体温度可高达 100 ℃，因此，截割部传动装置的润滑十分重要。

截割部润滑最常用的方法是飞溅润滑，即将一部分传动零件浸在油池内，依靠它们向其他零件供油和溅油，同时将部分润滑油甩到箱壁上，以利于散热。随着现代采煤机功率的加大，采取强制方法的润滑也日见增多，即用专门的润滑泵将润滑油供应到各个润滑点上（如 MG300-W 型采煤机）。

采煤机摇臂齿轮的润滑具有特殊性，它不仅承载重、冲击大，而且割顶煤或割底部煤时，摇臂中的润滑油集中在一端，其他部位的齿轮得不到润滑。因此，在采煤机操作中一般规定滚筒割顶煤或挖底时，工作一段时间后，应停止牵引，将摇臂下降或放平，使摇臂内全部齿轮都得到润滑后，再工作。

根据采煤机截割部减速箱和摇臂的承载特点，都选用 150~460 cSt（40 ℃）的极压（工业）齿轮油作为润滑油，其中以 N220 和 N320 硫磷型极压齿轮油用得最多。

二、典型液压牵引采煤机截割部

液压牵引采煤机的截割部传动装置一般包括固定减速箱和摇臂减速箱两个部分。下面以 6MG200-W 型液压牵引采煤机为例介绍。

1. 6MG200-W 型液压牵引采煤机概述

6MG200-W 型采煤机为单电动机纵向布置拖动、无链液压牵引、两端滚筒对称布置的双滚筒采煤机，它骑在工作面的刮板输送机上，可进行往复采煤，适用于采煤高度为 1.4~2.5 m，倾角小于 30°，煤层中硬或中硬以下，并含有少量夹石的长壁式采煤工作面。

6MG200-W 型采煤机与液压支架、工作面刮板输送机配套，可实现采煤工作面的综合机械化采煤。另外，由于该采煤机机身短而窄，它也可与单体液压支柱、金属铰接顶梁和工作面刮板输送机配套，实现采煤工作面的高档普通机械化采煤。

（1）6MG200-W 型采煤机的组成

6MG200-W 型采煤机主要由电动机、电控箱、液压传动箱、牵引传动箱、左右截割固定减速箱、左右螺旋滚筒、底托架、调高油缸、拖移装置、冷却喷雾系统等组成，如图 2—16 所示。

（2）6MG200-W 型采煤机的特点

1）机身短而窄，适应范围广。

2）主要元部件均按 250 kW 电动机功率设计，强度余量大，可靠性高，更换电动机即

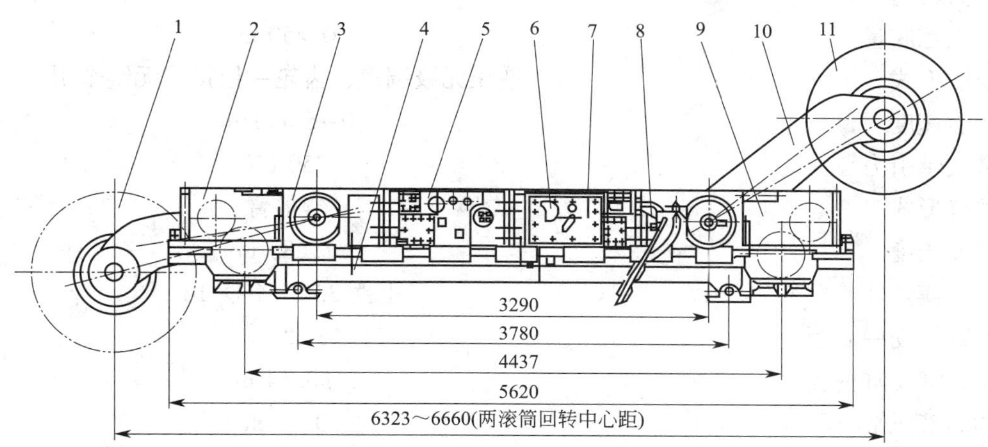

图 2—16 6MG200-W 型采煤机结构布置图

1—左螺旋滚筒 2—左牵引传动箱 3—左截割固定减速箱 4—底托架 5—液压传动箱 6—电控箱 7—电动机 8—冷却喷雾系统 9—右牵引传动箱 10—右割截固定减速箱 11—右螺旋滚筒

可成为 250 kW 功率的采煤机。

3）滚筒截割转矩较大，能适应截割硬煤。

4）采用液压无级调速。齿轮一销排式无链牵引，工作平稳，牵引力大。牵引传动部设置在机身两端，由于采用了双牵引机构，既降低了传动齿轮对销排的挤压，提高了销排的使用寿命，又使整机牵引力大大提高，最大牵引力可达 350 kN。

5）系统简单可靠，控制手把集中，操作和维修方便。

6）液压马达和制动器布置在牵引传动部靠采空区侧，便于井下更换，且油质不易污染。

7）采用内、外喷雾冷却系统，改善了工作面环境，提高了采煤机工作的可靠性。

8）采用电缆拖移装置，保护电缆和水管，减轻工人劳动强度。

9）供电电压有 660 V 和 1 140 V 两种，以适应不同用户的需要。

10）采煤机电控形式采用动力载波控制，能减少控制芯线，取消多芯电缆，并能完成多种动作功能，保证采煤机安全可靠运行。

（3）6MG200-W 型采煤机的主要技术特征

采高	1.4~2.5 m
煤层倾角	≤30°
煤层硬度	f≤4
机面高度	1.15 m
机道宽度	1.263 m
滚筒截深	0.6 m
滚筒直径	ϕ1.4 m

滚筒转速	39.2 r/min
最大挖底量	0.250 m
牵引方式	液压无级调速，齿轮—销排式无链牵引
牵引速度	0~6 m/min
最大牵引力	350 kN
摇臂形式	弯摇臂
摇臂长度	1.685 m
摇臂摆角	上摆 33°，下摆 16°
摇臂摆动中心距	3.29 m
调高液压缸内径	ϕ0.14 m
调高液压缸行程	0.39 m
调高液压缸推力	261.5 kN
调高液压缸拉力	165.2 kN
电动机形式	偏心出轴定子水冷
电动机功率	200 kN
电动机转速	1 470 r/min
电压	660 V、1 140 V
电缆规格	660 V 时，UCPQ3×70+1×35+1×35
除尘方式	内、外喷雾
冷却部位及方式	电动机、液压传动部、截割部分别水冷
机器质量	20 t

（4）6MG200-W 型采煤机的主要配套设备

配套输送机	SGB-630/220WS 型工作面刮板输送机
配套支护设备	单体液压支柱、金属铰接顶梁和滑移长梁或 ZY28 型液压支架或 QY240 型液压支架或其他能适应采煤高度和控顶距要求的液压支架

2. 6MG200-W 型采煤机截割部机械传动系统

6MG200-W 型采煤机的机械传动系统如图 2—17 所示，左右对称，包括截割部传动系统（即摇臂传动系统和固定减速箱传动系统）、牵引部左右机械传动系统、牵引部液压传动系统等。

截割部的传动系统为四级减速，其中两级在固定减速箱内，另两级在摇臂内，第一、三级为直齿圆柱齿轮定轴传动，第二级为弧齿锥齿轮副传动，最后一级为 2K-H 行星齿轮传动。

右截割部由电动机右端出轴经花键联轴节带动，左截割部则由电动机左端出轴经液压传动部通轴左端的花键联轴节带动，截割部的固定减速箱输出构件大锥齿轮和摇臂传动系统的输入构件直齿圆柱齿轮之间通过离合器进行耦合，通过离合器的离合操作来控制滚筒的转停。离合器的操作手柄 12、14 位于采空区侧。

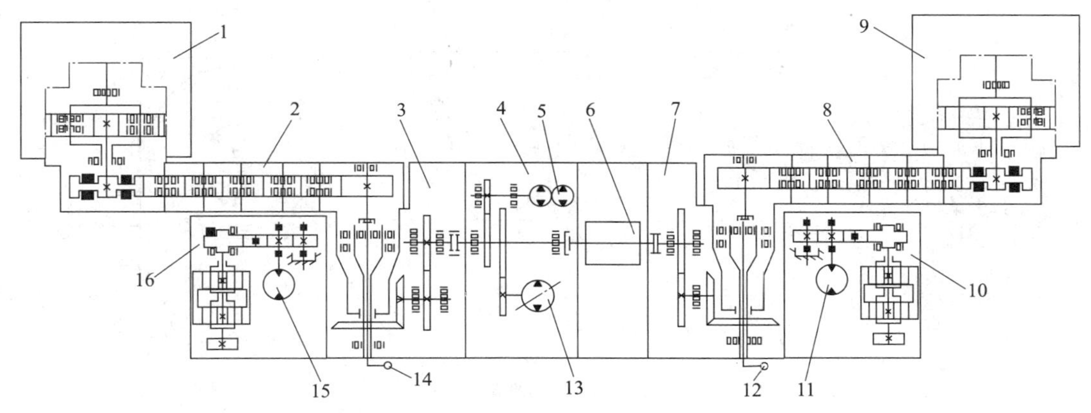

图 2—17　6MG200-W 型采煤机机械传动系统

1、9—左、右滚筒　2、8—左、右摇臂传动箱　3、7—左、右截割部固定减速箱　4—液压传动箱　5—双联齿轮泵　6—电动机　10、16—左、右牵引传动箱　11、15—左、右牵引传动马达　12、14—左、右离合器操作手柄　13—主液压泵

3. 6MG200-W 型采煤机截割部

6MG200-W 型采煤机截割部由固定减速箱、摇臂减速箱和螺旋滚筒等组成。该采煤机具有两个结构完全相同的左、右截割部，分别对称布置在整机的左、右两端，其内部的零件、组件（除弧齿锥齿轮外）均可以彼此互换。

截割部的作用是将电动机的动力通过一定减速比的齿轮传动传递给螺旋滚筒，进行截割与装煤，左、右滚筒转速相同，转向相反。截割部的内部结构如图 2—18 所示，外形如图 2—19 所示。

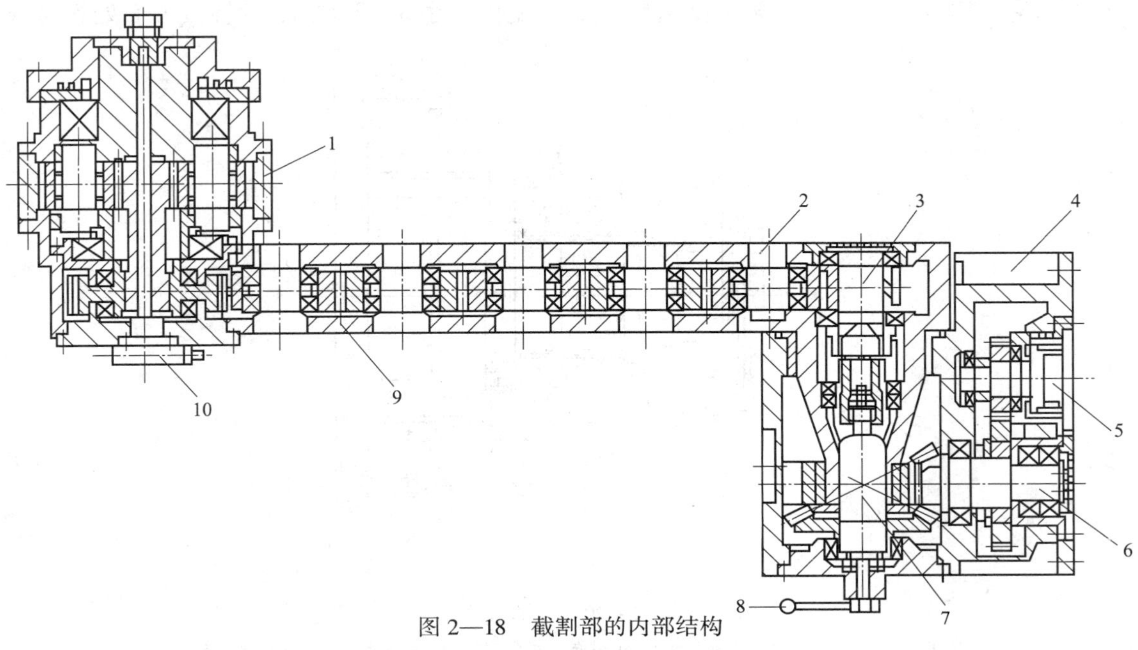

图 2—18　截割部的内部结构

1—行星机构　2—惰轮轴组　3—离合器轴组　4—固定减速器外壳　5—一轴组件　6—二轴组件　7—三轴组件　8—离合机构　9—摇臂外壳　10—内喷雾组件

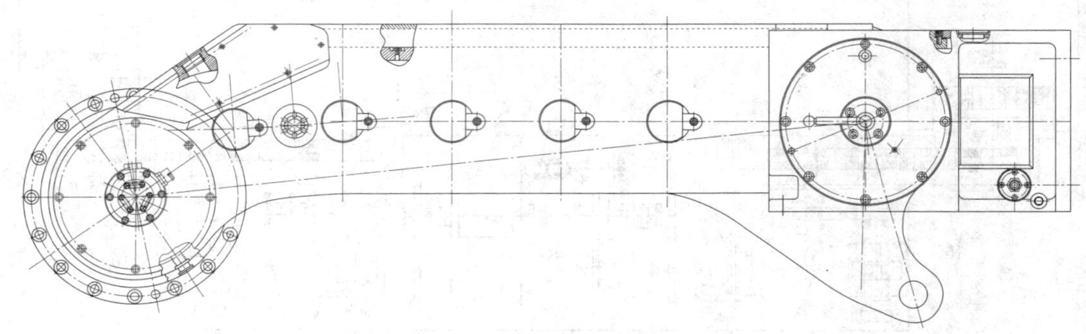

图 2—19　截割部外形

（1）固定减速箱

左、右固定减速箱结构相同，但不能互换（内部的零部件除弧齿锥齿轮和冷却管路外均可以互换）。固定减速箱箱体内装有两级减速齿轮和一套离合机构。

离合机构由离合器手把、滑动轴和花键套等组成。手把布置在箱体靠采空区侧的侧面上，以便于采煤机司机操作。离合器的离、合状态以推、拉手把来实现，即向里推入时为合，滚筒处于工作状态；向外拉出时为离，滚筒与电动机间的传动脱开。

1）一轴组件。一轴组件的结构如图 2—20 所示。齿轮 3 通过渐开线花键连接于轴 10 上，轴 10 由两只加强型圆柱滚子轴承 1 和 9 支撑，通过轴承杯 4 和垫 12 作轴向固定，并通过尺寸链来保证轴承端面的间隙，最后用 6 只 M16×40 的内六角螺钉将轴承杯 4 固定在箱体上，从而实现轴组的固定。为防止油液外漏，轴组上装有两个橡胶 O 形密封圈 6 和一个外露骨架唇形密封圈 5。由于该轴为高速旋转轴，唇形密封圈 5 和轴 10 旋转接触面处容易磨

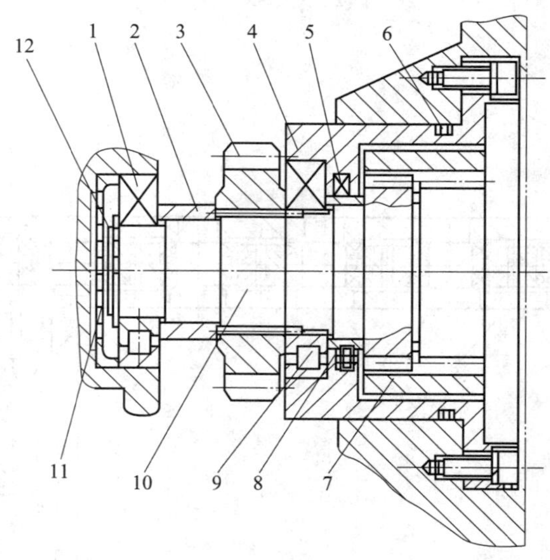

图 2—20　一轴组件

1、9—加强型圆柱滚子轴承　2—距离套　3—齿轮　4—轴承杯　5—唇形密封圈
6—O 形密封圈　7—内花键套　8—耐磨套　10—轴　11—轴用挡圈　12—垫

损，为此，设计上考虑采用耐磨套 8，耐磨套 8 磨损后更换比较方便、经济，延长了轴 10 的寿命。另外，轴 10 的端头为渐开线花键，通过内花键套 7 与电动机出轴或液压牵引部通轴相连。

2）二轴组件。二轴组件的结构如图 2—21 所示。轴弧齿锥齿轮 1 由固定在箱体上的外圈无挡边圆柱滚子轴承 4 和固定在轴承杯 9 内的两只加强型调心滚子轴承 10 支撑，轴承杯 9 由 6 只 M16×40 的内六角螺钉通过端盖 15 固定在箱体上。为防止轴弧齿锥齿轮 1 的轴向移动，用压板 11 由 4 只 M12×25 的外六角螺栓 12 作轴向固定，并串以铁丝防止螺栓松动。圆柱滚子轴承 4 和加强型调心滚子轴承 10 的端面间隙由尺寸链控制。该轴组用两只橡胶 O 形密封圈 13、14 作径向和轴向静密封，以防止油液外漏。与一轴轴组相啮合的齿轮 6 通过连接套 3 连接于轴的中部，两者连接方式均采用渐开线花键。然后用两个半圆形挡板 2 通过 6 只 M10×50 的内六角螺钉 7 固定在连接套上，防止齿轮 6 的轴向移动。

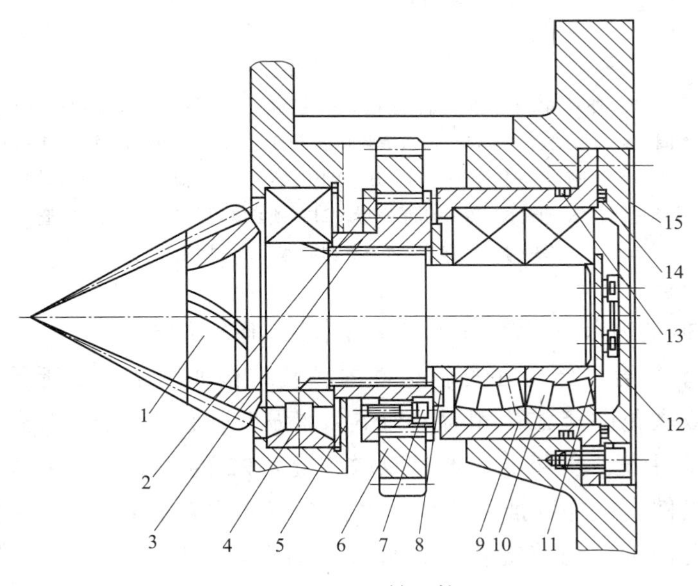

图 2—21　二轴组件

1—轴弧齿锥齿轮　2—挡板　3—连接套　4—圆柱滚子轴承　5—孔用挡圈　6—齿轮　7—内六角螺钉　8—距离套　9—轴承杯　10—加强型调心滚子轴承　11—压板　12—外六角螺栓　13、14—O 形密封圈　15—端盖

3）三轴轴组。三轴轴组的结构如图 2—22 所示。传动轴 13 通过渐开钱花键与锥齿轮 12 相连接，将由二轴传递过来的动力通过双联花键套 22 传递给摇臂。传动轴 13 由一只加强型调心滚子轴承 9 与两只内圈无挡边的圆柱滚子轴承 18 支撑。轴向固定用压板 1 通过 4 只 M2×25 的外六角螺栓 2 紧固来实现，再串以铁丝防止螺栓松动，两处的调心滚子轴承 9 和圆柱滚子轴承 18 端面间隙均由尺寸链控制。轴承杯 8 处装有橡胶 O 形密封圈 11 作径向密封圈来防止漏油。且在离合器滑动小轴 5 处装有内包骨架唇形密封圈 6 和毛毡密封圈 7，起防尘和动密封的作用。

轴承的固定方式是：两只圆柱滚子轴承 18 外圈直接安装在摇臂壳体耳轴上，内圈安装在传动轴 17 上，用轴用挡圈 19 作轴向固定；一只调心滚子轴承 9 固定在轴承杯 8 上，轴承

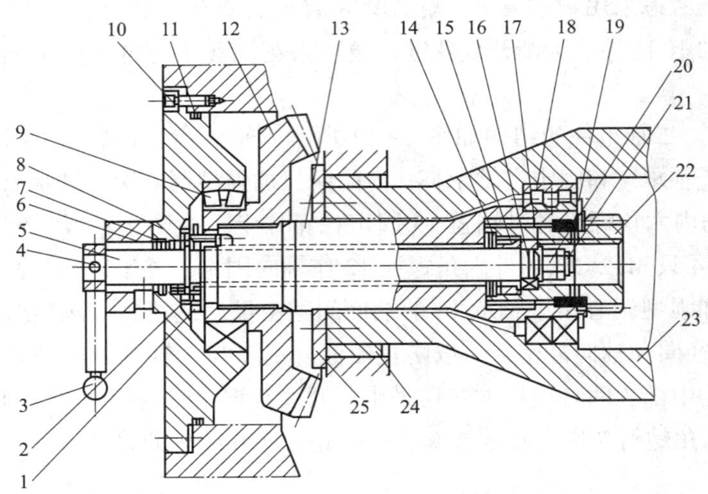

图 2—22　三轴组件

1—压板　2—外六角螺栓　3—离合手把　4—销钉　5—滑动小轴　6—唇形密封圈
7—毛毡密封圈　8—轴承杯　9、15—加强型调心滚子轴承　10—内六角螺钉　11—O 形密封圈
12—锥齿轮　13—传动轴　14、19—轴用挡圈　16—轴承　17—传动轴
18—圆柱滚子轴承　20—压紧螺母　21—锁紧螺母　22—双联花键套
23—摇臂耳轴　24—滑动轴承　25—固定板

杯 8 由 8 只 M16×30 的内六角螺钉 10 固定在箱体上，作轴向定位。

4）离合机构。离合器组合在三轴组件内，其结构如图 2—22 所示。离合器主要由两端带外花键的双联花键套 22、滑动小轴 5、加强型调心滚子轴承 15、压紧螺母 20 和锁紧螺母 21、离合手把 3 等组成。通过双联花键套 22 的一端，外花键与传动轴 17、内花键连接在三轴组件内，并以推、拉离合手把 3 来实现双联花键套 22 的轴向位移，使之与摇臂上的离合器轴的内花键合上或分离。离合位置以离合手把 3 推入为合，拉出为离。离合手把 3 推入，内花键合上，即将离合手把 3 旋转 90°，使之锁定。离合器设计行程为 55 mm。

（2）摇臂

摇臂是截割部的传动部件，它将固定减速箱传送来的动力，再传递给采煤机工作机构（即滚筒），并对滚筒起支撑和连接的作用。滚筒借助摇臂，可按煤层厚度变化状况，随时调节所需的工作高度，保证正常的工作状态。摇臂总长 1 685 mm（中心间距），两摇臂摆动中心距为 3 290 mm。摇臂支撑在固定箱体上装有三层复合材料的滑动轴承孔内，并以此作为摇臂的回转中心。靠煤壁侧的滑动轴承孔内外均装有橡胶 O 形密封圈，用来防止润滑油外漏和煤尘进入轴承回转表面，以减少表面磨损，延长轴承使用寿命，轴承外侧端面处还装有毛毡密封圈。调高曲柄（即摇臂伸长腿）与摇臂壳铸成一体，以提高摇臂工作的可靠性。摇臂设计成弯摇臂形式，以增大过煤空间，改善滚筒的装煤效果。左、右摇臂结构相同，相互对称，但不能互换（内部的零部件均可互换）。

1）离合器轴组。离合器轴组的结构如图 2—23 所示。离合器轴 2 由两只加强型圆柱滚子轴承 5 和 7 支撑在壳体上和轴承盖 11 上，轴承盖 11 由 8 只 M12×25 的内六角螺钉 9 固定在壳体上，从而实现轴组的径向定位，并通过尺寸链来保证加强型圆柱滚子轴承 5、7 的轴向间隙。轴组除了使用橡胶 O 形密封圈 8 来防止油液泄漏外，还在与固定箱交界处采用了 2 只外露骨架唇形密封圈 3 和 1 只橡胶 O 形密封圈 4，用来防止摇臂壳体内与固定箱体内的润滑油互相串通，保证各腔的传动件正常润滑。

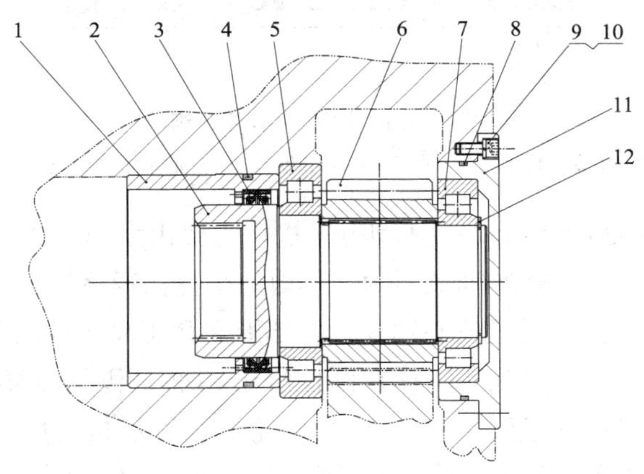

图 2—23　离合器轴组

1—距离套　2—离合器轴　3—唇形密封圈　4、8—O 形密封圈　5、7—加强型圆柱滚子轴承
6—齿轮　9—内六角螺钉　10—垫圈　11—轴承盖　12—挡圈

2）惰轮轴组。惰轮轴组的结构如图 2—24 所示。每个摇臂内各装有 5 组惰轮轴组。第一组为盲孔轴组，从煤壁侧装入摇臂壳体内，另外 4 组均为通孔轴组，其安装方向从采空区侧装入摇臂。惰轮 1 孔内装有两只加强型调心滚子轴承 7，利用孔用挡圈 6 和距离套 3 使惰轮 1 定位。心轴 4 的两端各装有橡胶 O 形密封圈 2 和 8，用来防止润滑油外漏。固定板 5 通过 1 只 M12×20 的内六角螺钉将心轴 4 固定在壳体上，防止心轴 4 转动和窜动。

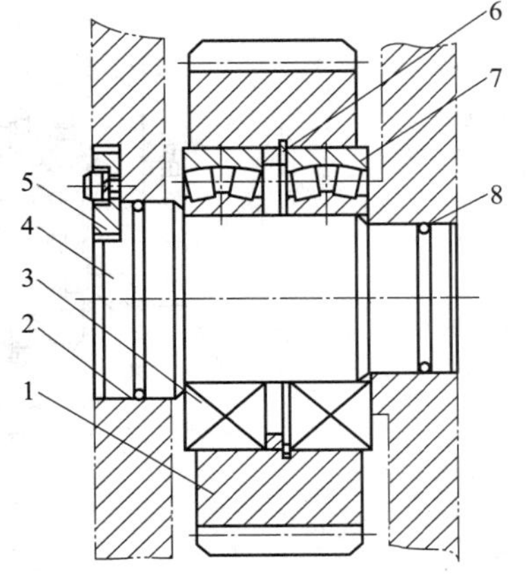

图 2—24　惰轮轴组

1—惰轮　2、8—O 形密封圈　3—距离套
4—心轴　5—固定板　6—孔用挡圈
7—加强型调心滚子轴承

3）摇臂输出轴轴组。摇臂输出轴轴组的结构如图 2—25所示。摇臂输出轴为无轴齿轮，齿轮 3 支撑在两只圆柱滚子轴承 1 和 7 上，通过渐开线花键与行星机构中的太阳轮相连接。两只圆柱滚子轴承 1 和 7 分别通过轴承盖 4 和 6 由 8 只 M16×25 的内六角螺钉和 12 只 M12×40 的内六角螺钉固定在摇臂壳体上。轴承盖 6 上装有 1 只橡胶 O 形密封圈 5 以防止油液外漏。

4）行星机构。行星机构是截割部的最后一级齿轮传动，它具有体积小、速比大、效率高、传递转矩大等特点。

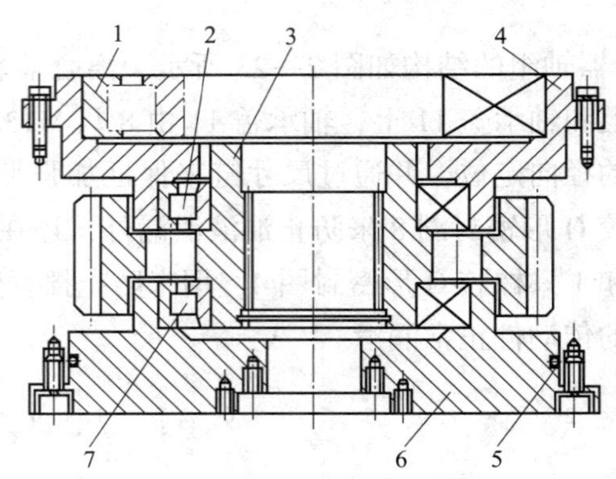

图 2—25 摇臂输出轴轴组

1、7—圆柱滚子轴承 2—轴承 3—齿轮 4、6—轴承盖 5—O 形密封圈

行星机构的结构如图 2—26 所示。2K-H 型行星机构主要由太阳轮 2、行星轮 20、内齿圈 19 和行星架 5 等组成。4 只行星轮 20 彼此成 90°角均匀布置在行星架 5 上，每个行星轮 20 由 2 只双列圆柱滚子轴承 7 支撑在行星轮心轴 6 上。挡圈 8 和距离垫轴向限位，挡环 4 防止行星轮心轴 6 转动和窜动。整个行星架 5 支撑在圆柱滚子轴承 3 和调心滚子轴承 11 上，其轴伸出端为渐开线花键，与滚筒连接套 17 相连。太阳轮 2 在行星机构中设计成浮动结构，以减少和补偿因制造或安装误差而引起的在行星轮间载荷分配的不均匀性，提高行星传动的寿命和可靠性。太阳轮 2 一端为轴齿轮，与 4 只行星轮 20 相啮合；另一端为渐开线花键轴颈，与五轴齿轮相连接，将动力经行星轮 20 传递给行星架 5 输出。内齿圈 19 为固定件，用 16 只 M24 的螺栓和 4 只定位销 9 与轴承座 18 一起固定在摇臂壳上。定位销 9 起定位作用，并

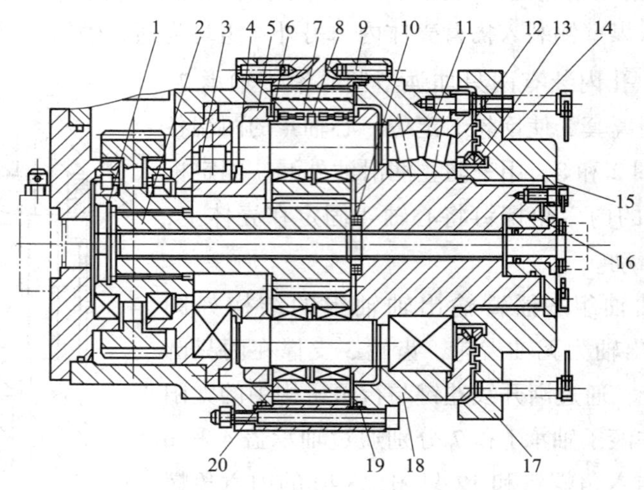

图 2—26 行星机构的结构

1、8—挡圈 2—太阳轮 3—圆柱滚子轴承 4—挡环 5—行星架 6—行星轮心轴 7—双列圆柱滚子轴承 9—定位销 10—耐磨垫 11—调心滚子轴承 12—端盖 13、14、16—密封件 15—压盖 17—滚筒连接套 18—轴承座 19—内齿圈 20—行星轮

保护螺栓不受剪切。为了防止煤尘进入行星机构和避免润滑油外漏，行星架 5 的轴承座 18 及端盖 12 的接合处采用了常用的径向和轴向橡胶 O 形密封圈，以及浮动端面密封件 13 进行了密封。端面密封是一种以合金铸铁为基体，经过精密压铸成形，采用精密磨削与研磨而制成的新型油封。油封由两件对称的密封环配以两只耐高温的橡胶 O 形密封圈组成。一个密封环（静环）通过 O 形密封圈与端盖相连，另一个密封环（动环）与滚筒连接套相连。两环接触端面为滑动密封面，O 形密封圈被压缩后产生的轴向力使两环相互压紧。调整好压紧产生的比压是进行有效密封和防止比压过大而损坏的关键。此油封除了防止内腔油液外漏外，还能阻止外界污物进入壳体内部，很好地起到了防尘与密封的作用。

三、典型电牵引采煤机截割部

电牵引采煤机截割部传动装置比液压牵引采煤机截割部传动装置减少了固定减速箱，结构要简单得多，主要由摇臂减速箱组成。下面以 MG400(450)/920(1020) 系列交流电牵引采煤机为例介绍。

1. MG400(450)/920(1020) 系列交流电牵引采煤机概述

（1）适用条件

MG400(450)/920(1020) 系列交流电牵引采煤机是采用电动机横向布置、机载变频调速装置的大功率采煤机，适用于煤层厚度 2~4.5 m、煤质硬或中硬的长壁综采工作面，尤其适合安全高效综合机械化开采，与工作面输送机、液压支架等配套使用，可实现采、装、运的机械化，实现综采的安全高效。

（2）主要组成

MG400(450)/920(1020) 系列交流电牵引采煤机部件按功能可划分为截割部、牵引部、辅助装置、液压系统和电气控制系统，如图 2—27 所示。

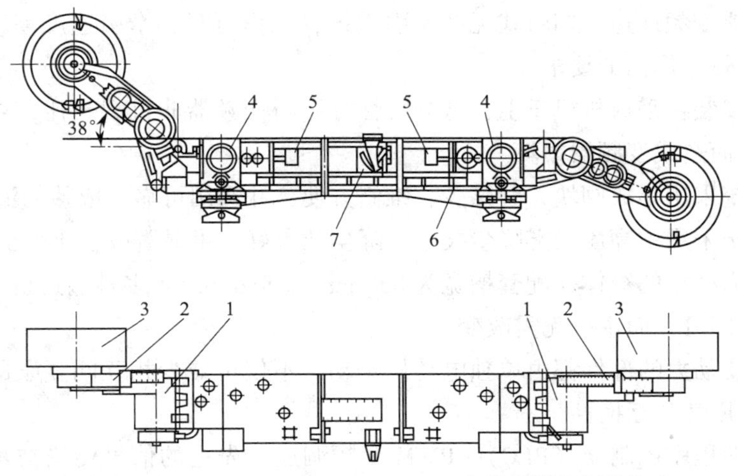

图 2—27 MG400(450)/920(1020) 系列采煤机主要组成

1—截割电动机 2—摇臂减速箱 3—摇臂 4—牵引传动装置 5—调高泵站 6—大框架 7—电控箱

1）截割部。截割部包括截割电动机、摇臂和滚筒等，起落煤和装煤的作用。

2）牵引部。牵引部包括牵引电动机（含牵引调速系统）、牵引减速箱和行走箱等。

3）辅助装置。辅助装置包括大框架、拖缆装置和喷雾冷却系统等。

4）液压系统。液压系统包括调高泵站、调高液压缸和油管等。

5）电气控制系统。电气控制系统包括调速箱、电控箱、电阻箱及控制装置。

该系列采煤机总体采用多电动机横向布置的形式，由大框架把各部件组合成一台完整的采煤机。大框架（或称机身）由中间框架和左、右框架三段组成，用高强度液压螺栓连接成一整体。截割部有左、右之分，通过销轴分别与左、右框架上的铰接耳铰接，作为摆动的支点，下部与液压缸铰接，液压缸另一端由销轴分别铰接在左、右框架上，通过液压缸的伸缩实现滚筒的升降。牵引部减速箱无左、右之分，可互换安装在左、右框架上。电控箱安置在右框架内，具有采煤机电源开关控制、操作、显示及连线、分线等功能。调速箱和电阻箱安置在中间框架内。调高泵站安装在左框架内，是滚筒升降的控制回路和牵引行走的制动回路的动力源。各主要部件均可从采空侧或煤壁侧抽出而不影响其他部件。

该系列采煤机能与槽宽 830 mm 以上的各种刮板输送机和多种液压支架配套，可通过更换煤壁侧支撑滑靴连接板与牵引行走箱来满足用户对各种槽宽的输送机及对机面高度的需要。为满足采高与挖底的需要，也可采用不同行程的液压缸来实现。该系列采煤机可派生出 6 种机型，即采用销轨式无链牵引形式的 MG400/920-WD、MG400/920-GWD、MG400/920-QWD、MG450/1020-WD、MG450/1020-GWD 和 MG450/1020-QWD。

（3）MG400(450)/920(1020) 系列采煤机的特点

1）机身（即大框架）由左、中、右框架组成，用高强度液压螺栓连接，强度高而且简单可靠、拆装方便。

2）所有的截割反力、调高液压缸支撑反力和牵引反力均由大框架承受，变压器箱、变频调速箱、电控箱、泵站等均不直接受力，可靠性高。

3）采用交流变频调速、销轨式无链牵引系统，工作可靠、牵引速度高、牵引力大，可充分满足安全高效工作面的要求。

4）变频器安装在采煤机机身上，低频特性好，与变频器非机载相比，可避免因牵引电缆拖移损坏短路而造成变频器损坏。

5）液压系统采用集成阀块，管路少，维修方便，并选用可靠、成熟的液压元件。

6）喷雾系统采用中高压喷雾降尘技术，降尘效果好，可显著改善工作面工作环境。

7）行走箱为独立的箱体，配套槽宽为 830 mm 或 880 mm 等多种输送机，只需选用相应的行走箱及滑靴即可，而主机无需改变。

8）各个需要动力的部件都由单独电动机驱动，不仅可减少相互间复杂的传动关系，而且具有较好的通用性和互换性。

9）采用可编程序控制器（PLC）、PWM 变频调速、先进的信号传输技术和全中文显示界面，控制、操作可靠、方便，全中文实时显示采煤机工作参数和运行状况。

2. 截割部主要性能参数及特点

MG400(450)/920(1020) 系列采煤机的截割部分为左截割部和右截割部，用两台功率为 400 kW 或 450 kW 的交流电动机做动力源，分别驱动左、右摇臂使滚筒旋转，实现截煤、装煤，内设冷却喷雾等装置。

（1）截割部主要性能参数

截割部主要性能参数见表 2—1。

表 2—1　　截割部主要性能参数

<table>
<tr><td rowspan="13">截割电动机</td><td>型　　号</td><td colspan="3">YBCS2-400</td><td colspan="3">YBC-450G</td></tr>
<tr><td>功率（kW）</td><td colspan="3">400</td><td colspan="3">450</td></tr>
<tr><td>转速（r/min）</td><td colspan="6">1 472</td></tr>
<tr><td>电压（V）</td><td colspan="3">1 140</td><td colspan="3">3 300</td></tr>
<tr><td>电流（A）</td><td colspan="3">256</td><td colspan="3">101</td></tr>
<tr><td>频率（Hz）</td><td colspan="6">50</td></tr>
<tr><td>极数</td><td colspan="6">4</td></tr>
<tr><td>工作制</td><td colspan="6">SI</td></tr>
<tr><td>接法</td><td colspan="6">Y</td></tr>
<tr><td>绝缘等级</td><td colspan="3">F</td><td colspan="3">H</td></tr>
<tr><td>冷却方式</td><td colspan="6">外壳水冷</td></tr>
<tr><td>冷却水量（L/min）</td><td colspan="6">35</td></tr>
<tr><td>冷却水压（MPa）</td><td colspan="6">1.5</td></tr>
<tr><td colspan="2">传动比</td><td colspan="2">51.5</td><td colspan="2">45.2</td><td colspan="2">39.8</td></tr>
<tr><td colspan="2">滚筒转速（r/min）</td><td colspan="2">28.6</td><td colspan="2">32.6</td><td colspan="2">37.0</td></tr>
<tr><td colspan="2">润滑方式</td><td colspan="6">飞溅式</td></tr>
<tr><td colspan="2">润滑油型号</td><td colspan="6">N320 中负荷工业齿轮油</td></tr>
<tr><td colspan="2">喷雾方式</td><td colspan="6">内、外喷雾</td></tr>
</table>

（2）截割部主要特点

截割电动机横向安装在摇臂壳体内，摇臂箱体内是机械传动部分（含行星减速器）。截割滚筒安装在摇臂行星减速器出轴（行星架）上。左、右摇臂壳体不能通用，但其传动元件通用。MG400(450)/920(1020) 系列采煤机的截割部主要特点有：

1）摇臂回转采用铰轴结构，回转部分的磨损不影响摇臂减速箱内的齿轮啮合。

2）摇臂齿轮减速全部是直齿传动，传动效率高，可靠性好。

3）截割电动机和摇臂Ⅰ轴齿轮之间采用细长柔性转矩轴传递动力，在受到较大的冲击载荷时对截割传动系统的齿轮和轴承起到缓冲作用，提高了可靠性。

4）高速轴油封的线速度低，提高了油封的可靠性和使用寿命。

5）摇臂输出端与滚筒连接采用 410 mm×410 mm 方形连接套和螺钉连接。

6）滚筒采用三头螺旋叶片，直径可根据煤层厚度在 1.6 m、1.8 m、2.0 m 和 2.24 m 内选取，输出转速可视不同煤质硬度在三档速度内选取。

3. 截割部传动系统

截割部传动系统如图 2—28 所示。电动机输出转矩通过齿轮 z_1、z_2、z_3、z_4、z_5、z_6、

z_7、z_8、z_9传递到行星减速器（z_{10}、z_{11}、z_{12}），由行星减速器的行星架输出，将动力传给截割滚筒。左、右截割部传动方式相同，而且传动元件通用。z_4、z_5为变速齿轮，共 3 对，可为滚筒提供 3 种不同转速。

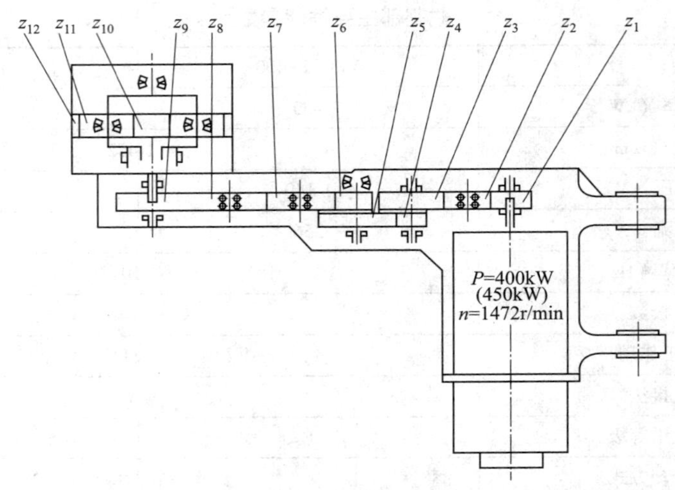

图 2—28　截割部传动系统

传动齿轮及支撑轴承的型号和规格见表 2—2。

表 2—2　　传动齿轮及支撑轴承的型号和规格

齿轮参数												
序号	z_1	z_2	z_3	z_4	z_5	z_6	z_7	z_8	z_9	z_{10}	z_{11}	z_{12}
模数	7			8		12				10		
齿数	22	39	40	21	47	18	29	29	39	15	28	73
				23	45							
				25	43							
转速（r/min）	1 472	830.4	809.6		362		225		167		28.5	0
					414		257		191		32.6	
					471		292		217		37.0	

轴承参数					
序　号	1	2	3	4	5
型　号	23072	NJ42236	NU1056	22320	22230CC/W33
尺寸（mm）（$d\times D\times b$）	360×540×134	180×320×52	280×420×65	100×215×73	150×270×73
序　号	6	7	8	9	10
型　号	22228CC/W33	NJ320EC	NJ2324EC	2222CC/W33	NJ224EC
尺寸（mm）（$d\times D\times b$）	140×250×68	100×215×47	120×260×86	110×200×53	120×215×40

4. 截割电动机

截割电动机为矿用隔爆型三相交流异步电动机，适用于环境温度低于 40 ℃、有瓦斯或爆炸性煤尘的采煤工作面，其外壳为水套冷却。截割电动机的外形如图 2—29 所示。安装时，注意电动机冷却水口与摇臂壳体上水管出口位置相对，接线盒为左右对称结构，在左、右截割电动机上通用。接线喇叭口可以改变方向，方便电缆引入。

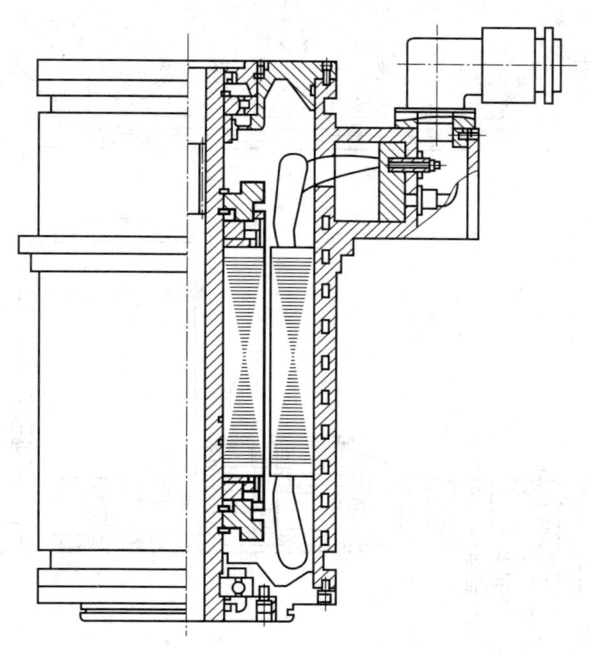

图 2—29　截割电动机

截割电动机在使用时应注意：开机前应首先检查冷却水的水量，先通水，再启动电动机，严禁断水使用；当电动机长时间运行停机后，不要马上关闭冷却水；发现有异样声响时，应立即停机检查。

5. 摇臂

摇臂由壳体、传动部分（包括离合器、轴组、行星减速器）和辅助装置（内、外喷雾装置）等组成，如图 2—30 所示。摇臂壳体采用整体铸造结构，外壳有一焊接冷却水套，水套上面装有喷嘴用于外喷雾。

（1）离合器

离合器结构如图 2—31 所示，安装在截割电动机尾部，在 I 轴组件上离合。细长柔性的转矩轴是离合器的关键元件，其两端通过渐开线花键分别与电动机转子和 I 轴相连。当该轴在手柄与拉杆的作用下外拉时，与 I 轴的内花键脱离，终止动力传递。必须注意，在离或合操作完毕时一定要将手把座卡在定位盘上。

（2）Ⅰ轴组件

Ⅰ轴组件结构如图 2—32 所示，齿轮由轴承对称支撑在轴承杯上。在轴承杯与压盖之间有调整垫片，用来调整轴承的轴向间隙，保证间隙为 0.3~0.5 mm。在安装 I 轴时，注意电动机一侧的油封正确就位，以避免唇口损坏或弹簧脱落。

（3）Ⅱ轴组件

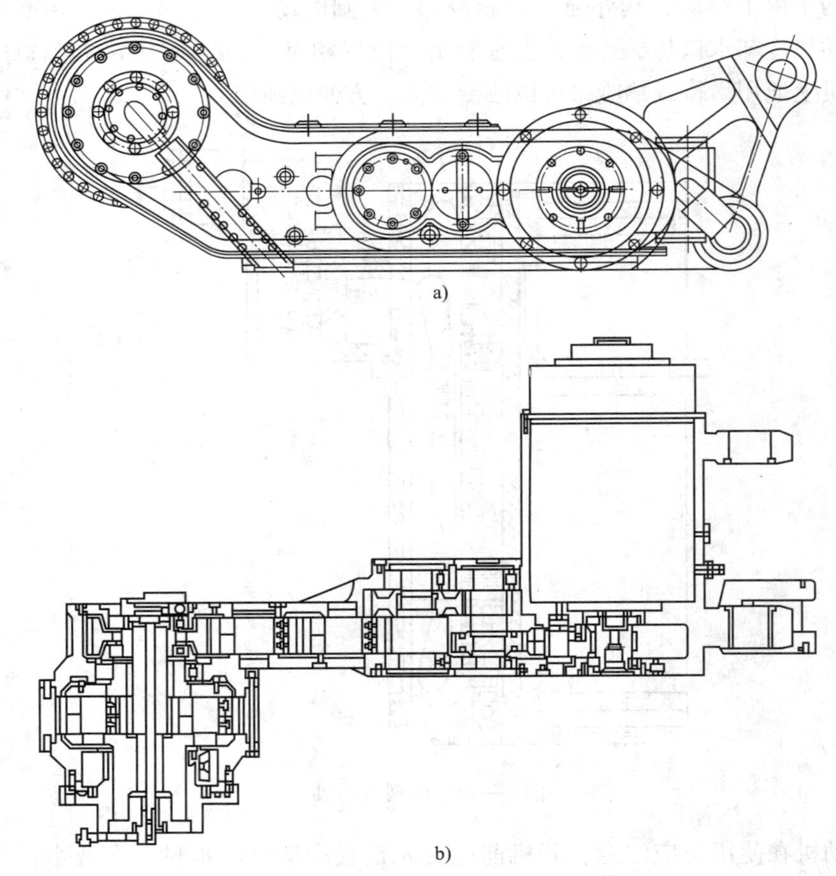

图 2—30 摇臂

a）主视图 b）俯视图

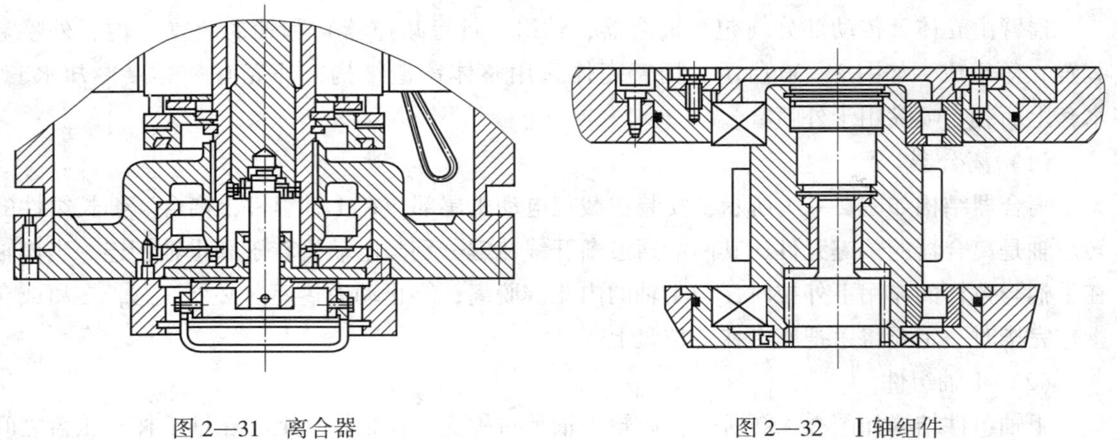

图 2—31 离合器　　图 2—32 Ⅰ轴组件

Ⅱ轴组件为惰轮轴组，如图 2—33 所示，主要由齿轮、轴承、心轴、轴套等组成。

（4）Ⅲ轴组件

Ⅲ轴组件结构如图 2—34 所示，轴齿轮由轴承支撑在箱体上，大齿轮通过花键套在轴齿轮上。轴承的轴向间隙由调整垫片来调整，保证在 0. 3～0. 5 mm。

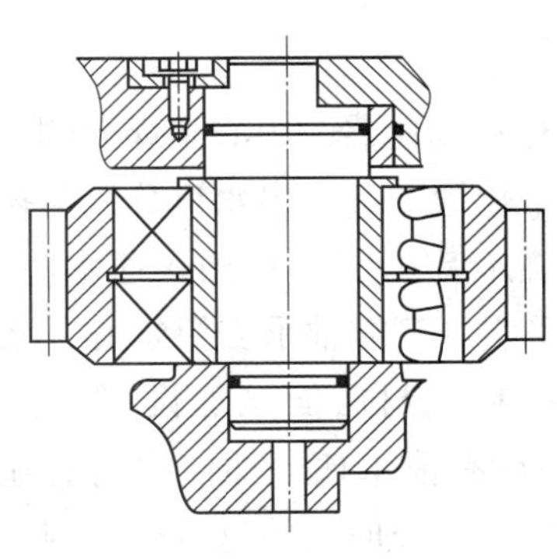

图 2—33　Ⅱ轴组件

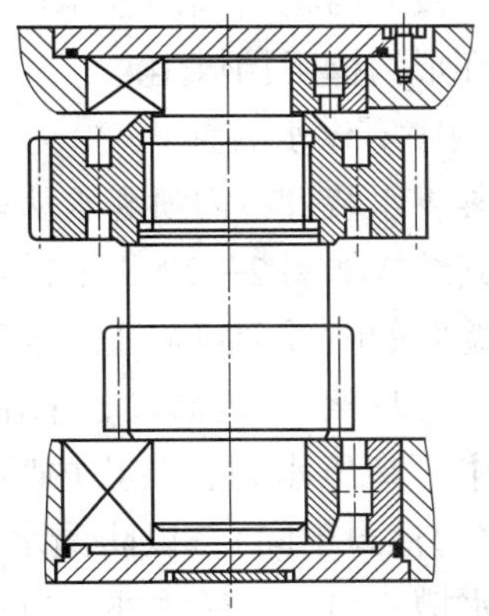

图 2—34　Ⅲ轴组件

（5）Ⅳ轴组件

Ⅳ轴组件结构形式与Ⅲ轴相近，如图 2—35 所示。轴承的轴向间隙由调整垫片来调整，保证在 0. 3～0. 5 mm。

（6）行星减速器

行星减速器结构如图 2—36 所示，主要由太阳轮、行星轮、内齿圈、行星架、支撑轴承、平面浮动密封装置和滚筒连接套等组成。太阳轮的输入端与摇臂大齿轮的内花键相连。当太阳轮转动时，驱动行星轮沿本身轴线自转，同时又带动行星架绕其轴线转动。行星架通过花键与滚筒连接套连接，将输出转矩传给滚筒。采用 4 个行星轮传动，结构紧凑，传动比大。考虑行星轮间均载，采用太阳轮浮动结构。太阳轮与行星架之间有相对转速，因此，在太阳轮与行星架接触面间装有聚四氟乙烯垫块，既限制太阳轮的轴向窜动，又减小两者之间

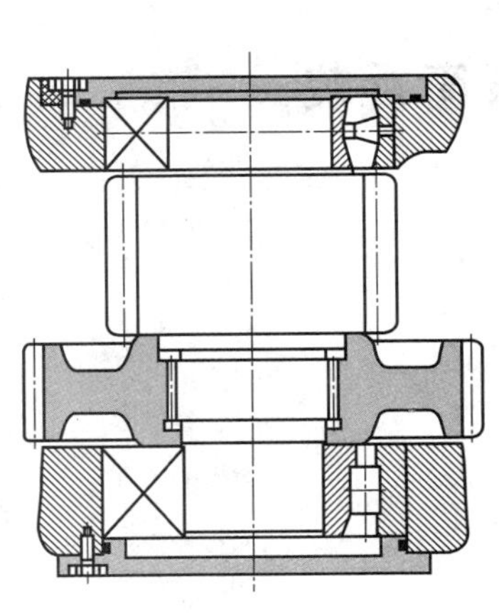

图 2—35　Ⅳ轴组件

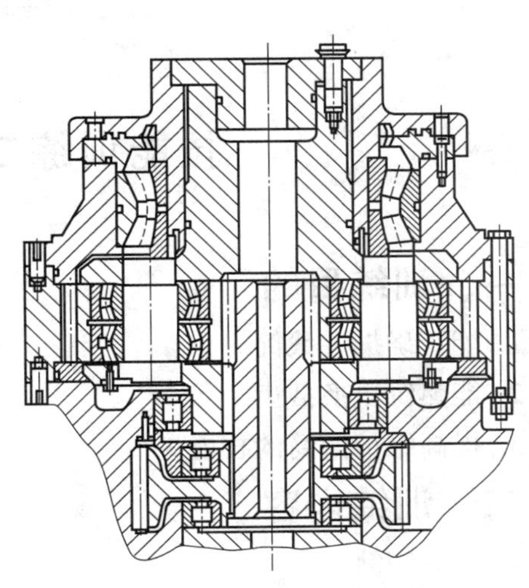

图 2—36　行星减速器

的摩擦，间隙为 1~1.5 mm。行星架输出端靠轴承支撑，输出端的轴承外圈端面需控制轴向间隙（0.3~0.5 mm），输入端轴承无挡边，能适应行星架一定量的轴向窜动。

滚筒连接套与输出端的轴承座之间有相对运动，采用平面浮动油封以防油液外泄，同时，采用环形沟槽阻挡煤尘。

（7）内喷雾供水装置

内喷雾供水装置将内喷雾水从采空区侧引入，穿过行星减速器的中心至煤壁侧，进入滚筒水道。其结构如图 2—37 所示，安装在行星减速器中心位置，进、出水口分别与摇臂采空区侧、煤壁侧的喷雾管路相通。水管在煤壁侧与管座孔配合定心，端头插入通水座的槽内，与滚筒轴（行星架）一起转动，采用 O 形密封圈密封；采空区侧靠轴承支撑定心，水管外采用特制的中、高压水封，防止内喷雾水进入摇臂油池。在水封后面又加设了一只副水封（材料和普通油封不同），以防漏水。压盖和水封座之间设有泄水槽，即使水封有泄漏，也能通过泄水槽流出摇臂壳体外。当发现此处有大量渗水时，应及时更换这两个水封。靠近轴承的油封可防止摇臂油液外漏。

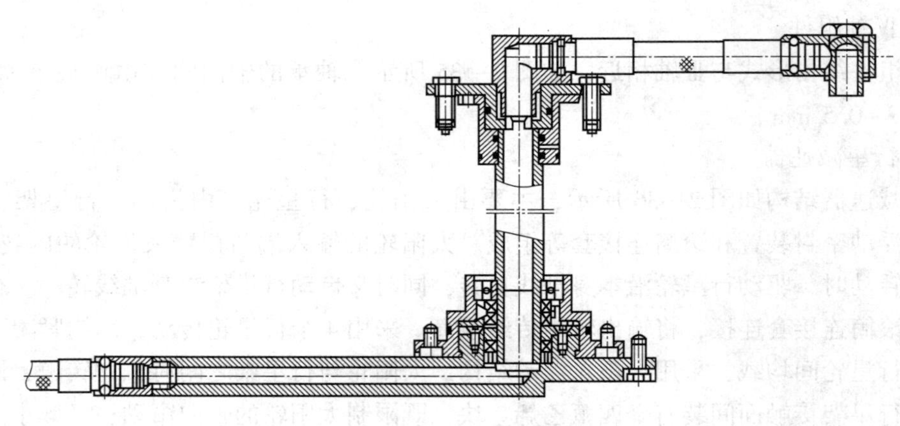

图 2—37 内喷雾供水装置

技能训练二 螺旋滚筒拆装

一、训练目的

1. 能正确拆装滚筒。
2. 能熟练更换截齿。
3. 提高维护滚筒的技能。

二、训练内容

1. 拆装滚筒。
2. 更换截齿。

三、训练所用设备、材料和工具

1. 采煤机截割部。

2. 各种截齿。

3. 手锤、手钳、胀簧钳、套筒扳手、活动扳手、起吊设备等。

四、训练过程

1. 训练前的准备

实习教师结合实习滚筒介绍截割滚筒的结构、完好标准（参见第六章第四节）、拆装安全注意事项，并在螺旋滚筒上预设报废的截齿等。

2. 操作训练

（1）判断实习采煤机螺旋滚筒的旋向和转向。

（2）对照完好标准检查滚筒与截齿。

（3）针对发现的问题更换截齿或螺旋滚筒。

（4）指导教师根据学生训练的情况进行点评、指导与总结。

五、注意事项

1. 更换滚筒和截齿必须断电，断开截割离合器。

2. 拆装滚筒时注意安全。

3. 拆装滚筒时要多人协调配合，统一指挥。

六、考核评价

螺旋滚筒拆装的考核评价见表2—3。

表2—3　螺旋滚筒拆装考核评价

类　型	项目	项目与技术要求	配分	评定方法	得分
过程评价（40%）	1	遵守劳动（学习）纪律	10	考勤	
	2	认真听讲记笔记	10	观察	
	3	回答问题积极	20	检查、观察	
质量评价（60%）	1	回答问题正确	30	提问、检查、观察	
	2	操作熟练、安全	30	检查、观察	

技能训练三　截割部传动装置主要部件拆装

一、训练目的

1. 能正确拆装截割部传动装置主要零部件。

2. 提高学生拆装技能。

二、训练内容

拆装固定减速箱主要零部件。以 6MG200-W 型采煤机为例介绍主要部件装配，拆卸顺序一般与装配顺序相反。

1. 一轴轴组装配

如图 2—20 所示，首先将垫 12 和内圈有单挡边的加强型圆柱滚子轴承 1 的外圈装在箱体上，然后把装于一体的轴 10、耐磨套 8、加强型圆柱滚子轴承 9、齿轮 3、距离套 2、加强型圆柱滚子轴承 1 的内圈、轴用挡圈 11，以及轴承杯 4 和唇形密封圈 5 等一轴组件从箱体的侧面装入，最后用 6 只 M16×40 的内六角螺钉紧固在箱体上。注意：一轴轴组必须后于二轴轴组的安装。

2. 二轴轴组装配

如图 2—21 所示，首先将外圈无挡边的圆柱滚子轴承 4 的外圈和孔用挡圈 5 装在箱体上，其次将装于一体的连接套 3、圆柱滚子轴承 4 的挡圈、轴弧齿锥齿轮 1 从箱体的侧面装入其中，与同时从箱体的顶上装入的齿轮 6 通过渐开线花键连接，然后用两个半圆形挡板 2 通过 6 只 M16×50 的内六角螺钉 7 使齿轮轴向固定，再将距离套 8、轴承杯 9、两只加强型调心滚子轴承 10 装上，最后用压板 11 由 4 只 M12×35 的外六角螺栓 12 固定，并串以 ϕ2. 5 mm 的铁丝，防止轴弧齿锥齿轮 1 的轴向窜动和外六角螺栓 12 的松动。

3. 三轴轴组装配

如图 2—22 所示，首先将两只内圈无挡边的圆柱滚子轴承 18 的外圈装入摇臂内，接着将装有圆柱滚子轴承 18 内圈和轴用挡圈 19 的传动轴 13 从摇臂靠煤壁侧装入。然后再装离合器机构：先将加强型调心滚子轴承 15 装在双联花键套 22 上，然后将螺母和挡圈 14 装上后，再将滑动小轴 5 装在双联花键套 22 上，再把垫圈、压紧螺母 20 和锁紧螺母 21、挡圈装于滑动小轴 5 上。最后将装于一体的离合器部分从摇臂煤壁侧处装入传动轴 13 的中心孔中，通过双联花键套 22 上的外花键与传动轴 13 内花键连接。

4. 离合器轴组装配

如图 2—23 所示，按先后次序将距离套 1、两只外露骨架唇形密封圈 3、加强型圆柱滚子轴承 5 外圈装入摇臂，然后把带有加强型圆柱滚子轴承 5 内圈的离合器轴 2 装上，再把齿轮 6、加强型圆柱滚子轴承 7 内圈和挡圈 12 往轴上装，最后将装有加强型圆柱滚子轴承 7 外圈和橡胶 O 形密封圈 8 的轴承盖 11 装上，用 8 只 M12×25 的内六角螺钉 9 及垫圈 10 紧固在摇臂壳体上。

5. 惰轮轴组装配

如图 2—24 所示，惰轮轴组的装配，一般是先于摇臂中其他轴组的安装。装配时将装有两只加强型调心滚子轴承、距离套 3、孔用挡圈 6 的齿轮（惰轮）1 从摇臂五轴处的 ϕ380 mm 孔中装入定位，然后将装有橡胶 O 形密封圈 2 和 8 的轴从壳体装入惰轮 1 内，并用固定板 5 通过一只 M12×20 的内六角螺钉定位，防止轴的转动和窜动。

6. 摇臂输出轴轴组装配

如图 2—25 所示，首先将装有圆柱滚子轴承 1 外圈的轴承盖 4 装在摇臂壳体上，用 12

只 M12×40 的内六角螺钉固定在壳体上，然后将装有两只轴承 2 内圈的齿轮 3 从采空区侧装入轴承盖 4 的轴承上，最后装上带有圆柱滚子轴承 7 外圈的轴承盖 6，通过 8 只 M16×25 的内六角螺钉固定在壳体上。必须注意：轴承盖 6 必须在太阳轮轴端面间隙测量完毕后才能装。

7. 行星机构装配

如图 2—26 所示，首先将圆柱滚子轴承 3 的外圈装于摇臂输出轴轴承座上，将太阳轮 2 装入摇臂输出轴轴组齿轮孔内，与其内花键相连，其次安装装有行星轮 20、行星轮心轴 6、挡环 4、耐磨垫 10 和圆柱滚子轴承 3 内圈的行星架 5，使圆柱滚子轴承 3 内圈就位，四个行星轮 20 与太阳轮 2 互相啮合。接下来将内齿圈 19 装上，使之与四个行星轮 20 啮合，再将轴承座 18 装上，用 16 只 M24 的螺栓把内齿圈 19、轴承座 18 和摇臂一起拧紧，并配以 4 只 ϕ25 mm 的定位销 9 定位，保护螺栓不受剪切。然后把调心滚子轴承 11 装于行星架 5 和轴承座 18 上，再把端盖 12 用 16 只 M20×40 的内六角螺钉固定在轴承座 18 上，并保证调心滚子轴承 11 与端盖 12 保持 0.1~0.2 mm 的间隙。最后安装太阳轮 2 花键端部的挡圈 1 与垫，并根据测量后的尺寸来配耐磨垫，使其间隙符合图样设计要求，以满足太阳轮 2 浮动的需要。

三、训练所用设备、材料和工具

1. 采煤机截割部。
2. 手锤、手钳、胀簧钳、套筒扳手、活动扳手、起吊设备、铜棒、索具等。

四、训练过程

1. 训练前的准备

实习教师结合实习采煤机介绍截割部传动装置的结构、拆装安全注意事项及技术要求。

2. 操作训练

（1）拆装一轴轴组。

（2）拆装二轴轴组。

（3）拆装三轴轴组。

（4）拆装离合器轴组。

（5）拆装摇臂输出轴轴组。

（6）拆装行星机构。

（7）指导教师根据学生掌握的情况进行点评、指导与总结。

五、注意事项

1. 在拆装过程中，要保证做到清洁卫生，无杂物进入机箱内。禁止使用棉纱，要用绸布或泡沫塑料。
2. 拆装时要有人协调配合。
3. 拆装时注意安全。

六、考核评价

截割部传动装置主要部件拆装考核评价见表 2—4。

表 2—4 截割部传动装置主要部件拆装考核评价

类型	项目	项目与技术要求	配分	评定方法	得分
过程评价（40%）	1	遵守劳动（学习）纪律	10	考勤	
	2	认真听讲记笔记	10	观察	
	3	回答问题积极	20	检查、观察	
质量评价（60%）	1	回答问题正确	30	提问、检查、观察	
	2	操作熟练、安全	30	检查、观察	

思考练习题

1. 螺旋滚筒有哪些结构参数和工作参数？
2. 滚筒的结构是怎样的？如何根据具体条件选用滚筒的螺旋方向和螺旋头数？
3. 什么是扁形截齿和锥形截齿？它们的适用条件是什么？
4. 采煤机截割部大多采用哪些传动方式？特点如何？
5. 截割部传动有哪些特点？
6. 6MG200-W 型采煤机有哪些特点？
7. MG400(450)/920(1020) 系列采煤机截割部有哪些特点？

第二章

采煤机牵引部

学习目标

掌握采煤机牵引部的组成、功能及对牵引部的要求，了解牵引类型，掌握无链牵引机构特点和主要类型，掌握液压牵引采煤机主油路系统、补油热交换油路、调速系统、保护系统的工作原理，了解电牵引采煤机特点，掌握电牵引采煤机牵引部的组成和牵引调速原理，掌握采煤机牵引部传动系统和结构布置。

采煤机牵引部是采煤机的重要组成部分，它担负着移动采煤机，使工作机构连续落煤或调动机器的任务，而且牵引速度的大小直接影响工作机构的效率和质量，并对整机的生产能力和工作性能产生很大影响。

第一节　采煤机牵引部概述

采煤机牵引部由传动装置和牵引机构两大部分组成。牵引传动装置的重要功能是进行能量转换，即将电动机的电能转换成传动主链轮或驱动轮的机械能，它可分为机械传动、液压传动（液压牵引）及电传动（电牵引）三种形式，目前使用最多的是液压牵引和电牵引传动装置。牵引机构是协助采煤机沿工作面行走的装置，主要有钢丝绳牵引、链牵引和无链牵引三种，其中钢丝绳牵引、链牵引容易发生断绳、卡链、断链等事故，给工作面的安全和生产带来影响。目前钢丝绳牵引早已不再使用，链牵引也趋于淘汰，正逐渐被无链牵引机构所代替，所以本章主要讲解无链牵引机构。

一、对牵引部的要求

1. 传动比大

在液压传动或机械传动的牵引部中，因为采煤机牵引速度一般为 0~10 m/min，所以传动装置的总传动比在 300 左右。如果采用可调速的电动机，则传动比可相对减小。

2. 牵引力大

随着工作面生产能力的提高，采煤机必须具有很大的牵引力。为了提高牵引力，在液压牵引方式中常采用双牵引方式，即液压泵向两个液压马达同时供油的方式，但牵引速度随之下降，而在电牵引采煤机中则无此问题，牵引力最大可达 950 kN。

3. 能实现无级调速

随着采煤机外载荷的不断变化，要求牵引速度能随着外载荷的变化而变化，在液压牵引采煤机中通过控制变量泵的流量来实现，在电牵引采煤机中则通过控制牵引电动机的转速来实现。

4. 能实现正反向牵引和停止牵引

在液压牵引采煤机中常用单电动机，即截割和牵引共用一台电动机，因此牵引方向的改变或停止牵引是通过液压泵供油方向的改变或停止供油来实现的。电牵引采煤机采用多电动机，截割电动机和牵引电动机是分开的，因此易于实现牵引部正反向牵引和停止牵引，而且在采煤机各种工况下的操作方法也大为简化。

5. 有完善可靠的安全保护

在液压牵引采煤机中主要根据电动机的负荷变化和牵引阻力的大小来实现自动调速或过载回零（停止牵引），先进的采煤机中还设有故障检测和诊断装置。在电牵引采煤机中主要是通过对牵引电动机的控制来保证牵引部的安全可靠运行。

6. 操作方便

牵引部应有手动操作、离机操作及自动调速等装置。

7. 零部件应有足够的强度和可靠性

虽然牵引部只消耗采煤机装机功率的 10%~15%，但因牵引速度低、牵引力大、零部件受力大，所以必须要有足够的强度和可靠性。

二、无链牵引机构

采煤机牵引机构有钢丝绳牵引、链牵引和无链牵引三种，其中前两种安全性能差，已趋于淘汰，而无链牵引机构安全性能好，因此在采煤机上得到了普遍应用。

1. 无链牵引机构的特点

（1）无链牵引机构的优点

1）采煤机移动平稳，振动小，载荷均匀，延长了机器的使用寿命，降低了故障率。

2）能够实现双牵引传动，使牵引力提高到 400~600 kN，以适应采煤机在大倾角（最大达 54°）条件下工作，并可通过设置制动器防滑。

3）可实现工作面多台采煤机同时工作，以提高产量。

4）啮合效率高，可将牵引力有效地用在割煤上。

5）消除了牵引链带来的断链、反链敲缸等事故，大大提高了安全性。

（2）无链牵引机构的缺点

1）对刮板输送机的弯曲和起伏不平要求较高，对煤层地质条件变化的适应性也较差。

2）无链牵引机构使机道宽度增加约 100 mm，提高了对支架控顶能力的要求。

2. 无链牵引机构的类型

现在常用的无链牵引机构主要有以下类型：

（1）齿轮销轨型

齿轮销轨型是通过旋转齿轮与固定销轨的啮合作用实现无链牵引的。如图 3—1b 所示，销轨是一节一节连接成的，每节销轨在两块钢板之间焊有数个间距与齿轮节距相适应的柱销，长度是输送机槽长度的 1/2，并用销轴 6 固定在槽帮轨座内。如图 3—1a 所示，牵引部减速器输出轴上的驱动齿轮 2 通过行走轮（传动齿轮）3 与销轨 4 相啮合，由于销轨固定不动，所以采煤机便以销轨为导轨移动，并由导向滑靴 5 保证运动方向。其工作状况如图 3—2 所示。

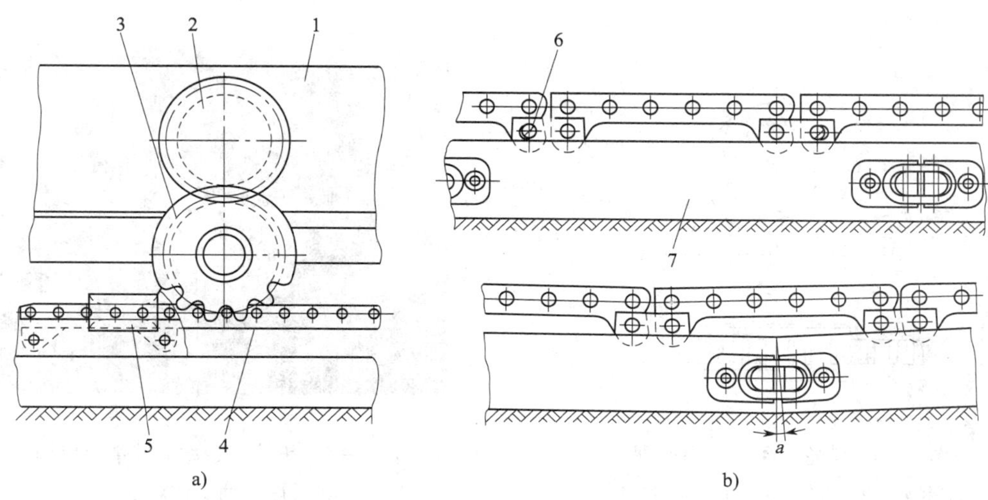

图 3—1　齿轮销轨型无链牵引机构

1—牵引部减速器　2—驱动齿轮　3—行走轮　4—销轨　5—导向滑靴　6—销轴　7—销轨座

（2）销轮齿条型

如图 3—3 所示，在牵引部减速器输出轴上安装有销轮 5，销轮 5 由两块圆盘间沿圆周均布焊接 5 根圆柱销构成，而齿条式齿轨 4 则用螺栓固定在输送机槽帮上。销轮 5 被驱动后，采煤机便以齿条为导轨运行。其牵引原理如图 3—4 所示，工作状况如图 3—5 所示。

图 3—2　齿轮销轨型无链牵引采煤机的工作状况

（3）复合齿轮齿条型

这种无链牵引装置如图 3—6 所示。它的驱动轮 2 和行走轮 3 均为交错齿双齿轮，而复合齿条 4 也是相应的交错齿双齿条，它们之间对应形成双啮合而使采煤机运行。这种机构齿部粗壮，强度好，寿命长，交错齿轮啮合运行平稳，轮齿端面互相靠紧，能起横向定位和导向作用。齿条间用螺栓连接，其下部由扣钩连接，以适应输送机垂直和水平偏转的需要。

（4）链轮链轨型

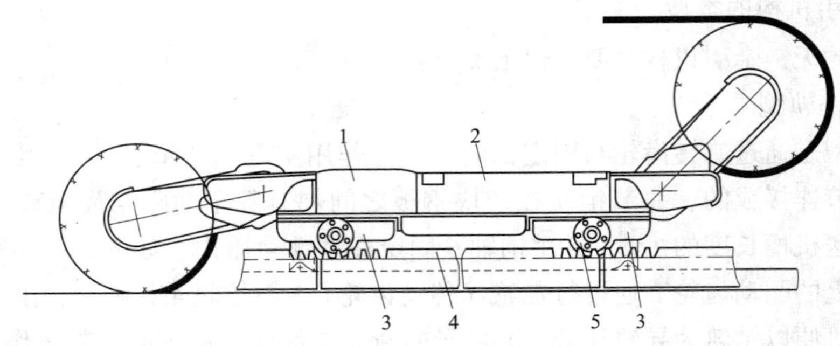

图 3—3 销轮齿条型无链牵引机构

1—电动机 2—牵引部泵箱 3—牵引部传动箱 4—齿条式齿轨 5—销轮

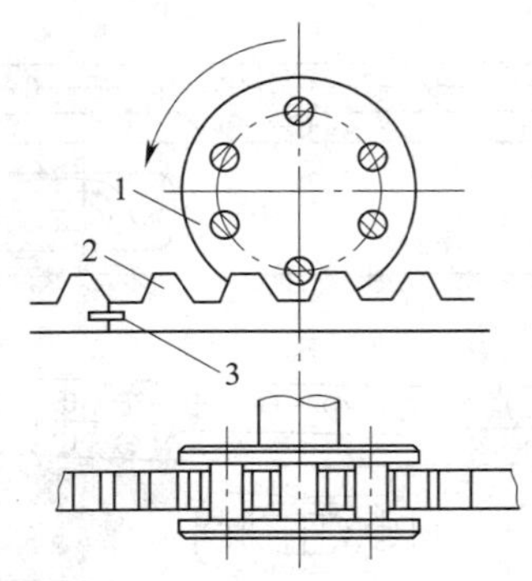

图 3—4 销轮齿条式牵引原理

1—销轮 2—齿条 3—齿条连接圆环

图 3—5 销轮齿条型无链牵引机构采煤机的工作状况

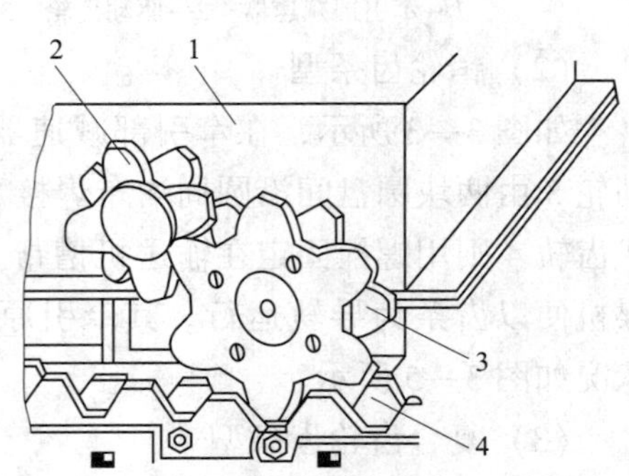

图 3—6 复合齿轮齿条型无链牵引装置

1—牵引部减速器 2—驱动轮 3—行走轮 4—复合齿条（交错齿双齿条）

如图 3—7 所示，链轮链轨型无链牵引机构由采煤机牵引部传动装置 1 输出轴上的长齿驱动链轮 2，使链轮 2 与铺设在输送机采空区侧挡板 5 内链轨架 4 上的不等节距圆环链 3 相啮合而驱动采煤机。与链轮同轴的导向滚轮 6 支撑在链轨架 4 上导向。底托架 7 两侧有卡板卡在输送机相应槽内定位。

这种机构利用圆环链挠曲性好的特点，使输送机和中部槽垂直面偏转角可达±6°，水平偏转±1.5°，因此，适合在底板起伏大并有断层的条件下工作。这是一种有发展前途的牵引工作机构。

三、牵引传动装置

牵引传动装置的重要功能是进行能量转换，即将电动机的电能转换为主动链轮或驱动轮的机械能，并为采煤机提供所需的多种保护和速度控制。它按调速方式可分为机械牵引、液压牵引及电牵引三种形式。

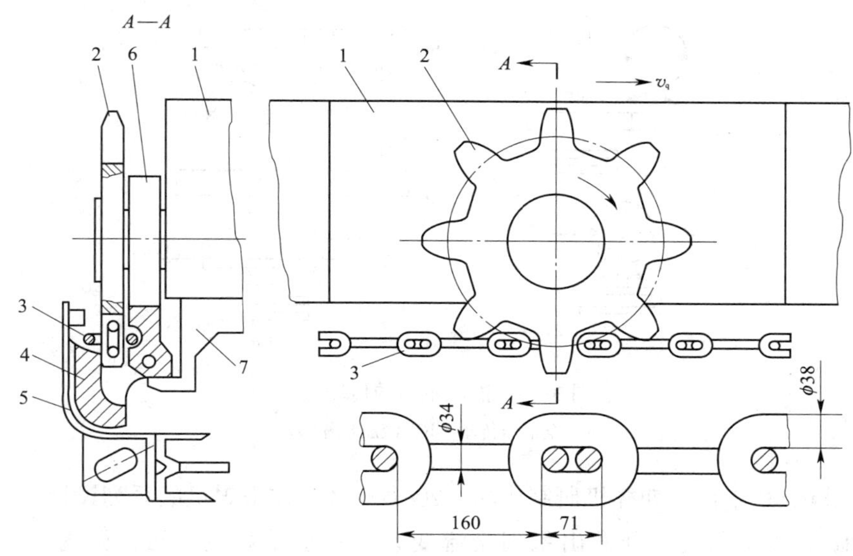

图 3—7 链轮链轨型无链牵引机构

1—采煤机牵引部传动装置 2—链轮 3—不等节距圆环链
4—链轨架 5—挡板 6—导向滚轮 7—底托架

1. 机械牵引

机械牵引全部采用机械传动，利用齿轮变挡实现分级调速，尚需液压控制系统完成操纵、控制和保护等功能，结构十分复杂，已很少使用。

2. 液压牵引

液压牵引是利用液压泵和液压马达组成的容积调速系统来驱动牵引机构的。液压传动的牵引部具有无级调速特性，且换向、停止、过载保护易于实现，便于操作，能根据负载自动调速，保护系统比较完善，因而获得广泛应用；缺点是效率低及油液易污染，致使零件容易损坏，使用寿命较短。

液压牵引一般采用变量泵—定量马达的容积调速系统，通过改变液压泵的排量实现无级调速，通过改变液压泵的供液方向改变牵引方向。根据所用液压马达的转速范围，分为全液压传动和液压机械传动。

全液压传动使用低速液压马达，多为径向柱塞式内曲线液压马达，转速范围为 0～40 r/min。因此，如图 3—8a 所示，可直接或只经 1 级齿轮减速传动给主链轮。虽然这种形式有机械结构简单的优点，但因低速内曲线马达径向尺寸大且有“反链敲缸”现象，所以新设计的采煤机已很少采用。

液压机械传动采用中速或高速液压马达，均需经过较大传动比的齿轮减速才能满足链轮的转速要求，如图 3—8b 所示。

3. 电牵引

电牵引采煤机已在国外安全高效综采工作面中占据主导地位，其中在美国占 100%，在德国占 56%，在澳大利亚占 52%。我国从 20 世纪 80 年代后期开始研究交流变频调速电牵引

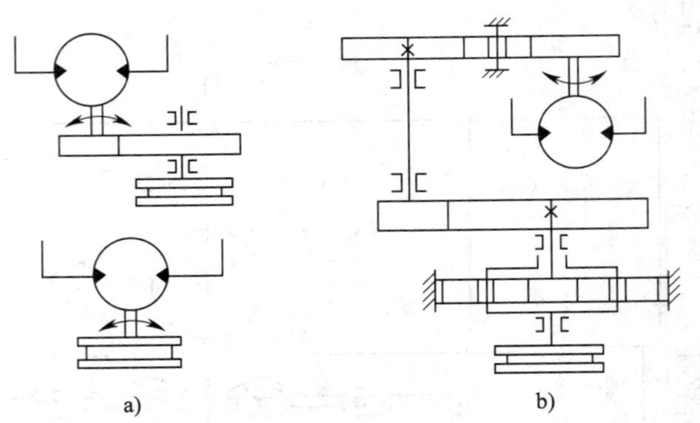

图 3—8　液压牵引的传动形式

a）全液压传动　b）液压机械传动

采煤机，20 世纪 90 年代初期样机研制成功。20 多年来，在采煤机的系列设计、控制系统及功能完善上做了大量研究，开发出系列交流变频电牵引采煤机，已在国内煤矿逐步推广使用。

（1）电牵引采煤机主要具有如下优点：

1）具有良好的牵引特性。电牵引采煤机可在采煤机前进时提供牵引力，使机器克服阻力移动；也可在采煤机下滑时进行发电制动，向电网反馈电能。电牵引采煤机能在各种条件下按要求的速度运行。

2）可用于大倾角煤层。电牵引采煤机牵引电动机轴端装有停机时防止采煤机下滑的制动器，它的设计制动力矩为电动机额定转矩的 1.0~2.0 倍。因此，电牵引采煤机可用在 40°倾角的煤层，而不需要其他防滑装置。

3）运行可靠，使用寿命长。电牵引采煤机和液压牵引采煤机不同，前者除电动机的电刷和整流子有磨损外，其他零件均无磨损。因此使用可靠、故障少、寿命长、维修工作量小。

4）反应灵敏，动态特性好。电子控制系统能将多种信号快速传递到调节器中，以便及时调整各种参数，防止机器超载运行。例如，当截割电动机超载时，电子控制系统能立即发出信号，降低牵引速度；当截割电动机过载三倍时，采煤机能自动后退，从而可防止滚筒堵转。

5）效率高。电牵引采煤机将电能转换为机械能只作一次能量转换，效率可达 90%，而液压牵引采煤机由于能量的几次转换，再加上存在泄漏损失、机械摩擦损失和液压损失，效率只有 65%~70%。

6）结构简单。电牵引采煤机的机械传动系统结构简单，尺寸小，质量轻。

7）有完善的检测和显示系统。电牵引采煤机在运行中，各种参数如电压、电流、温度、速度、水压等均可检测和显示。当某些参数超过允许值时，便会发出报警信号，严重时可以自行切断电源。

（2）电牵引采煤机主要类型

电牵引采煤机由牵引电动机经齿轮传动驱动牵引机构直接进行牵引，使采煤机在刮板输送机上按照工作要求自动调速行走，省去了过去采用的液压牵引系统，使牵引系统结构简单、工作可靠、控制方便、传动效率高。电牵引采煤机牵引方式根据牵引电动机的形式不同，可以分为直流电牵引和交流电牵引两类。

1）直流电牵引。直流电牵引是用晶闸管调速装置改变加在牵引直流电动机电枢回路的电压或磁通来实现采煤机牵引速度的无级调速。

直流电牵引的优点是：调速性能好，可实现四象限运行；调速装置采用固体元件，抗污染能力强；除电动机的电刷和整流子外无易损件，因此寿命和效率高，维护工作量小；因电子控制的响应快，所以容易实现各种保护、检测和显示。

2）交流电牵引。交流电牵引采用的电动机是三相交流笼型感应电动机，利用变频调速装置改变供给交流电动机电源的频率和电压来实现电动机调速，从而达到改变牵引速度的目的。

交流电牵引的优点是：交流电动机结构简单，防爆容量体积小，可靠性高，维护量小，易于向高压、大功率、高转速方向发展，而且交流变频调速技术成熟，可采用模块式大功率晶体管和微机控制技术。其缺点是目前尚不能在大倾角下工作。

电牵引不仅克服了液压调速时工作介质易受污染和受温度变化影响大的弊端，而且有效率高、寿命长、易实现各种保护、监控和显示，以及减小采煤机尺寸的优点，因此成为今后的发展方向。

第二节　液压牵引采煤机液压系统

液压牵引采煤机牵引部液压系统由若干个液压基本回路组成，主要由主油回路、补油和热交换回路、调速换向回路、保护回路四个部分组成。

一、主油回路

在牵引部液压系统中，由主液压泵和液压马达构成的主油回路，由于液流的循环方式不同，可分为开式系统和闭式系统两种形式。

1. 开式系统

液压泵从油箱吸油，向液压缸或液压马达供油，其回油直接回油箱的主油回路，这样的主油回路称为开式系统。我国早期生产的 MLQ 系列滚筒式采煤机采用开式主油回路（见图 3—9），采用双向变量泵—定量马达容积式调速方式，但不能依靠双向变量泵实现双向牵引，它必须配置换向阀 3 实现双向牵引。

开式系统的优点是系统较简单、散热条件好。其缺点是需要较大的油池，油池中的脏物和空气容易进入液压系统，使系统受到污染，并且稳定性较差。因此，采煤机牵引部液压系统已不再使用开式系统。

2. 闭式系统

闭式系统中，主液压泵 P 排出的油直接向液压马达 M 供油，而液压马达的回油又直接

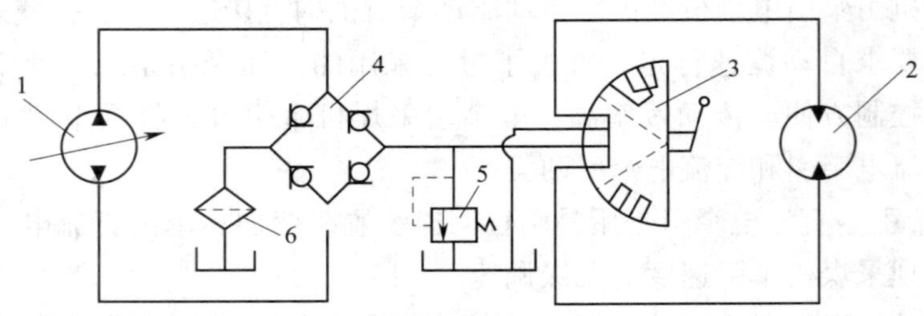

图 3—9 开式主油回路

1—变量叶片泵 2—定量叶片马达 3—换向阀 4—整流阀组 5—安全阀 6—过滤器

返回主液压泵的吸油口，大部分油液在系统内循环，如图 3—10 所示。

在闭式系统中，油箱容积较小、结构紧凑；由于油液不与空气接触且油管中压力高于大气压力，空气和污染物不易侵入系统；主油回路低压侧因有一定背压，故运转平稳。通常，闭式系统均采用双向变量液压泵，其换向和调速均由主液压泵控制，因此没有过剩的流量，效率较高。闭式系统适于大功率和换向频繁的设备，如采煤机牵引部的液压系统就多采用闭式系统。

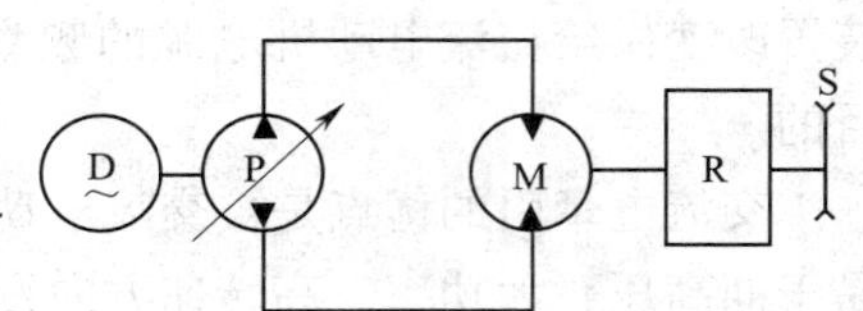

图 3—10 闭式液压系统主油回路

在闭式系统中，由于压力油的作用，各液压元件均有泄漏损失，因此，液压马达排出的油量就不够主液压泵所需的吸入量，会造成主液压泵吸空。主回路油液量减少，油液不断循环工作，摩擦发热，使系统油温不断升高，油液黏度降低，液膜变薄而且强度降低，从而导致各元件的工作条件恶化，容易磨损。主回路低压侧建立不起所需的背压，因此，主回路必须增加补油和热交换回路，这样主油回路系统才能正常工作，所以闭式系统的构成较复杂。

（1）主液压泵与主液压马达

目前，绝大多数滚筒式采煤机采用轴向柱塞泵作为主液压泵，因其具有工作压力大、效率高、转动惯量小、便于调节排量、径向尺寸较小等优点。而径向柱塞泵的径向尺寸较大，配流表面受不平衡的径向力，故液压泵的工作压力和流量受到限制。叶片泵对油液污染较敏感，靠叶片离心力封隔高压腔和低压腔，工作压力和流量也受到限制。叶片泵和径向柱塞泵曾在小功率采煤机上用过。

轴向柱塞泵是柱塞平行于缸体轴线的多柱塞泵。根据传动轴与缸体的位置关系有直轴式（即斜盘式）和斜轴式两种基本形式。

轴向柱塞泵的结构是比较复杂的，但是它的基本工作原理仍然是柱塞在缸孔中的往复运动，使密封容积发生变化而吸、排油液。现以图 3—11 所示斜盘式轴向柱塞泵为例，说明它的工作原理。组成斜盘式轴向柱塞泵的主要零件是主轴 1 及由它带动的柱塞缸体 2、固定不动的配流盘 3、柱塞 4、滑履 5、斜盘 6 和弹簧 7 等。缸体上沿圆周均匀分布有平行于其轴线的若干个（一般为 7~11 个）柱塞孔，柱塞装入其中而形成密封空间，斜盘的倾斜角 γ 是可以调节的，柱塞在弹簧的作用下通过其头部的滑履压向斜盘。主轴带动缸体按图示方向旋转时，处在最下位置（称下死点）的柱塞将随着缸体旋转的同时向外伸出，使柱塞底腔的密封容积增大，从而经底部窗口和配流盘腰形吸油槽吸入油液，直至柱塞转到最高位置（上死点）。当柱塞随缸体继续从最高位置转到最低位置时，斜盘就迫使柱塞向缸孔回缩，使密封容积减小，油液压力升高，经配流盘另一腰形排油槽挤出。缸体旋转一周，每一柱塞都经历此过程。因此，油泵输出的流量更趋均匀。当柱塞位于上、下死点时，为防止缸底窗口连通配流盘的吸、排油槽，配流盘两腰形槽的间隔宽度 a 略大于缸底窗口的宽度 b。由此也存在类似叶片泵的困油与压力冲击问题，所采取的措施，也是在配流盘吸、排油腰形槽的边缘开挖三角形卸荷槽，如图 3—11b 所示。

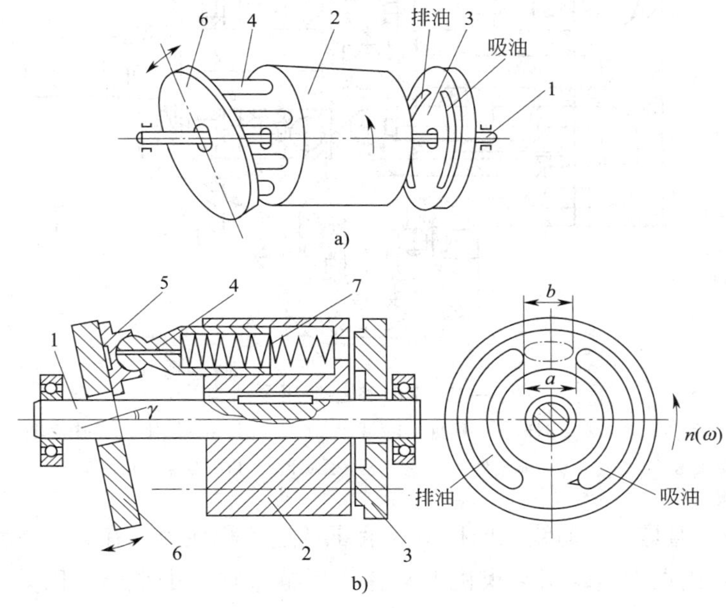

图 3—11　轴向柱塞泵原理

a）泵立体示意图　b）泵剖视图

1—主轴　2—柱塞缸体　3—配流盘　4—柱塞　5—滑履　6—斜盘　7—弹簧

显然，改变斜盘的倾角 γ，就可改变柱塞的行程，从而改变泵的排量。当斜盘倾角 $\gamma=0°$时，柱塞不再往复运动，油泵的流量为零。若使斜盘倾角由 $+\gamma$ 变到 $-\gamma$，在缸体旋向不变的情况下，油泵就改变了流向。所以，调节斜盘倾角 γ 的大小和方向，即可改变泵的流量和流向。故轴向柱塞泵可以做成单向变量泵、双向变量泵和定量泵。

图 3—12 为 6MG200-W 型采煤机用 ZB125 型斜轴式液压泵结构图，该液压泵通过手柄 4 改变缸体摆角 γ，实现流量、流向的调整。

液压马达是液压传动系统中的执行元件，它将液压泵输出的液体压力能转换成旋转运动的机械能，并以转矩和转速的形式表现出来。

国内常见采煤机牵引部液压马达形式见表 3—1，液压马达的选用存在两种不同的方案：一是采用内曲线径向柱塞式低速大转矩液压马达的低速方案，其主要优点是牵引部机械传动系统较为简单，甚至可以把链轮直接装在液压马达输出轴上（见图 3—8a）；二是采用高速小转矩液压马达的高速方案，其机械传动系统复杂，一般需要采用一级甚至两级行星齿轮传

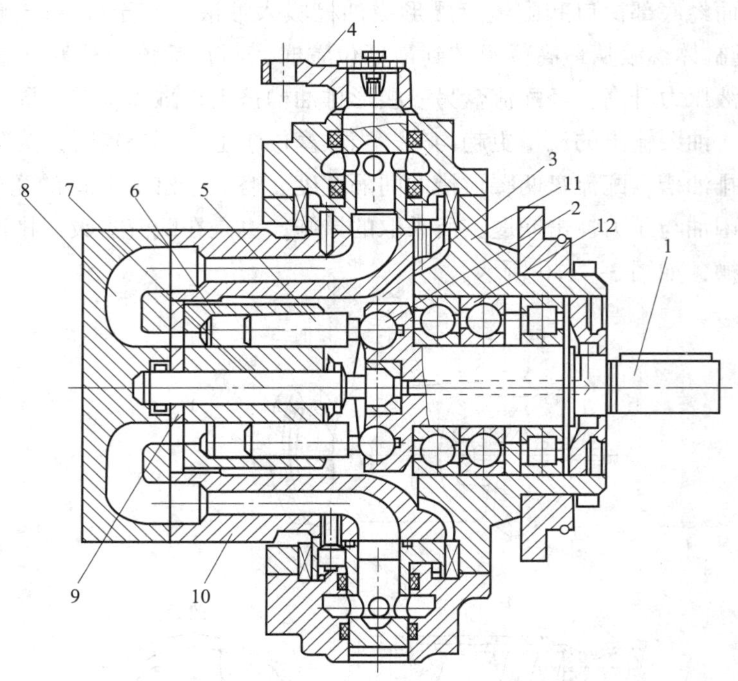

图 3—12 ZB125 型液压泵结构

1—传动轴 2—连杆 3—压盘 4—手柄 5—柱塞 6—缸体 7—中心轴
8—后泵盖 9—配流盘 10—泵壳（摆动壳） 11—泵架 12—轴承

动（见图 3—8b）。但是，内曲线径向柱塞式液压马达体积庞大，在大功率和薄煤层采煤机上布置都有困难；用在有链牵引采煤机上又有“反链敲缸”的危险；因其输出转矩大，设置制动器也很困难。而采用高速小转矩液压马达，这些问题都可以得到较好的解决，且液压马达和主液压泵的部分零件可以通用，给制造带来方便。因此，目前许多采煤机的液压马达和主液压泵均采用同样类型的，如 EDW 系列采煤机的液压马达和主液压泵均采用斜轴轴向柱塞式，而 AM-500 型、MCE270-DR6565 型采煤机的液压马达和主液压泵均采用斜盘轴向柱塞式。

表 3—1　　国内常见采煤机牵引部液压马达形式

液压马达形式	采煤机型号
斜轴轴向柱塞式	EDW300-L、MXA-300、MG475-W
同轴轴向柱塞式	AM-500（有链牵引）、MCLE350-DR6565
摆线式	AM-500（无链牵引）、MG-300
单作用径向活塞式	KWB-3DS、KWB-3RDS
叶片式	SUPERMATIC-30B. J. D
内曲线径向柱塞式	DTS-300、SIRUS-400、AB-16 MS_2×200、MLX-50 MZS-150、MD-150、DY_A-100

从能量转换的观点看，马达与泵是可逆的，即任何液压泵都可作为液压马达使用，反之亦然，因此液压马达的工作原理不再赘述。

（2）调速换向原理

从采煤机闭式系统的主油路可看出，采用了变量泵—定量马达容积式调速方式，其液压马达的转速为：

$$n_m=\frac{Q}{q_m}=\frac{n\cdot q}{q_m}$$

式中 Q——液压泵流量，L/min；

n——液压泵转速，r/min；

q——液压泵排量，L/r；

q_m——液压马达排量，L/r；

n_m——液压马达转速，r/min。

主液压泵转速 n 是由采煤机电动机的转速决定，因此不能调整，液压马达的排量 q_m 也不可调整，只有通过调整主液压泵斜盘（或缸体）摆角 γ 大小和摆动方向，改变主液压泵排量 q 的大小和排液的方向，来改变主液压马达转速 n_m 的大小和方向，从而达到改变采煤机牵引速度大小和牵引方向的目的。

二、补油和热交换回路

由于闭式主回路散热条件较差，且易渗漏，因此补油和热交换回路主要作用是：向主回路补充和冷却工作介质，改善主液压泵吸油工况，防止主液压泵吸空而损坏。

如图 3—13 所示为一个典型的补油和热交换回路。当主液压泵斜盘（或缸体）摆角 γ=

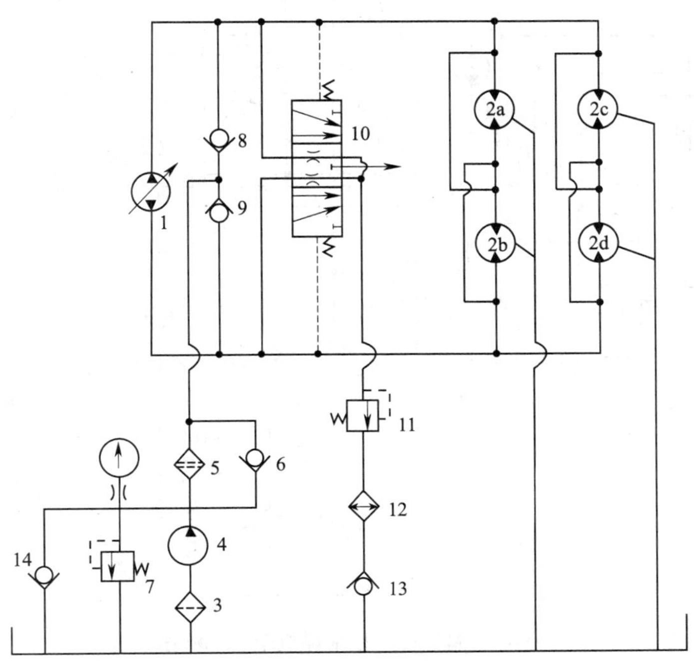

图 3—13 典型补油和热交换回路

1—主液压泵 2a、2b、2c、2d—液压马达 3—粗过滤器 4—辅助泵 5—精过滤器 6、8、9、13、14—单向阀 7—低压安全阀 10—整流阀 11—背压阀 12—冷却器

0 时，主液压泵 1 不排油，上、下两侧的主油路压力相等，整流阀 10 处于中间位置，此时辅助泵 4 通过单向阀 8 和 9 同时向主油路两侧补油，多余的补充液体经整流阀 10 中间位置、背压阀 11、冷却器 12 回油箱。为了保持整流阀稳定的中间阀位，并能完成少量的热交换，整流阀 10 中间阀位大多采用节流孔沟通，由于节流阻碍作用，升高后的一部分压力通过低压安全阀 7 回油箱。当采煤机开始牵引，主液压泵斜盘（或缸体）摆角 $\gamma \neq 0°$，如果 $\gamma > 0°$（正向牵引），主液压泵向主油路一侧（假设为上侧）排油，主油路两侧压力不相等（上侧大于下侧），整流阀 10 在压差作用下，向低压侧（下侧）方向移动，辅助泵 4 通过低压侧单向阀（下侧单向阀 9）补冷油，并与推动液压马达回到低压侧的一部分热油混合，经冷热油交换后补给主液压泵吸油口。同时，推动液压马达回到低压侧的另一部分热油经整流阀 10、背压阀 11、冷却器 12 回油箱。

三、调速换向回路

调速换向回路用于调节采煤机牵引速度和改变牵引方向，分为手动调速和自动调速两种，其中手动调速可采用手把操作控制、液压操作控制和电气操作控制（包含遥控操作控制）。

1. 手动调速

现以 1MGD200 型采煤机牵引部液压系统为例来说明手动调速原理。如图 3—14 所示，

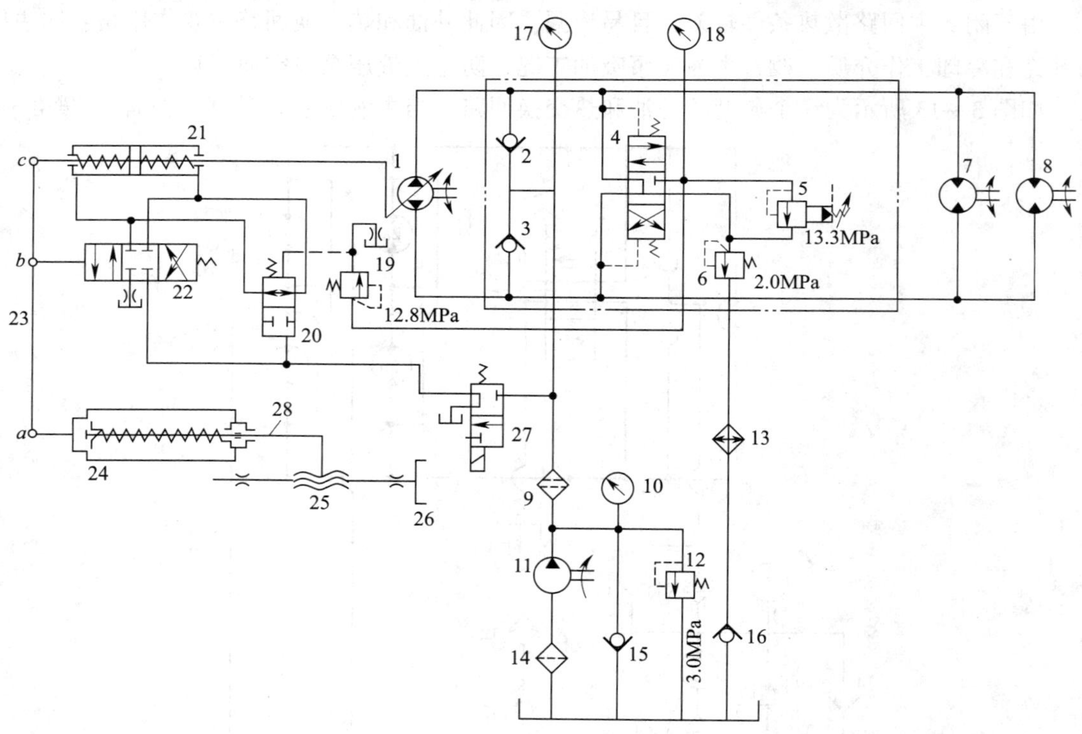

图 3—14　1MGD200 型采煤机牵引部液压系统

1—主液压泵　2、3、16—单向阀　4—整流阀　5—高压安全阀　6—低压溢流阀　7、8—液压马达　9—精过滤器　10、17、18—压力表　11—辅助泵　12—低压安全阀　13—冷却器　14—粗过滤器　15—倒吸阀　19—压力调速阀　20—失压控制阀　21—变量液压缸　22—伺服阀　23—差动杆　24—调速套　25—螺旋副　26—调速换向手把　27—电磁阀　28—调速杆

它由手把操作机构和主液压泵伺服变量机构组成。手把操作机构由调速换向手把 26 和螺旋副 25 组成。螺旋副将调速换向手把的角位移转变为直线位移，并由螺母将运动传递给调速套 24 中的调速杆 28，进而通过伺服变量机构改变主液压泵的流量和供油方向。调速换向手把 26 由中立位置开始的旋向决定采煤机的牵引方向，转角的大小则决定牵引速度。调速换向手把可正转、反转各 135°，相应的左、右行程是 10.14 mm。伺服变量机构由调速套 24、伺服阀 22、差动杆 23 和变量液压缸 21 组成。调速杆向右移时，即推动弹簧和调速套右移，差动杆以 c 为支点右摆，将伺服阀推到左方块位，此时变量液压缸右腔进液，左腔回液，活塞与活塞杆左移，于是带动主液压泵变量。在这一过程中，由于 a 点已定位，故差动杆以它为支点左摆实现反馈，使伺服阀向中位动作，直至回到中位，油路封闭，变量液压缸停止动作，采煤机便以某一牵引速度运行。同理，调速杆左移时，主液压泵在反方向上变量，供油方向与上述相反，采煤机得以反方向牵引。

2. 自动调速

按不同的反馈信号，自动调速可分为电动机功率自动调速和液压（或牵引力）自动调速。

（1）电动机功率自动调速

电动机功率自动调速是根据电动机负载功率的大小来自动调整牵引速度，使采煤机电动机保持在接近满载（额定功率）的工况下工作。主电动机功率的大小与电动机定子电流成正比，因此，可由电流互感器测得定子电流，通过控制器控制电磁阀线圈来实现调速。

如图 3—15 所示为三位四通电磁阀电动机功率自动调速：当电动机负荷小于 95%额定功率时，增速线圈 Z 通电，电磁阀左移，功率控制液压缸的活塞缩回，使牵引速度增大；当电动机负荷为 95%～105%额定功率时，线圈断电，牵引部速度保持不变；当电动机负荷大于 105% 额定功率时，减速线圈 J 通电，电磁阀右移，功率控制油缸外伸，使牵引速度降低，从而使电动机功率降到额定值。

MLS3-170、MXA-300、MG-300W 及 BJD-300 型采煤机都采用三位四通电磁阀来自动调速。

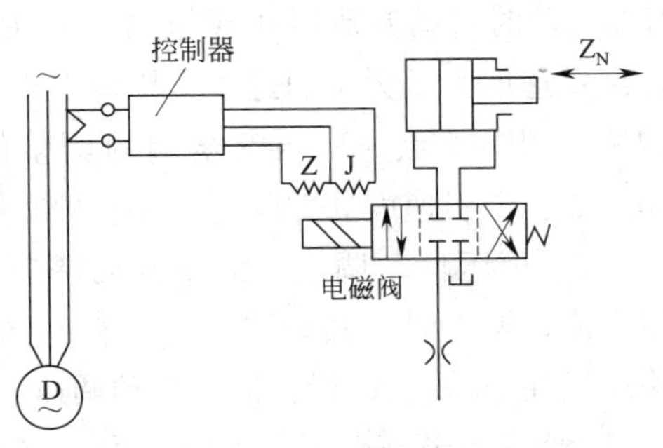

图 3—15　三位四通电磁阀电动机功率自动调速

图 3—14 中，1MGD200 型采煤机牵引部液压系统是采用二位三通电磁阀实现电动机功率自动调速的，电动机过载时，电气系统的功率控制器发出指令使电磁铁断电，电磁阀 27 在弹簧作用下动作到上方块位（图示位置），使得失压控制阀 20 的液控油路接通油池失压，使变量液压缸 21 两侧油腔沟通，并自动向中间位置移动，采煤机牵引速度不断减小直至停止牵引。当过载现象消除后，功率控制器发出增速指令使电磁铁重新通电，电磁阀 27 便回到原位（下方块位），辅助泵排油进入失压控制阀 20 液控腔推动其回到原位（下方块位），而将变量液压缸两侧油腔的串通油路切断，由于此时伺服阀处于原给定速度时的位置，因此变量液压缸的活塞杆在液压力作用下

向原给定速度的位置移动，使采煤机得以恢复到原给定的牵引速度。

（2）液压（或牵引力）自动调速

液压自动调速是通过反映牵引力大小的主回路高压侧压力信号反馈到液压伺服系统的变量液压缸，推动主液压泵缸体（或斜盘）摆角自动变大或变小，达到采煤机自动增速或减速的目的，以保持主液压泵（或牵引力）的功率在额定范围内。

按调速特性分类，液压自动调速可分为恒功率调速和恒压调速二种。

1）液压恒功率自动调速。主液压泵的功率也就是牵引部的功率。由于牵引功率 N 等于牵引力 P 和牵引速度 v 的乘积，即 $N=Pv=$定值。若牵引力 P 增大，会导致牵引部功率过载，则牵引速度应自动降低；若牵引力 P 减小，会导致牵引部功率欠载，则牵引速度应自动升高。

要使液压功率为恒值，即 $N=Pv=$定值，压力与流量间呈双曲线关系，由于选用压力反馈元件是弹簧，得到的调速特性 AB 是一倾斜直线，如图3—16所示，其 $Pv\approx$定值，也即主液压泵功率线 AB 接近恒定。

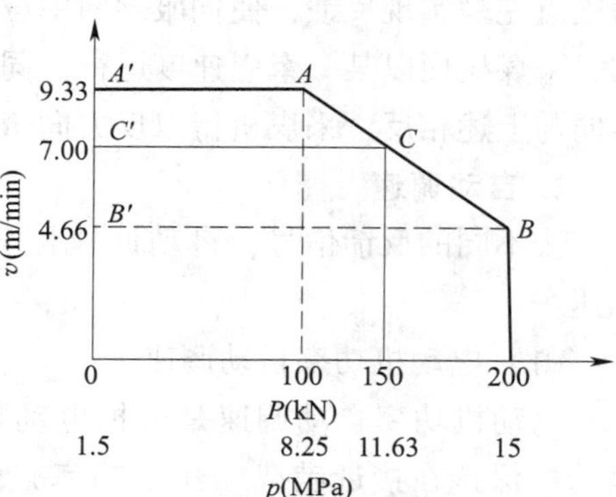

图3—16　MLS_3-170液压恒功率调节器的特性曲线

若采煤机在图3—16上的 AA' 线上工作时，表示牵引力较低，调节器中的弹簧力大于油压力，调节器不起自动调节的作用，以最大牵引速度（9.33 m/min）工作，此时牵引功率小于额定功率。若牵引速度小于 B'（4.66 m/min），在 $B'B$ 线以下工作时，调节器也不起自动调节作用，主液压泵功率也小于额定功率。

在 $A'B'$ 速度范围内任意调整一个速度，如 C'（7 m/min），当牵引力为0~150 kN时，对应压力为1.5~11.63 MPa，主液压泵功率也小于额定功率，调节器不起自动调节的作用，其牵引速度为恒速（即 $C'C'$ 线）。只有当牵引力为150~200 kN，对应油压为11.63~15 MPa，此时自动调节器才起作用，可在恒功率线 AB 上的 CB 段来回变化，进行自动调速。若给定速度为最大牵引速度，则牵引力在100~200 kN的范围内沿恒功率线 AB 上进行自动调速。图中 B 点为高压安全阀的调整值（15 MPa），压力超过此值时，牵引力一旦达到200 kN，牵引速度立即降低为零，停止采煤机牵引。

2）恒压自动调速。恒压自动调速是指当牵引速度整定值足够大时，其牵引力始终保持最大的固定值 T_c，采煤机在 ab 线上运行，进行自动调速，其特性曲线如图3—17所示。若将牵引速度整定为 v_q（e 点），则当牵引力小于最大值 T_c 时，采煤机在 ed 线上运行，采煤机以 v_q 速度稳定运行；当牵引力大于 T_c 时，牵引速度又沿 ad 线上运行，速度在 $0\sim v_q$ 间自动调速。

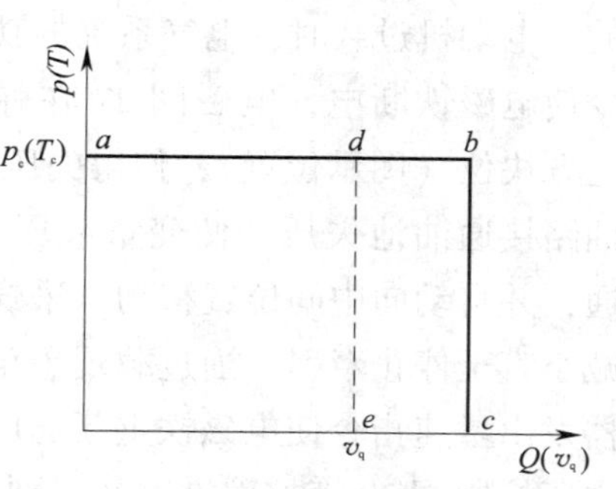

图3—17　恒压调速特性

国产MG-300系列采煤机、日本MCLE-DR6565及KWB-3RDS等型号的采煤机都采用恒压自动调速。

四、安全保护回路

1. 高压保护

采煤机牵引负荷随采煤工作面状态而变化，当采煤机牵引负荷增加时，液压马达旋转阻力加大，导致驱动液压马达的主油路高压油压力升高，如果单纯利用安全阀进行高压保护，将有大量高压油从安全阀溢出，影响系统的效率，同时也引起系统发热。因此，现代采煤机大都利用整流阀，把主回路压力超载的信号传给泵位调节装置，自动减小主液压泵斜盘（或缸体）摆角 γ，减少主液压泵的排量，从而自动降低采煤机牵引速度，也即液压自动调速。如果液压自动调速失灵，液压油的高压将继续升高，当超过安全阀的调定值时，安全阀开启，溢出的油液回到主回路低压侧，系统压力不再上升，从而实现了超载保护，如图3—18 所示。

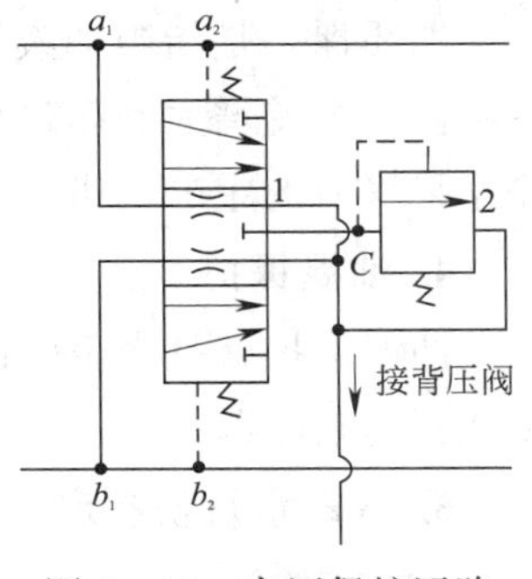

图 3—18　高压保护回路
1—整流阀　2—高压安全阀

高压保护可通过安全阀来实现，也可以配合使用压力继电器进行压力保护。

2. 低压保护

（1）低压失压保护

当辅助泵严重磨损和吸油过滤器堵塞引起辅助泵吸空，或补油回路严重漏损时，都可能引发供油压力偏低和供油量不足的现象，致使正常的补油和热交换得不到保证，引起液压系统工况恶化，或导致采煤机控制失灵。低压保护装置的作用是在出现上述情况时自动停止牵引或自动停止电动机，以便及时发现和处理故障。

在辅助泵排油管或控制回路中设置压力继电器，是最简单的低压保护方法。当辅助泵供油压力过低时，压力继电器动作，立即停止电动机。在主回路高压和低压管路之间设置卸荷阀（见图 3—19），当辅助泵供油压力过低时，旁通阀在弹簧力作用下复位，使高、低压管路接通，主液压泵卸荷运转，采煤机停止牵引。

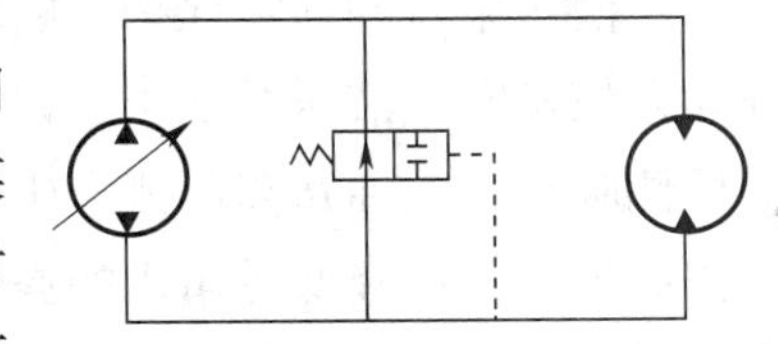

图 3—19　用卸荷阀进行低压保护

在具有压力反馈自动调速系统的液压牵引部中，可利用自动调速装置调节泵位，减少主液压泵排量，甚至使采煤机停止牵引。如图 3—14 所示，当辅助泵供油压力过低时（低于 1.0 MPa），失压控制阀 20 在弹簧作用下动作到上方块位（图示位置），于是变量液压缸的两侧油腔串通，最终使主液压泵回零，采煤机停止牵引。低压油路压力正常（大于1.0 MPa）后，失压控制阀 20 处于下方块位，切断了变量液压缸两侧油腔，使伺服变量机构得以正常工作。这种方法比用压力继电器或卸荷阀进行低压保护的效果好。当采煤机因辅助泵供油压力低而停止牵引后，即使调速换向手把没有打到零位，重新启动电动机或正常供油时，采煤机也不会突然高速牵引而产生冲击载荷。而用压力继电器或卸荷阀使采煤机停止牵引后，调速换向手把不打到零位，就存在采煤机突然高速牵引的危险。

（2）低压超压保护

当辅助泵排油精过滤器堵塞或背压阀失灵时，辅助泵排出的压力油就会过高，致使辅助泵过载损坏，因此，辅助泵的出口处都并联有低压安全阀。如图 3—14 中的低压安全阀 12，当低压油路压力超过 3 MPa 时，低压安全阀 12 动作，辅助泵 11 卸载，进行低压超压保护。

3. 油质保护

油质保护是指当油液污染到一定程度时，一方面能自动清洗滤油器；另一方面，在过滤器两侧压力差增大到超过允许值时，利用压力差作信号源的传感器，发出电信号切断电源，停止采煤机的主电动机。

4. 油温保护

油温保护就是当牵引部液压系统油温超过允许值（一般不得超过 80 ℃）时，利用温度传感器切断电源。

5. 冷却水及初次启动保护

《煤矿安全规程》规定：采煤机必须安装内、外喷雾装置。割煤时必须喷雾降尘，内喷雾工作压力不得小于 2 MPa，外喷雾工作压力不得小于 4 MPa，喷雾流量应当与机型相匹配。为此，在有些采煤机牵引部系统中，设置了控制冷却喷雾水的二位二通阀（见图 3—20）。有冷却水时，二位二通阀 1 处于断开位置，溢流阀 2 正常，采煤机工作；无冷却水时，二位二通阀 1 复位，对高压溢流阀进行远控卸荷，采煤机停止牵引。

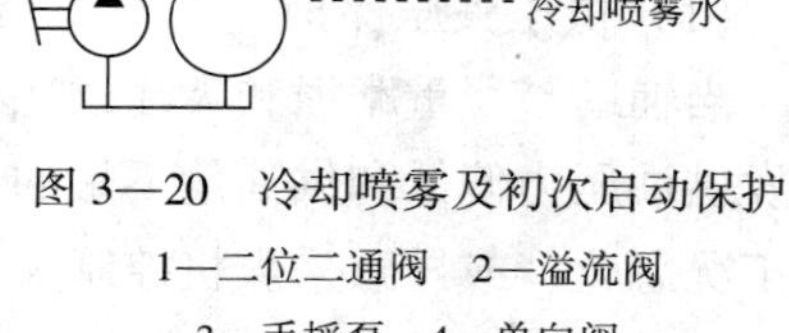

图 3—20　冷却喷雾及初次启动保护

1—二位二通阀　2—溢流阀

3—手摇泵　4—单向阀

为防止采煤机初次启动时管路积存空气，影响机器正常运转，在管路中设有排气口，并在补油泵上并联一个手摇泵 3 和单向阀 4，用以初次启动前向系统充液和排气。

6. 停机液压泵自动回零保护

主液压泵自动回零保护回路可以在停电动机后使主液压泵自动回到零位，从而保证下次开动采煤机时主液压泵处于零位启动状态，以防止主液压泵一启动就吸排油可能产生主油路低压侧吸空，主油路高压侧产生很高的瞬时超载值，损坏主液压泵、液压马达及其前后的传动件。另外，可降低对司机的操作要求，不论调速换向手把在什么位置上停机都不会造成不良后果。在图 3—14 中，该保护是通过电磁阀 27 和失压控制阀 20 实现的。停电动机后，电磁铁断电，电磁阀 27 动作到上方块位置，失压控制阀 20 液控腔接通油池，变量液压缸 21 回到中间位置，最后使主液压泵自动回零。

第三节　液压牵引采煤机牵引部

液压牵引采煤机牵引部一般由液压传动箱和牵引传动箱组成。下面以 6MG200-W 型液压牵引采煤机为例介绍。

一、牵引部机械传动系统

1. 液压传动箱齿轮传动系统

液压传动箱齿轮传动系统如图 2—17 所示。当电动机转动时，经电动机左端出轴上的花键联轴节带动液压传动部通轴，以 1 470 r/min 的速度旋转，通过两对直齿圆柱齿轮传动，分别带动主液压泵 13、双联齿轮泵 5（辅助泵和调高泵）以 1 755. 8 r/min 和 1 425. 4 r/min 的速度转动。其中主液压泵输出的流量驱动牵引传动马达 15，由于双联齿轮泵 5 只允许单向旋转，所以电动机不能反转工作。

2. 牵引传动箱齿轮传动系统

由图 2—17 所示可知，牵引传动箱由一级直齿圆柱齿轮定轴传动和二级行星齿轮传动组成，行星齿轮传动均为 2K-H 型传动，第一级传动由牵引传动马达 15 带动，并由制动器制动，最后一级行星齿轮传动驱动牵引传动机构，实现采煤机的牵引，牵引速度大小和方向由液压传动箱主液压泵排油量和排油方向控制。

二、牵引部液压传动系统

6MG200-W 型液压牵引采煤机的液压传动系统包括牵引液压传动系统和调高液压传动系统，如图 3—21 所示。这里着重阐述牵引液压传动系统，调高液压传动系统将在第五章介绍。

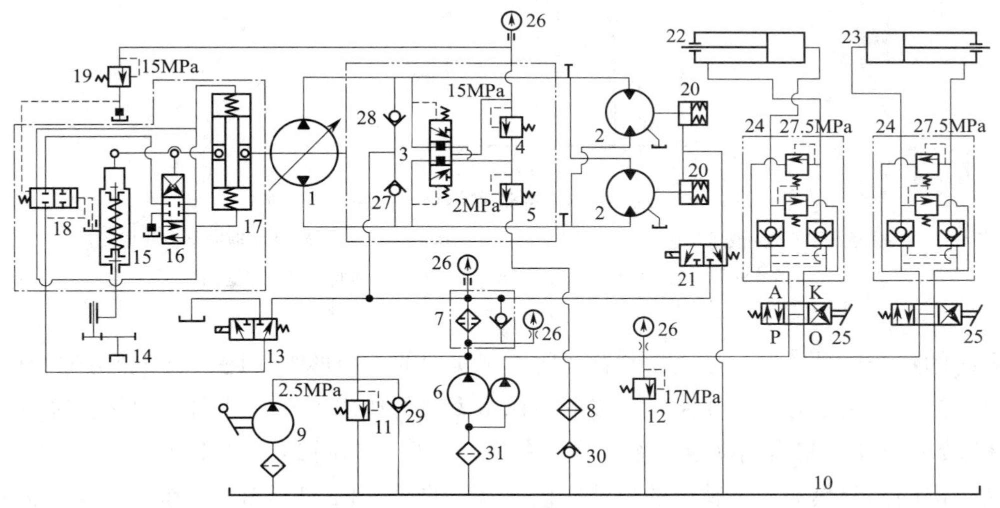

图 3—21　6MG200-W 型采煤机液压传动系统

1—主液压泵　2—液压马达　3—液控换向阀　4—高压安全阀　5—背压阀　6—双连齿轮泵（辅助泵和调高泵）　7—精滤油器　8—冷却器　9—手动泵　10—油池　11、12—溢流阀　13、21—二位三通电磁阀　14—调速手把　15—调速套　16—伺服阀　17—变量液压缸　18—失压控制阀　19—压力调速阀　20—制动液压缸　22、23—左右调高液压缸　24—液压锁　25—手动换向阀　26—压力表　27、28、29、30—单向阀　31—粗滤油器

牵引部液压传动系统主要由主回路、补油和热交换回路、调速换向回路和保护回路等组成。

1. 主回路

主回路如图 3—22 所示，是由两只并联的 A2F107W6. 1Z1 型定量液压马达 2 和 ZB125 型斜轴式轴向柱塞变量泵 1 组合而成的闭式系统，液压马达 2 的转向和转速是通过改变变量泵 1 缸体方向及角度来实现的。

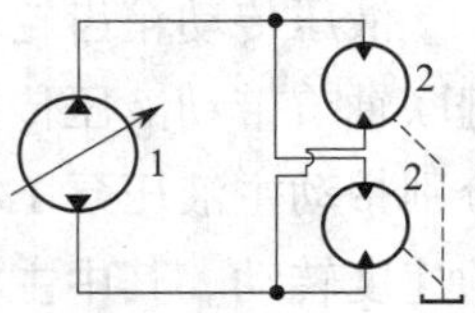

图 3—22　主回路

1—变量泵　2—液压马达

2. 补油和热交换回路

补油和热交换回路如图 3—23 所示。补油和热交换回路系统所需补充的油液由双联齿轮泵 6 经粗滤油器 31 从油池吸取，再经精滤油器 7、单向阀 27 或 28 进入主回路的低压油路。补油泵（齿轮泵）为单向工作泵，不允许反转，试运转时若发生因电动机接线有误而瞬时反转，由于补油泵出口处装有单向阀 29，可经该阀吸油以防其吸空。溢流阀 11 限制补油泵的出口压力，其调定值为 2. 5 MPa。

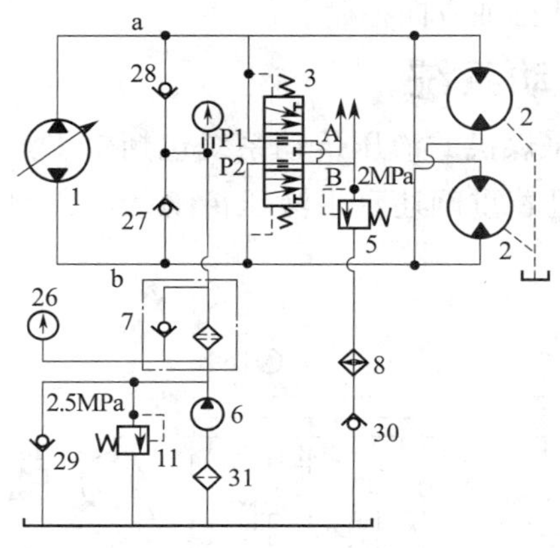

图 3—23　补油和热交换回路

1—主液压泵　2—液压马达　3—梭形阀　5—背压阀　6—双联齿轮泵（辅助泵和调高泵）
7—精滤油器　11—溢流阀　27、28、29、30—单向阀　31—粗滤油器

系统的热交换是通过梭形阀 3 和背压阀 5 来实现的，梭形阀 3 是一个三位五通液压控制换向阀，当主油路 a 为高压油路时，梭形阀在压力油的作用下使阀芯向下动作，接通 P1 液压 A 和 P2 液压 B，来自辅助泵（补油泵）的低压油经单向阀 27 进入低压回路 b，替换出液压马达排出的部分热油，被替换的热油经梭形阀 3 的通道 P2 液压 B、背压阀 5、冷却器 8 和单向阀 30 流回油池。背压阀 5 的调定值为 2 MPa。梭形阀阀芯的节流孔（三角辅式节流孔）用于产生一定的压差，在调速换向手把给速时（主液压泵缸体有摆角）使梭形阀立即动作，保证系统的热交换可靠进行，同时，也可防止梭形阀动作时的换向冲击。冷却器 8 后面的单向阀 30 是为了在交接冷却时防止油液泄漏而设置的。

3. 调速换向回路

调速换向回路是用来调节牵引速度的大小和改变牵引方向的，如图 3—24 所示。双联齿轮泵 6 的高压油经精滤油器 7、二位三通电磁阀 13 进入失压控制阀 18，失压控制阀 18 为压控换向阀，所以其阀芯工作在右位，高压油进入到伺服阀 16。操作调速换向手把 14，使其正转或反转，通过齿轮副和螺旋副将运动传递给调速套 15，使调速套 15 上下移动，它位移的大小和方向，取决于操作调速换向手把 14 转过的角度和旋转的方向。现在假设调速套 15 上移了一定的距离，经杠杆传动，即杠杆绕其与活塞的铰接点向上摆动一定的角度，带动伺服阀 16 的阀芯向上也产生了一定的位移，使其工作在下阀位。故变量液压缸 17 的上腔和高压油路接通，而下腔和低压油路接通，引起其活塞向下移动，继而驱动主液压泵 1 按变量液压缸 17 活塞移动的对应方向摆动。主液压泵摆动的角度越大，其排量就越大，则液压马达 2 的转速就越高，采煤机的牵引速度也就越快。当然，在变量液压缸 17 的活塞向下移动过程中，经杠杆传动，即杠杆又绕其与调速套 15 的铰接点向下摆动，继而带动伺服阀 16 的阀芯向下移动，最终使伺服阀 16 的阀芯又回到中位，变量液压缸 17 的上、下活塞腔被关闭，活塞再不会下移，即静止不动，主液压泵 1 也再不会摆动，采煤机就在该牵引速度下运行。如果此时再操作调速换向手把 14，仍然使调速套 15 向上产生一定的位移，则采煤机的牵引速度会增加一定的值，其工作原理同上。

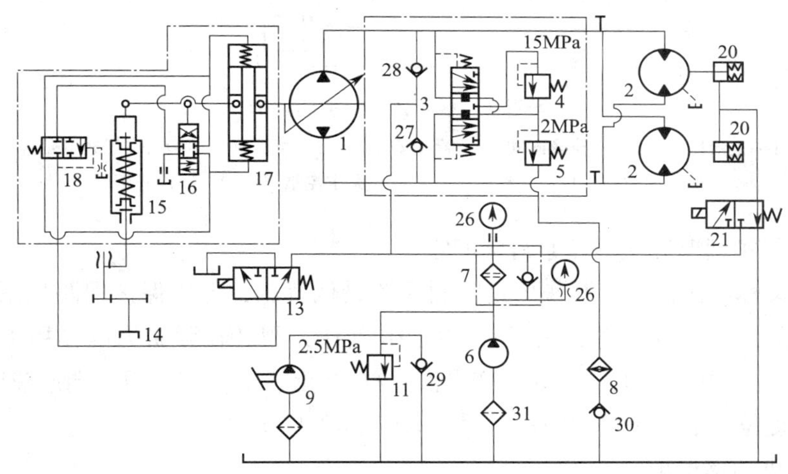

图 3—24 调速换向回路

1—主液压泵 2—液压马达 3—液控换向阀 4—高压安全阀 5—背压阀 6—双联齿轮泵（辅助泵和调高泵） 7—精滤油器 8—冷却器 9—手动泵 11—溢流阀 13、21—二位三通电磁阀 14—调速换向手把 15—调速套 16—伺服阀 17—变量液压缸 18—失压控制阀 20—制动液压缸 26—压力表 27、28、29、30—单向阀 31—粗滤油器

显然，通过反向操作调速换向手把 14，可使采煤机减速或反向牵引。

4. 保护回路

保护回路包括高压保护回路、低压保护回路和主液压泵自动回零，以及电动机功率保护等。

（1）高压保护回路

采煤机工作时经常会遇到堵卡而使牵引阻力突然增加，液压系统的工作压力随之急剧上升，为此，系统中设置了高压保护回路，以限制系统的最高压力，保护液压元件不被损坏。

高压保护回路如图 3—25 所示，它是依靠高压安全阀 4 和远程调压阀 19 的双重保护来实现的，它们的调定压力均为 15 MPa。当系统压力达到 15 MPa 时，高压安全阀 4 开启，高压油经背压阀 5 等流入油池，采煤机降速。远程调压阀 19 溢出的液压油进入调速机构的失压控制阀 18 的左腔，迫使该阀强行复位，即工作在左阀位，切断进入伺服阀的控制压力油。此时，变量液压缸 17 的上、下二腔相通，其活塞在弹簧力的作用下复位，主液压泵缸体摆角减小，采煤机牵引速度下降，直至停止牵引。

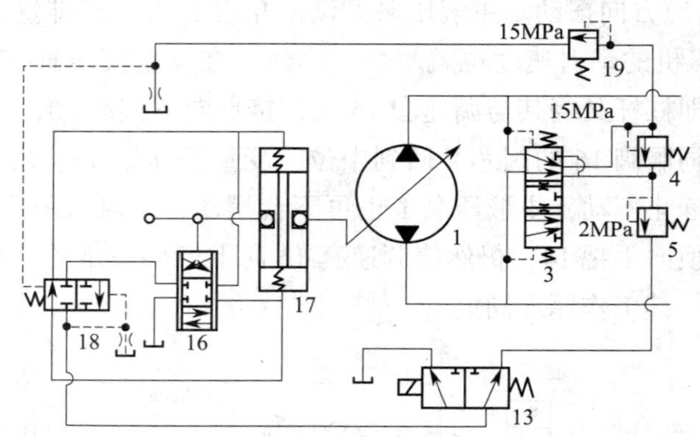

图 3—25　高压保护回路

1—主液压泵　3—液控换向阀　4—高压安全阀　5—背压阀　13—二位三通电磁阀
16—伺服阀　17—变量液压缸　18—失压控制阀　19—远程调压阀

（2）低压保护回路和主液压泵自动回零

低压保护又称失压保护，其作用是限制系统最低背压，低压保护回路如图 3—25 所示。当系统背压下降到 1.5 MPa 时，失压控制阀 18 动作，阀芯在弹簧力的作用下复位，这时，进入伺服阀 16 的控制压力油被切断，变量液压缸 17 上、下二腔导通，调速液压缸活塞在弹簧力的作用下复位，液压泵摆角减小至零，采煤机停止牵引。

（3）电动机功率保护

采煤机电动机的功率主要消耗于滚筒割煤、装煤过程中，当遇到较硬煤层或牵引速度过快时，截割功率增大，电动机可能会发生功率超载现象，以至引起电动机和机械零件损坏，为此，采用功率控制器对电动机进行保护。当电动机超载时，可使牵引速度减小，直至为零，以减少电动机功率消耗；当截割阻力减小时，牵引速度又可自动增加，恢复到原来设定的牵引速度。如图 3—25 所示，电动机功率保护是通过二位三通电磁阀 13 和调速机构来实现的。当电动机功率处于满载和欠载工况时，二位三通电磁阀 13 不通电而处于右工作位置，采煤机正常牵引；当电动机功率超载时，功率控制器发出信号，使二位三通电磁阀 13 通电而处于左工作位置，控制压力油被切断，失压控制阀处于失压状态，其阀芯在弹簧力的作用下强行复位，变量液压缸 17 两腔相通，在弹簧力作用下强行复位，主液压泵 1 的缸体摆角减小，直至为零，采煤机牵引速度相应减小，直至为零。电动机负载减小后，电磁阀再次断电，重新回到正常工作位置，由于调速换向手把没有回到零位，则采煤机又重新恢复到原先设定的速度进行牵引行走。

5. 系统的充油排气

在闭式系统中，如有空气存在，则运行时系统会产生振动和声响，从而影响液压元件的使用寿命。一般在新安装、检修清洗、更换滤油器滤芯，或机器较长时间不工作时，系统就会有空气存在。为此，在泵箱上设置了充油排气用的手动泵 9，如图 3—21 所示。操作时，用手动泵充油至低压表，使其示数为 0.2～0.3 MPa，与此同时，应松开泵箱主回路上的放气螺塞，如有液压油流出（无气泡溢出），则说明系统内空气基本排净了。

三、液压传动箱

6MG200-W 型液压牵引采煤机液压传动箱位于采煤机机身的中部，如图 2—16 所示，它是采煤机的一个重要部件，其主要作用是将机械能转变为液压能，为牵引液压马达、采煤机各种液压保护和速度控制，以及采煤机调高的液压回路提供液压动力。

液压传动箱包括机械传动箱和液压元件箱两部分，分别布置在液压传动箱箱体的两个隔腔内，如图 3—26 所示。液压传动箱箱体的左腔为齿轮传动箱，具有单独的润滑油池，电动机经通轴上的齿轮传动分别带动主液压泵和双联齿轮泵。右腔为液压元件

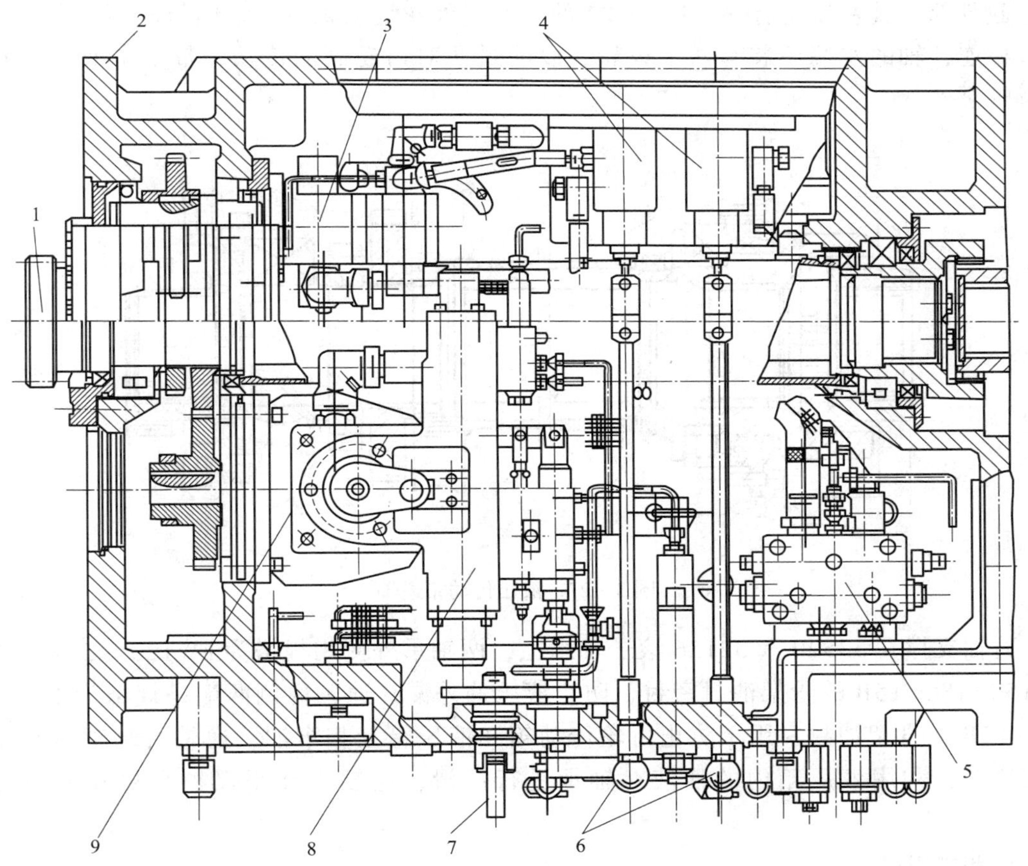

图 3—26　液压传动箱

1—通轴　2—箱体　3—双连齿轮泵　4—调高阀　5—阀组
6—调高手把　7—调速换向手把　8—调速机构　9—主液压泵

箱，主要装有主液压泵、调速机构、双联齿轮泵、阀组、粗滤油器、精滤油器、冷却器、调高换向阀、电磁阀组等主要液压元件，齿轮传动箱和液压元件箱之间不允许互相窜油。

为了降低采煤机液压油油池温度，保证其能连续、正常工作，传动部箱体靠煤壁侧隔腔内装有冷却器，经过低压溢流阀的热交换，外溢油通过冷却器冷却后进入油池。

液压传动部箱体靠采空区一侧的侧面上，布置有调速换向手把、手动泵、粗滤油器、精滤油器（粗滤油器在下方）、压力表组件、加油阀组、电磁阀组、调高手把等，因此，操作、维护十分方便。

从主液压泵输出的压力油经阀块通过管接头输出，并通过高压胶管进入牵引传动箱的液压马达。双联齿轮泵的后泵（用于调高）输出的压力油，经调高换向阀、箱体靠煤壁侧的接头，由高压胶管进入左右调高油缸。

1. 通轴

通轴的结构如图 3—27 所示，它的作用是将电动机的动力传递给牵引部液压传动箱和左截割部，其左端装有 $m=5$、$z=27$ 的渐开线外花键联轴节，它们与截割部内花键联轴节相连，轴的左端还装有两个齿轮，以通过两对齿轮副的传动，带动主液压泵和双联齿轮泵。

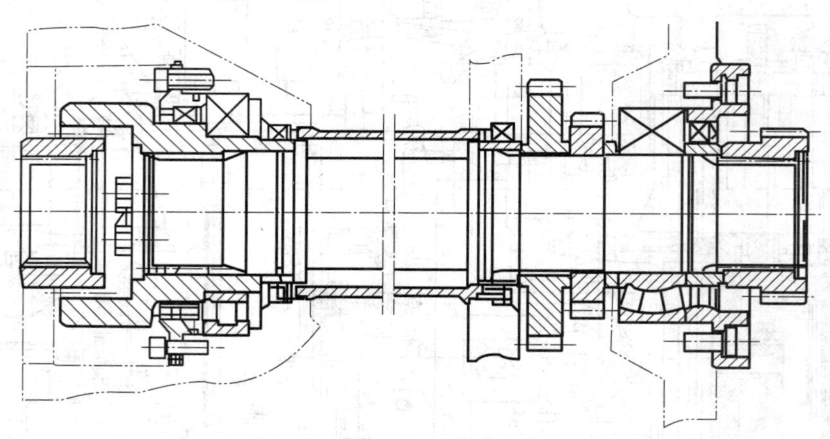

图 3—27 液压传动箱通轴

通轴支撑在 53520 和 32126 滚子轴承上，两轴承外侧用规格为 FW120×150×12B 和 FW150×180×15B 的骨架油封密封，防止液压油外漏。通轴内侧两端是规格为 FW120×150×12B 的骨架油封，用于防止齿轮传动箱和液压箱互相窜油，通轴右端轴承座端面钻有小孔，利用液压箱内的油液对轴承进行润滑，通轴中部用保护套将其与油池隔离开。

2. 齿轮泵轴

齿轮泵轴是将电动机的动力传递给双联齿轮泵的轴组，如图 3—28 所示，齿轮以平键与轴相连接，轴支撑在两只轴承（3512 和 212）上，齿轮泵轴通过其右端的矩形内花键和齿轮泵出轴相连。

3. 主要液压元件

（1）主液压泵

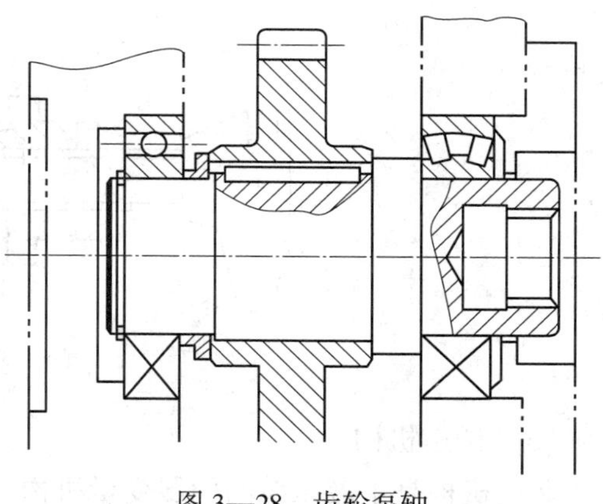

图 3—28　齿轮泵轴

主液压泵为 ZB125 型斜轴式轴向柱塞变量泵，结构如图 3—12 所示，前一部分为泵架，后一部分为摆动泵壳和后泵盖，泵架固定不动，泵壳可相对泵架摆动。传动轴转动时，通过另一端与其铰接的连杆 2 和柱塞 5 带动缸体旋转，当传动轴心线与缸体轴心线之间有一夹角时，传动轴旋转，柱塞就在缸孔内作往复运动。柱塞向外移动时，柱塞孔腔的容积逐渐增大，油液通过配油盘低压腔，从主液压泵的进口吸入孔腔；柱塞向内移动时，柱塞孔腔的容积逐渐变小，孔腔内的油液经配油盘的高压腔从主液压泵的排油口排出。传动轴每转一周，柱塞在缸孔内往复一次，完成一次吸油与排油。当缸体轴线相对于传动轴线的摆角增大时，柱塞行程就相应增大，泵的流量也增大；反之，摆角减小，行程减小，泵的流量也就减小。当摆角为零时，泵就停止吸油与排油。若泵壳带动缸体朝相反方向摆动，吸油口和排油口就更换位置。泵的缸体摆角变化范围为±25°。

（2）双联齿轮泵

双联齿轮泵型号为 CBK1025/8-B4FL，该泵为左旋齿轮泵，只能单向转动。前泵为主油路补油泵，主要用于补油和为控制回路提供液压油，排量为 25 mL/r；后泵为滚筒调高泵，排量为 8 mL/r。

（3）阀块

阀块是组成液压主油路的主要部件之一，由阀组和阀座组成。

1）阀组。阀组如图 3—29 所示，为了减少连接管路，简化结构，将主油路中的单向阀 27 和 28、低压溢流阀 5、高压溢流阀 4、液控三位五通换向阀（梭形阀）3 组合在共同阀体中构成阀组。

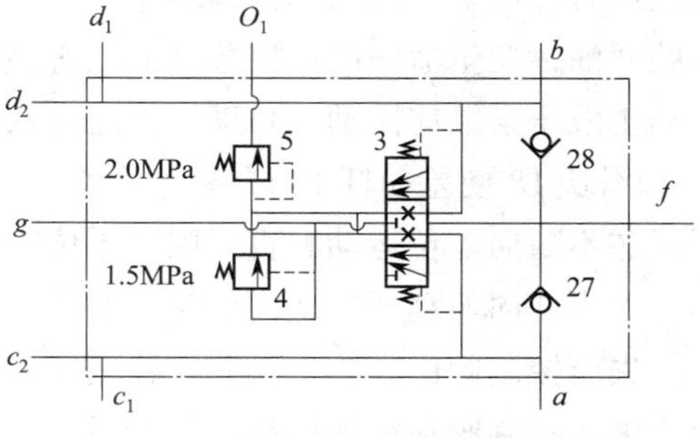

图 3—29　阀组

3—梭形阀　4—高压溢流阀

5—低压溢流阀　27、28—单向阀

2）阀座。阀座是阀和管路的中间连接件，用 6 只 M10 的螺钉固定在泵箱的壳壁上，对内主要连接主液压泵和辅助泵，对外连接装在牵引传动部上的液压马达。

（4）远程调压阀

远程调压阀型号为 DBDH6G10/31，如图 3—30 所示。该阀为直动型溢流阀，调定压力为 15 MPa，起高压保护作用，在系统压力超过调定的压力值时卸荷，溢出的液压油引至失压控制阀左端，使其强行复位，导通调速机构中换向油缸两端的油液，同时切断进入伺服阀的控制油液，推动液压缸的活塞在弹簧力作用下零位移动，主液压泵摆角随之减小或回零，采煤机牵引速度相应地降低或停止牵引。

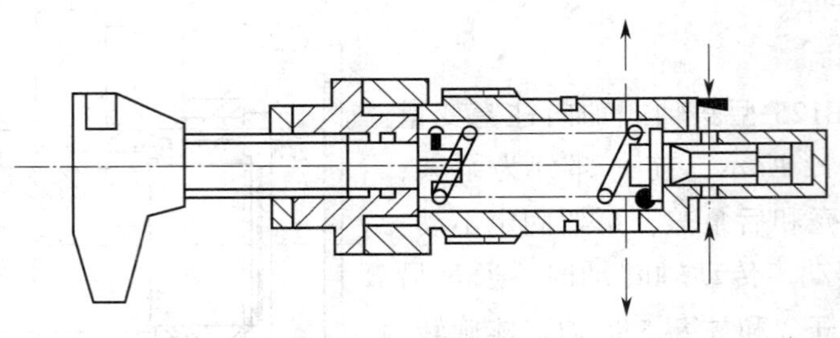

图 3—30 远程调压阀

（5）调速机构

调速机构是主液压泵的伺服变量机构，固定在主液压泵的上面，司机可通过调速机构来选择牵引方向和牵引速度。调速机构主要由变量液压缸、伺服阀、杠杆机构等组成，变量液压缸缸体上还固定有失压控制阀，如图 3—31 所示。

伺服变量机构由调速套 7、伺服阀 8、变量液压缸 1 和差动杆 19 组成。调速套和伺服阀装入同一壳体中，调速套内装入调速杆 12，它们之间借弹簧和弹簧座联系。调速套左端以螺纹固定连接头，而连接头借销轴与差动杆 19 的上端铰接，调速杆右端装有与拨叉连接的轮套 11，并旋有螺母 10 以调节轮套的位置。差动杆中部用销轴与伺服阀阀芯的连接杆铰接。伺服阀阀体上有 5 条沉割槽，位于中部的 P 槽接辅助泵排油，两端 T 槽接油池；另外的 A 槽、B 槽分别连接到变量液压缸的右腔和左腔。差动杆下端缺口通过滑块 18 和销轴 17 与变量液压缸的活塞 13 连接。变量液压缸内装有活塞 13、弹簧 4、弹簧套 3 和小活塞 14，用螺钉将弹簧套与活塞连接起来。活塞上固定拨叉 16，与主液压泵缸体上的小轴连接。

扭动调速旋钮时，通过齿轮副和螺旋副两级传动，驱动轮套 11 动作，带动调速杆 12 轴向位移，若向左位移，则通过弹簧座和弹簧推动调速套也左移，于是差动杆 19 以销轴 17 为支点逆时针摆动，拉动伺服阀芯左移，将 P、B 和 A、T 分别连通，使变量液压缸左腔进油、右腔回油，变量活塞向右位移（右端弹簧被压缩，将给定速度信号储存起来），并经拨叉 16 带动主液压泵缸体摆动一角度，使之进入工作状态。在活塞右移过程中，反过来又通过销轴 17 和滑块 18 使差动杆 19 以调速杆 12 和差动杆 19 的销轴铰接点为支点逆时针摆动，拉动伺服阀芯不断向零位运动，直至回到零位时，变量液压缸油路被切断，主液压泵便在此状态下运行。当逆向扭动调速换向旋钮，调速杆向右位移时，动作过程相同，但动作方向相反。

失压控制阀由阀体、阀芯、弹簧座和弹簧组成，是一个液控二位四通阀，如图 3—32 所示。失压控制阀在系统中起高压和低压保护作用，该阀装在调速机构上，主要由弹簧筒 1、调整垫 2、顶杆 3、弹簧 4、弹簧座 5、阀体 6、阀芯 7 和螺堵 8 组成，其工作原理是通过系统的背压与弹簧 4 的调定压力相比较来控制 P1-P2 口或 P-f 口的接通，从而实现调速机构推动变量液压缸复位和控制油的通断，弹簧 4 的压力通过配磨调整垫 2 来调定。其中 f 口接补油泵的压力油，P 口与调速机构的伺服阀的 P 口相连通，P1、P2 口分别与变量液压缸的两活塞腔相连通。

当辅助泵排油压力高于 1.0 MPa 时，阀芯 7 被推向左位，将阀体上接变量液压缸两腔的油封闭，即 P1、P2 口被分断，伺服变量机构正常工作；当辅助泵排油压力低于 1.0 MPa 或

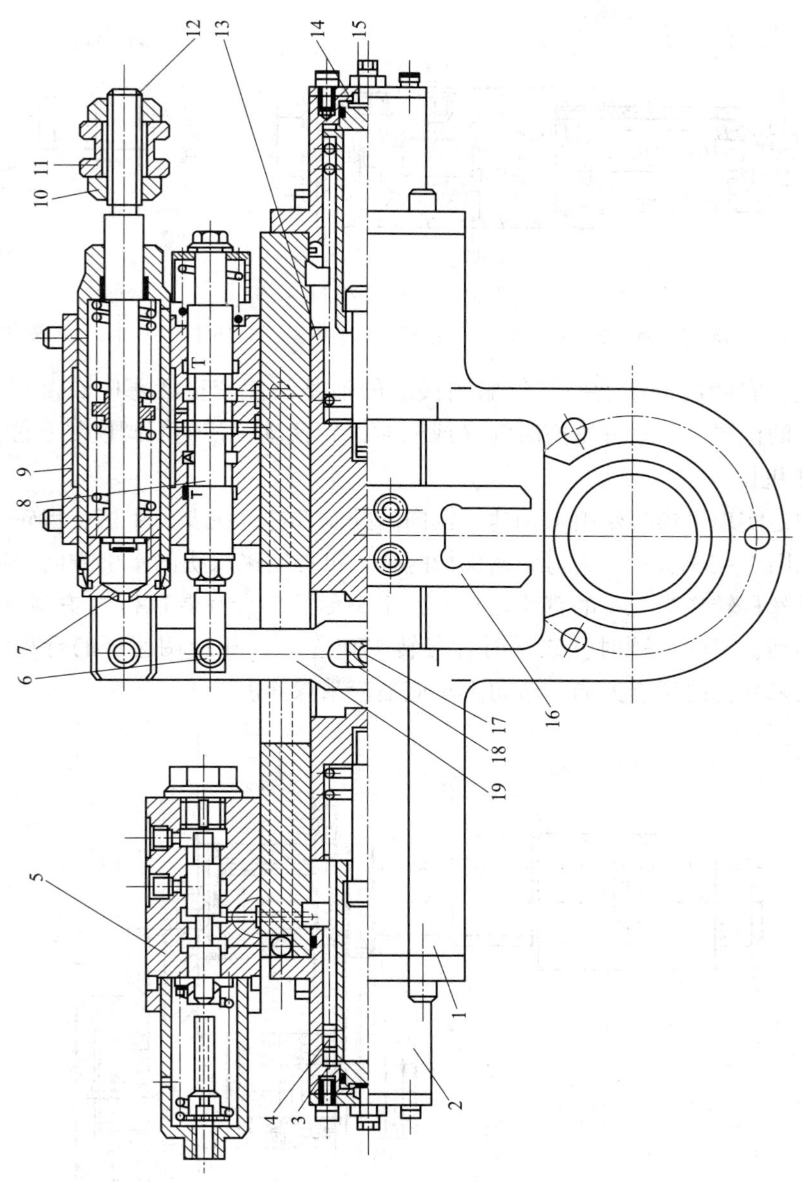

图 3—31 调速机构

1—变量液压缸 2—缸帽 3—弹簧套 4—弹簧 5—失压控制阀
6—销轴 7—调速套 8—伺服阀 9—阀座 10—螺母
11—轮套 12—调速杆 13—活塞 14—小活塞 15—缸盖
16—拨叉 17—销轴 18—滑块 19—差动杆

电磁阀动作（电动机过载或停电动机）时，将阀芯右端油路引向油池，在弹簧作用下阀芯被推到左位（图示位），变量液压缸两腔串通，于是在被压缩了的弹簧作用下，活塞向中位运动，而使主液压泵流量不断减小，直到回零。同时在差动杆的作用下，将伺服阀油路 P、B（或 P、A）和 A、T（或 B、T）分别连通，由于此时变量液压缸左、右两腔经失压控制阀串通，所以并不影响主液压泵的回零运动。当以上现象消除，失压控制阀恢复原位，切断

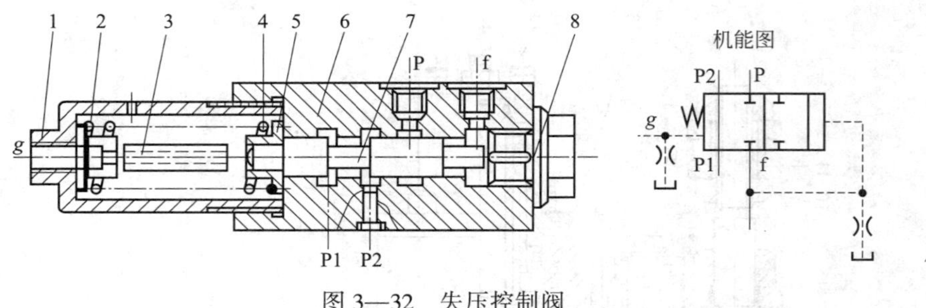

图 3—32　失压控制阀

1—弹簧筒　2—调整垫　3—顶杆　4—弹簧　5—弹簧座　6—阀体　7—阀芯　8—螺堵

变量液压缸左、右两腔的串通时，伺服阀接通的油路又使变量活塞向右（或向左）移动，直到原来给定的位置，差动杆则逆时针（或顺时针）摆动，使伺服阀恢复零位。

（6）操作机构

操作机构是实现采煤机牵引、调速、换向的控制部件，主要由手柄、齿轮副、转轴、螺母等组成，如图 3—33 所示。它与调速机构配合，可控制采煤机的牵引方向和速度，手柄的旋转运动通过丝杠转变为螺母的直线运动。由于螺母叉口卡在调速机构中调速杆的轮套内，故使调速杆移动，手柄可顺时针或逆时针各转 170°左右，相应调速杆的行程为 15 mm，手柄的转向代表采煤机的牵引方向，转角大小应适应采煤速度。

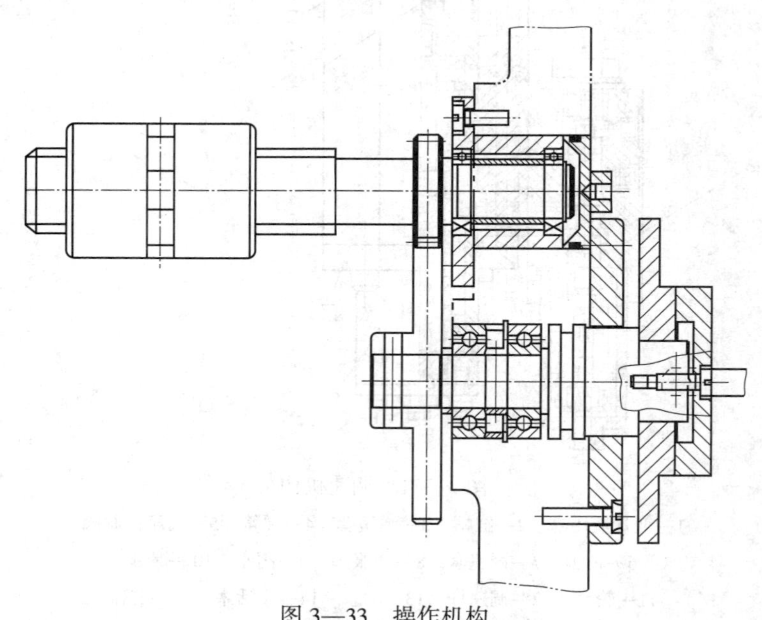

图 3—33　操作机构

（7）滤油器

为保证液压系统油质的清洁，以保证液压元件工作的可靠性，系统中设有粗、精过滤器。粗过滤器安装在补油泵和调高泵的吸油口，补油泵的排油经精过滤器后进入主回路和控制回路。

1）粗过滤器 。如图 3—34 所示，粗过滤器主要由外壳、滤芯、内壳、磁性环和隔离环等零件组成。粗过滤器安装在补油泵和调高泵的吸油口，主要防止金属碎末和杂质进入系统。粗过滤器的外壳均铣有四条轴向槽，内壳套装在外壳内，可相对外壳转动，工作时，四条轴向槽互相对齐，油液可通过滤芯进入滤油器内部。更换滤油器时，将盖子相对外壳旋转45°，使内外槽彼此封闭，防止油池油液外泄。该滤芯的过滤精度为 80 μm，磁性环用来吸取油液中的金属碎屑，为增加吸附面积，磁性环间用铝隔环隔离。

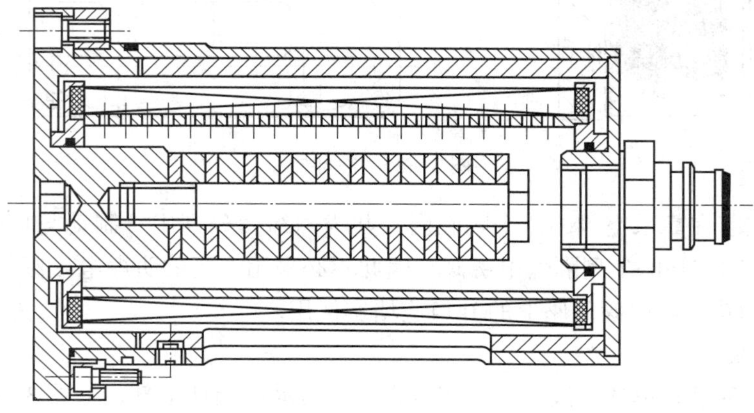

图 3—34　粗过滤器

2）精过滤器。如图 3—35 所示，精过滤器主要由壳体、拉杆、滤芯、盖、单向阀等组成。滤芯选用 TZX-100×20 型纸质滤芯，过滤精度为 20 μm，额定流量 100 L/min，纸质滤芯不能承受大的压差，使用中观察装在精过滤器前后的一对压力表值，当压差为 0.5 MPa 时，说明滤芯呈堵塞状态，应及时进行更换。另外，精过滤器中设有单向阀，当滤芯堵塞，过流阻力增大后，部分液压油通过单向阀进入系统，保证系统能正常工作，防止滤芯被击穿。

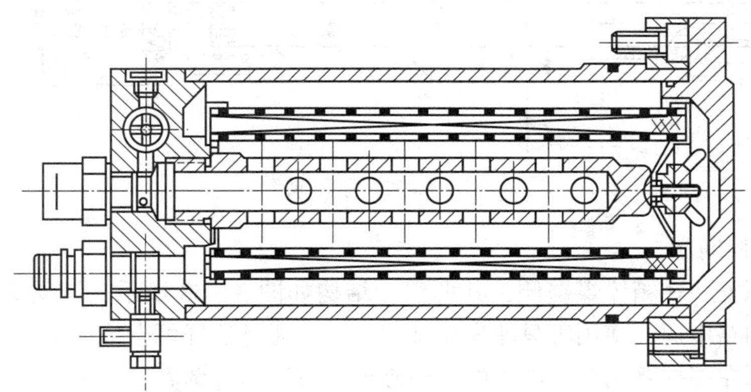

图 3—35　精过滤器

（8）冷却器

冷却器结构如图 3—36 所示，主要由外壳、板翘式冷却器等组成，冷却器用螺栓固定在液压传动部箱体的隔腔内，冷却器芯型号为 KS18H12-RD1，共两个。从低压溢流阀排出的热油进入冷却器芯内流动，冷却器芯外部则通冷却水，将油液的热量带走。

（9）电磁阀组

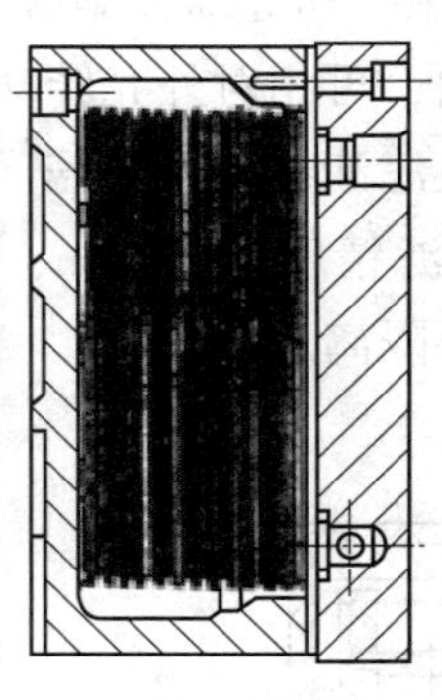
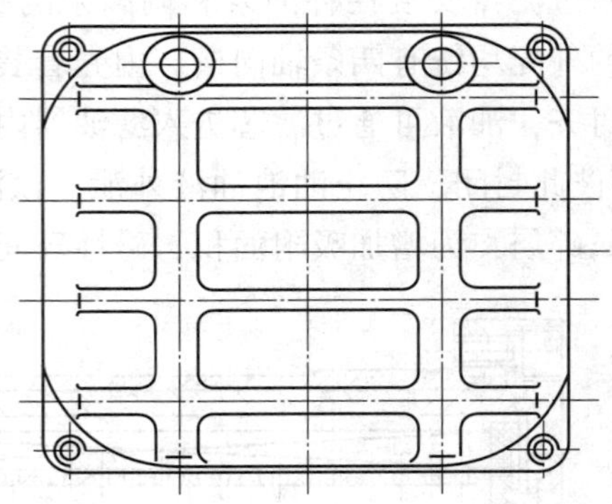

图 3—36 冷却器

电磁阀组安装在靠采空侧的一个隔腔内，共为两组，分别用于制动与功控的电磁阀组，电磁阀为 24GDEI1-H6B-T 型隔爆电磁阀，因此不必采用专用的防爆电磁阀箱，制动电磁阀阀座上的 A 口和功控电磁阀阀座上的 B 口应堵实使用。

（10）手压泵

手压泵是一种手动单柱塞液压泵，布置在液压传动部箱体上部。如图 3—37 所示，主要由泵壳、活塞和单向阀组成。使用时，卸去螺塞，M10×100 的螺钉拧入活塞杆，即可拉动活塞，对系统进行充油排气，充油排气时，应将主油路上的排气塞松开，以减轻手压泵排气阻力，排出系统内残留的空气。

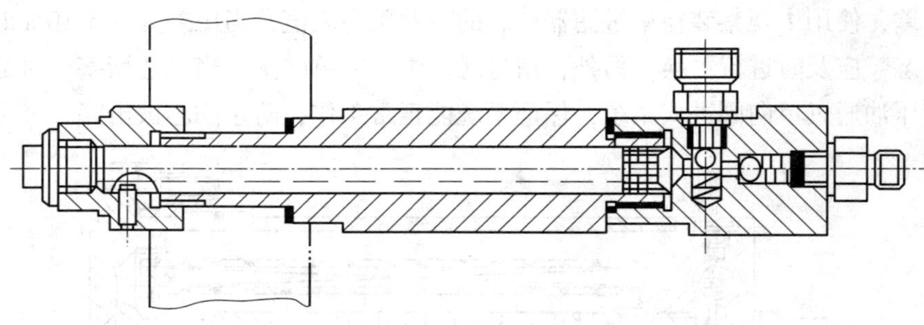

图 3—37 手压泵

（11）调高换向阀

调高换向阀安装在箱体煤壁侧，共两组，结构如图 3—38 所示，该阀为 H 型三位四通换向阀，两阀油路串通，使用时只能操作其中之一。通过拉杆可直接在采空侧进行操纵，左边的换向阀控制左端摇臂调高，右边的换向阀控制右边摇臂调高。

四、牵引传动箱

牵引传动箱是采煤机的行走机构，其结构如图 3—39 和图 3—40 所示，它主要由柱塞液压马达、制动器、齿轮减速器和摆线驱动齿轮等组成。左右牵引传动箱结构相同，对称布置在采煤机的两端。

1. 齿轮减速器

减速箱由三级减速齿轮传动组成，第一级为直齿圆柱齿轮定轴传动，第二、第三级为

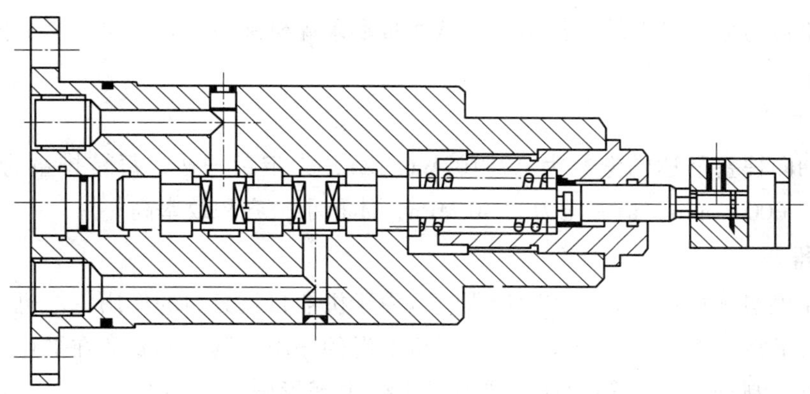

图 3—38 调高换向阀

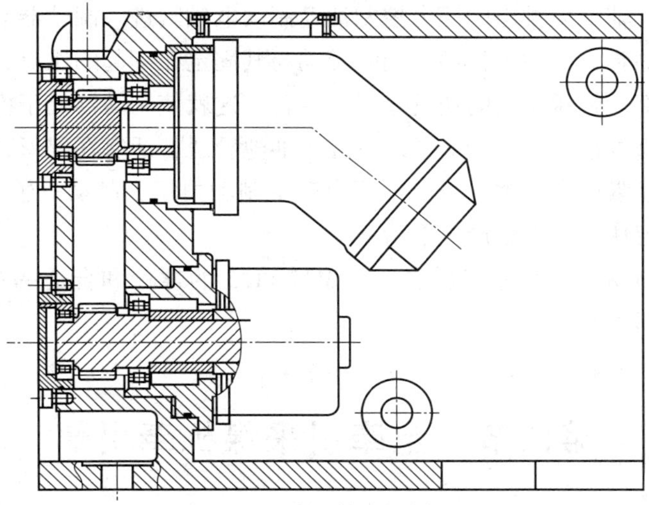

图 3—39 牵引传动箱剖视图

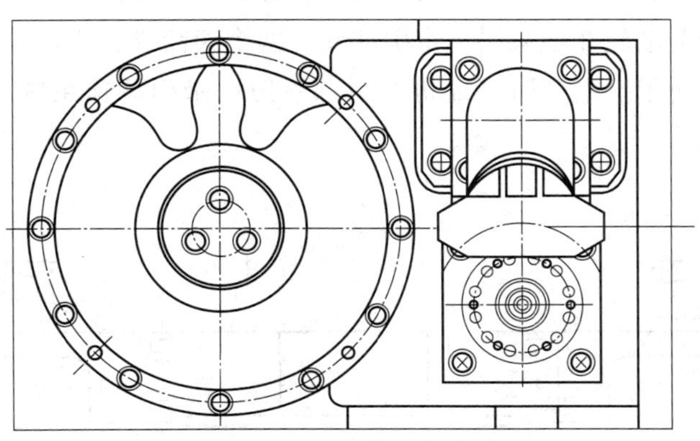

图 3—40 牵引传动箱外形图

2K-H 型行星齿轮传动。斜轴式轴向柱塞马达出轴用渐开线花键连接轴齿轮。轴齿轮经惰轮，带动大齿轮。该齿轮由渐开线花键与第二级行星传动之太阳轮连接，经两级行星传动减速后，由输出轴通过渐开线花键方式带动摆线驱动齿轮与安装于底托架上的摆线行走齿轮啮合，行走齿轮再与输送机上的销排啮合，从而带动采煤机穿梭行走。每只牵引传动部的输出转矩为 28 000 N · m。

2. 油马达

斜轴式轴向柱塞马达的型号为 A2F107W6.1Z1，为定量马达，每转排量为 107 mL，转速范围为 0~3 000 r/min，最大压力为 40 MPa，体积小，容积效率高。

3. 制动器

采煤机在煤层倾角较大的工作面使用时，由于机器自重分力的作用，停机时若无防滑装置，就会自行下滑，而制动器能起防止采煤机下滑的作用。制动器安装在平行第一轴的采空区侧，停机时，制动器将一轴刹住。制动器主要由碟形弹簧、活塞、压盘、圆盘、内摩擦片、外摩擦片、座子和花键套等零件组成。

采煤机启动后，辅助泵排出的压力控制油经制动电磁阀进入制动器活塞的下腔，推动活塞克服碟形弹簧组的弹力而往上移动，同时带动与其固定在一起的压盘，使内外摩擦片之间产生间隙，与行走部一轴相连接的花键套得以旋转，这就使制动器处于松闸状态。一旦电动机停转，制动电磁阀复位，使制动器活塞下腔与油池导通，活塞在碟形弹簧的弹簧力作用下向下移动，通过压盘紧压内摩擦片，由摩擦力产生制动力矩，制动一轴，使齿轮传动停止，这样采煤机就被固定住了，不会产生下滑。

若需人为解除制动，可将螺塞拆去，用 M12×1.5 的螺栓和合适的垫块，将活塞吊起，使内外摩擦片松开即可。

第四节　电牵引采煤机牵引部

电牵引采煤机是将交流电输入晶闸管整流及控制箱 1，控制直（交）流电动机 2 调速，然后经齿轮减速传动驱动轮 3 使采煤机牵引移动。两个滚筒 6 分别用交流电动机 4 经摇臂 5 来驱动，如图 3—41 所示。电牵引采煤机牵引部一般由牵引调速系统（电气部分）和牵引传动装置（机械部分）组成。

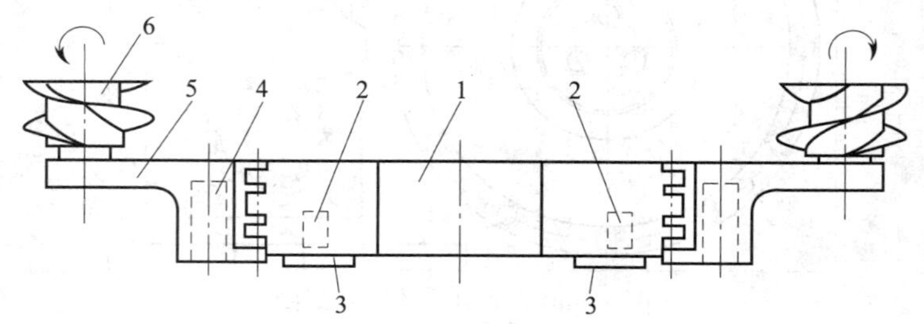

图 3—41　电牵引采煤机

1—控制箱　2—直（交）流电动机　3—驱动轮　4—交流电动机　5—摇臂　6—滚筒

一、电牵引采煤机电气调速原理

1. 电气调速原理及其特性

根据调速原理不同，电牵引有直流电牵引和交流电牵引两类，其中交流电牵引又分为交流变频调速系统、开关磁阻电动机调速系统和电磁滑差调速系统等类型，如图 3—42 所示。目前广泛应用交流变频调速技术，依靠交流变频调速装置改变交流电动机的供电频率和供电相序，实现电动机转速的调节和转向的变换。

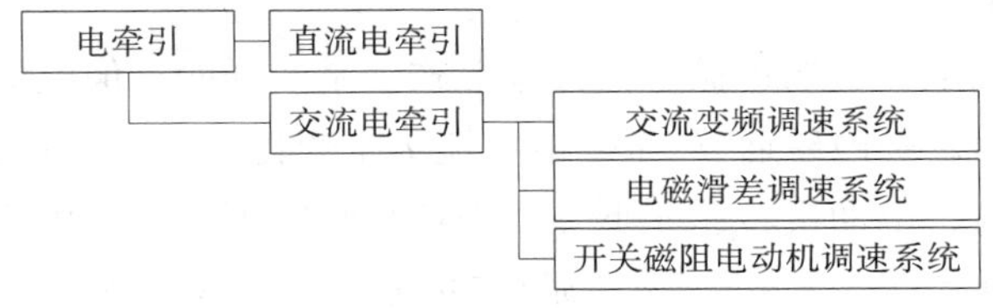

图 3—42　电牵引方式

（1）直流他励电动机的牵引调速特性

直流他励电动机的电枢绕组和励磁绕组分别供电、分别控制，如图 3—43 所示，其机械特性是硬特性。

直流他励电动机的机械特性方程为：

$$n=\frac{U-I_A R_A}{K_c \Phi}$$

$$M=K_m K_c \Phi I_A$$

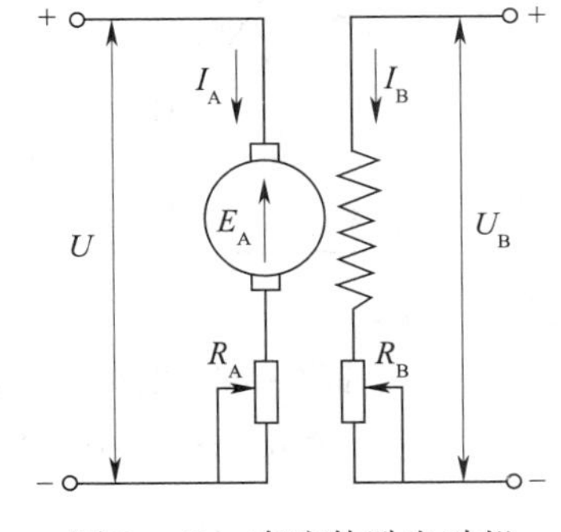

图 3—43　直流他励电动机

式中　n——电动机转速；

M——电动机转矩；

U——电枢电压；

I_A——电枢电流；

R_A——电枢电阻；

Φ——励磁磁通；

K_m、K_c——与电动机结构有关的参数。

利用可控硅控制触发电路，改变电枢电压 U 或励磁电压 U_B 的方向和大小，就可以改变电动机的转向和转速，从而可以调节采煤机的牵引方向和牵引速度。如果在电动机转速低于额定值的范围内，保持励磁磁通 Φ 和电枢电流 I_A 不变而改变电枢电压 U，就可以实现恒转矩调速，如图 3—44 中 AB 段所示。在电动机转速高于额定值而低于最大值范围内，保持电枢电压 U 和电枢电流 I_A 不变而改变励磁磁通 Φ，就可以实现恒功率调速，转矩 M 和转速 n 的乘积在调速中保持不变，如图 3—44 中 BC 段所示。

（2）直流串励电动机的牵引调速特性

直流串励电动机的机械特性方程为：

$$n=\frac{U-IR_s}{K_c \Phi}$$

$$M=K_m K_c \Phi I$$

式中 n——电动机转速；

M——电动机转矩；

U——电枢电压；

I——电枢电流；

R_s——电枢电阻；

Φ——励磁磁通；

K_m、K_c——与电动机结构有关的参数。

此方程与直流他励电动机的机械特性方程形式上是一样的，但电极绕组和励磁绕组是串联的，如图 3—45 所示。励磁磁通 Φ 随电枢电流 I 而变化，当电枢电压 U 一定，负载转矩增大时，由于磁通增大，电动机转速 n 下降；当负载转矩下降时，由于磁通减弱，转速 n 上升。M 和 n 的乘积变化不大，所以直流串励电功机的调速属于恒功率调速，其特性属软特性，特性曲线为双曲线。

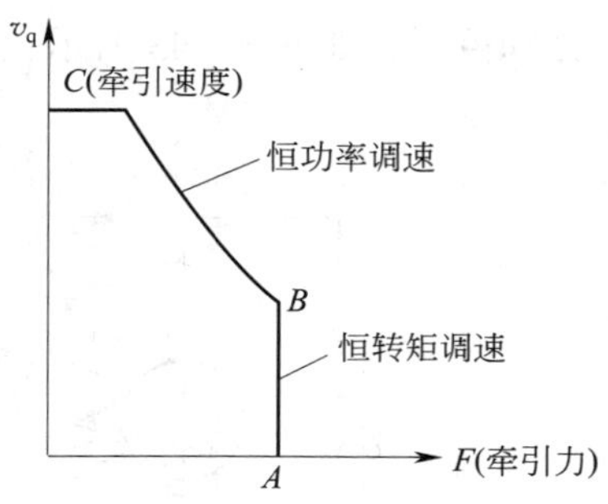

图 3—44 电牵引采煤机牵引力—牵引速度特性

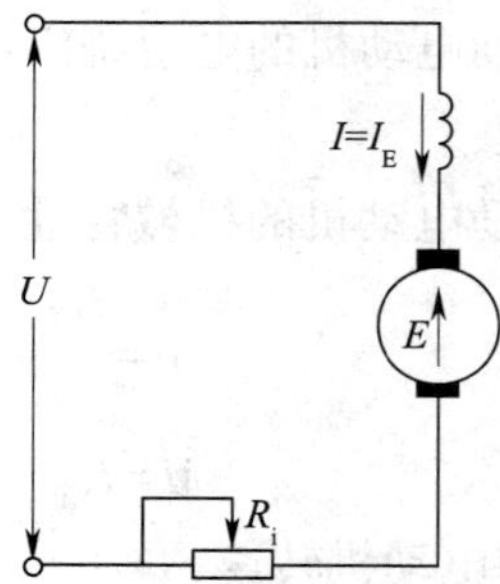

图 3—45 串励直流电动机

当调节电枢电压（电源电压）U 时，此特性曲线为一簇平移的双曲线。直流串励电动机的软特性具有启动转矩大、过载能力强、电路简单的特点。当截割功率增大时、牵引力也随之增大，同时牵引速度急剧下降，负载功率也随着下降，有利于过载保护。串励电动机空载时牵引速度急剧升高，易出现“飞车”危险，但是采煤机空运行时负载也不小，不会出现此现象。

直流串励电动机采用可控硅控制触发电路的调速系统，其调节电枢电压的方法与直流他励电动机基本一样。

（3）交流电动机的牵引调速特性

交流电动机的转速方程为：

$$n=\frac{60f}{P}(1-S)$$

式中 f——定子电源频率；

P——电动机的极对数；

S——转差率。

从上式可知，只要调节定子电源频率f，就可调节转速n，但供电频率在工频以下变化时，气隙磁通Φ_q为：

$$\Phi_q = K\frac{U}{f}$$

式中　U——定子端电压；

f——定子电源频率；

K——气隙系数。

当f升高时，若U不变，则Φ_q下降，导致电动机转矩下降。为保持Φ_q不变，通常采用同时调节U和f的方法，并使压频比恒定，即：

$$\frac{U}{f} = 常数$$

由于Φ_q基本不变，则转矩也基本不变。在工频以下，这种调速属于压频比恒定、恒转矩的调频调速控制。但是，这种调频调速在频率f很低时，U并不与E（电动势）近似相等，而是E下降更多，使Φ_q减少，保持不了Φ_q恒定，从而导致电动机的转矩M和M_{max}下降。为了提高低频时的转矩，一般采用提高U的方法来提高M，这时U与f的比值增大，不是原先恒定的比值，这种调速属于提高电压、补偿低频的调频调速控制。但是，提高电压不能超过电动机的允许范围，当电压为恒定值后，则转为恒功率调速。变频调速的牵引特性如图3—46所示。

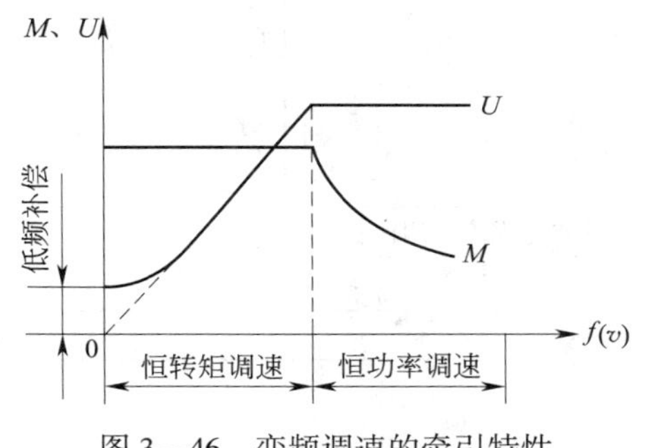

图3—46　变频调速的牵引特性

上述调压调频（VVVF）是交流电动机的变频调速控制的基本原理。为实现VVVF变频调速，一般采用交—直—交变频器。采用二极管整流将交流变成直流，再采用SPWM正弦脉宽调制逆变器，将直流变成可调频率的交流，以实现交流电动机的频率调速控制。SPWM控制可采用计算机软件实现或大规模SPWM集成块实现，采煤机上广泛采用计算机软件实现。

2. 典型电牵引采煤机电气调速原理

（1）直流电牵引采煤机电气调速原理

下面以6Ls型电牵引采煤机为例介绍直流电牵引采煤机的电气调速原理。6Ls型电牵引采煤机的方向和调速与保护控制电路，如图3—47所示。

1）HOST单元。HOST单元是采煤机电气控制的核心，采用新型的微型单片机结构，其全称为液压输出和SCR（可控硅触发器）单元。它的功能除控制采煤机的液压功能和牵引电动机的触发电路外，还能完成遥控器解码与监测、电动机过载温控监测、系统的故障诊断，以及紧急停车等。

HOST单元对遥控站、光电耦合器、温度检测计、电流传感器、可控硅触发单元及图形显示器等信号源的输入做出反应并完成上述功能（通过软件实现）。HOST单元的接口电路如图3—48所示，图中可清晰地反映出HOST单元与采煤机控制功能（电路）的联系。

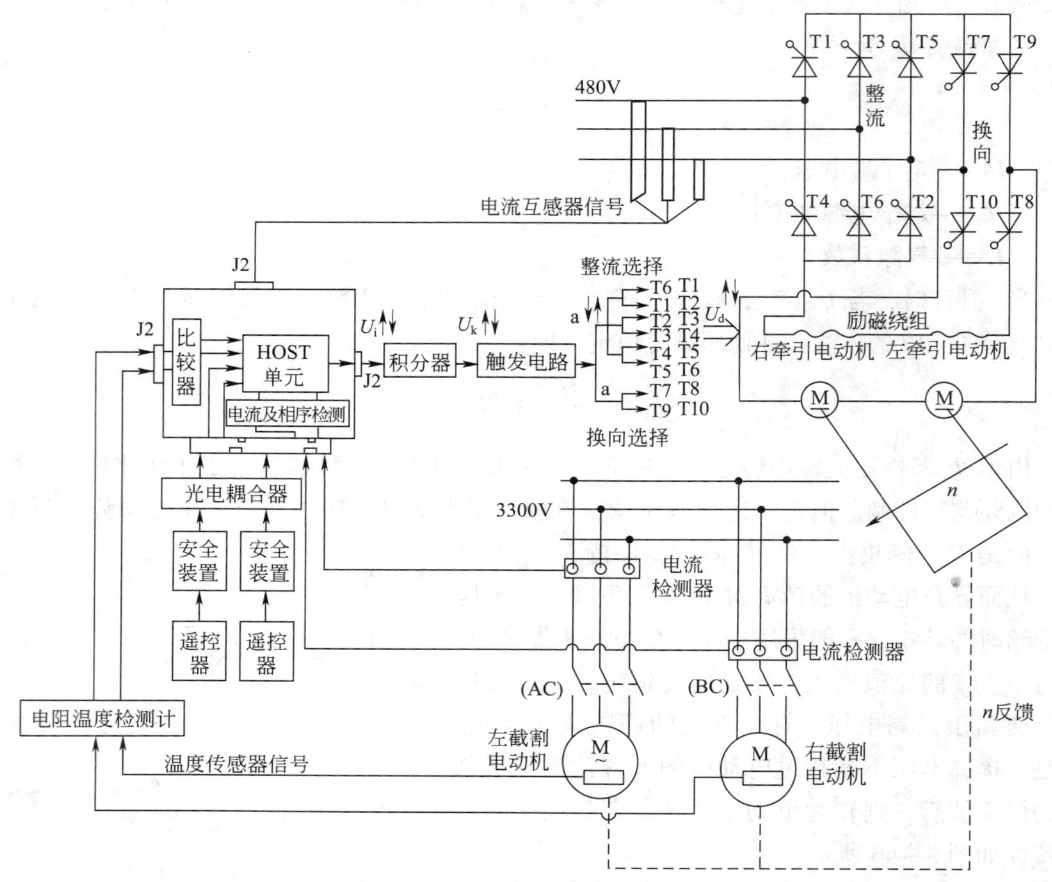

图 3—47 6Ls 型电牵引采煤机牵引速度和方向控制方块原理

2）牵引电动机的速度和方向控制原理。如图 3—47 所示，有两台串接的左、右牵引直流电动机，由可控硅电路整流和换向。可控硅元件是由 10 只大功率晶闸管 SCR 组成的控制组件，其中 6 个 SCR（T1~T6）用作三相整流和速度调节，另外 4 个（T7~T10）作为极性开关控制牵引电动机的旋转方向，SCR 系统接线如图 3—49 所示。

采煤机直流串励调速，主要是通过对触发电路的控制，改变直流电动机的端电压 U_d，从而改变直流电动机的转速 n，牵引电动机的速度和方向控制原理如图 3—47 所示。

根据司机操纵遥控器（左或右）牵引键以及所按时间长短，发送牵引信息，通过信号光电耦合器传输、数模转换输入 HOST 单元。HOST 单元对可控硅整流电路的每一个晶闸管都有一个门极驱动输出，信息经 HOST 单元相控计算，就确定了相应晶闸管所需的触发脉冲相序和控制角 α，其脉冲信号以 8 路输出，其中 6 路用于三相全桥电路晶闸管（T1~T6）相继触发脉冲信号，2 路用于晶闸管（T7~T10）触发控制电流方向。

编号 T1 和 T4 接 A 相，T3 和 T6 接 B 相，T5 和 T2 接 C 相。T1、T3、T5 构成共阴极组，T2、T4、T6 构成共阳极组。

晶闸管 SCR 的触发时间必须与三相输入交流电压完全同步，该系统中由两个过零信号检测模块来完成这一操作。无论哪一相电压对另一相电压过零时，通过两台左、右截割电动

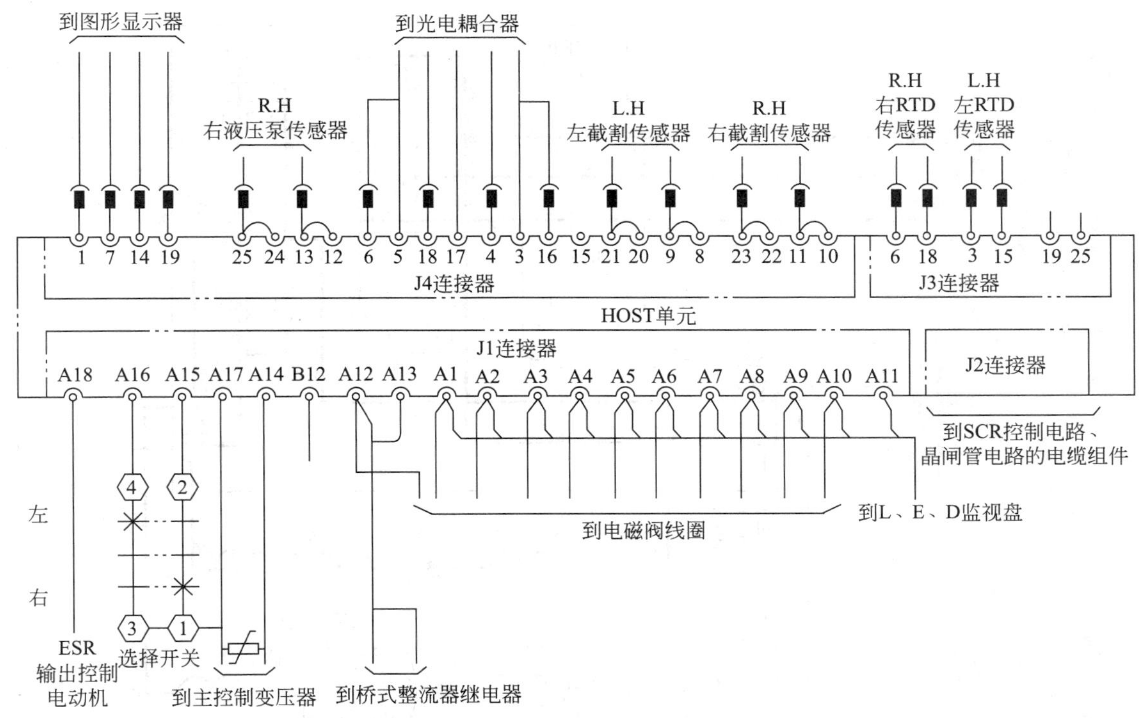

图 3—48 HOST 单元的接口电路

机的电流互感器将信号输送给信号检测模块，模块电路将对 HOST 单元输出一个直流信号，HOST 单元根据过零信号确定触发脉冲的顺序，使触发脉冲控制电路和三相交流电压相序保持一致。通俗地说，触发门极顺序一定要与电流方向一致。

综上所述，通过操纵遥控器的控制按键，可以使采煤机在给定的牵引速度和方向上运行。若因某些因素使牵引阻力增大，则牵引电流将随之增大，通过设在三相交流电一侧的牵引电流传感器，将信号输入主机并与设置的牵引电流的参数模块 TAG 电路进行比较。若达到参数模块所设定的值，将信号输入 HOST 单元使触发电路的控制角 α 提升，则电动机端电压 U_d下降，电动机转速 n 即牵引速度 v 在给定值范围内下降；过载若继续增大，牵引速度随之下降，直至停止或反向牵引（防止闷车）。一旦过载在调节过程中结束，则 HOST 单元又使 α 下降，电压 U_d逐渐回升，又回到所给定的牵引速度。

当两台截割电动机在给定的牵引速度下带动截割滚筒截煤，因外部因素，例如滚筒割到硫黄包、截齿磨损脱落等原因，使截割阻力增大，则截割电流随之增大。通过电动机的电流监测器（互感器）将信号输入主机并与截割电流设定的模块电路进行比较，若达到设定值，将信号输入 HOST 单元，HOST 单元同样进行上述控制，使牵引速度下降。并以此为截割电动机的反馈信号。因牵引速度 v 下降，截割电流 I 下降，所以电流检测器所采集的互感电流 i 也随之下降，若小于 TAG 模块设定值，则截割电流不过载，牵引速度稳定在所选速度上。

（2）交流电牵引采煤机电气调速原理

下面以德国艾柯夫公司生产的 SL500 型电牵引采煤机为例介绍交流电牵引采煤机的电气

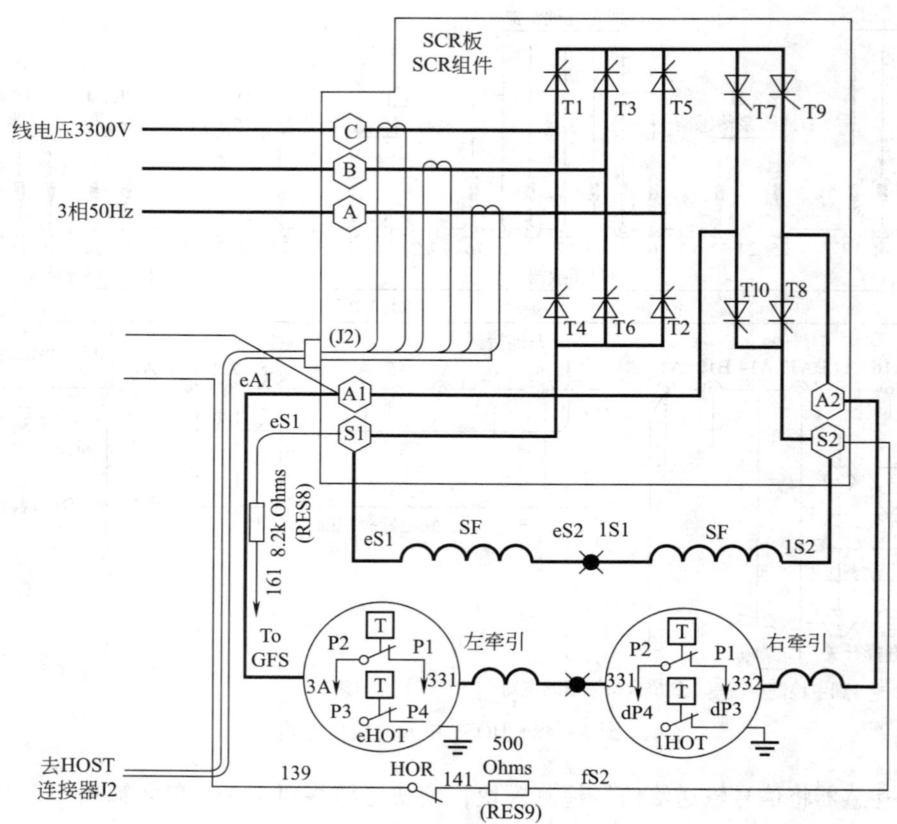

图 3—49　SCR 系统接线

调速原理。SL500 型电牵引采煤机电力传动系统如图 3—50 所示。

1）基本组成。3 300 V 的电源从进线电缆，经主隔离开关后，分成三路：两路分别经真空接触器供给左、右截割电动机；另一路经主变压器变压后获得两种供电电压，1 000 V 线路经真空接触器供液压系统调高泵的电动机，460 V 线路经两台交—直—交变频器分别供给左、右牵引部电动机。该变频器是一台脉冲变频器，变频器带有一个直流电压中间回路，回路电压通过调整脉冲宽度改变牵引电动机的电流和电压，实现牵引速度的无级调节。

2）控制系统。控制系统由主计算机、操作按钮、显示单元、无线电接收器、采高显示器、先导控制单元、端头控制单元、液压控制单元等组成。

SL500 型采煤机具有装机功率大、牵引能力强、工作可靠等特点，特别是该机型控制系统还具有自动化功能和功能强大的故障诊断系统。例如，示范切割时，切割记忆系统记录和存储相关数据，如牵引速度、摇臂位置、纵向倾角、横向倾角、牵引方向等，从而能使采煤机随意重复储存切割的过程，且自动修正主要参数，通过菜单实现自动化切割。

发生故障时，根据故障灯及故障菜单显示，可进行故障诊断与分析。该系统有很强大的功能，可显示多种故障现象、故障原因，并提出检查路线、需要检修和更换的零件等。

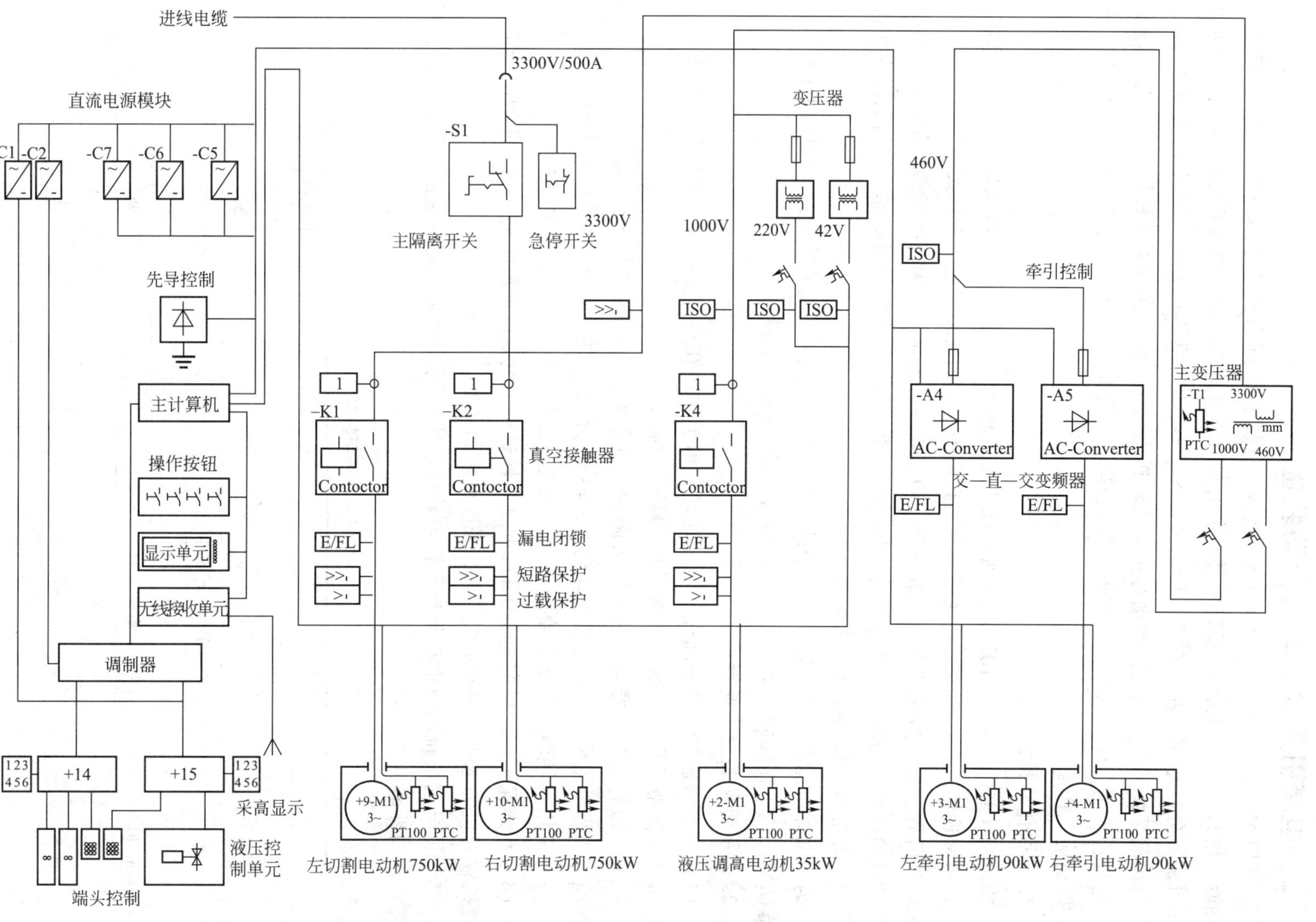

图 3—50 SL500 型电牵引采煤机电力传动系统

二、电牵引采煤机牵引传动装置

下面以 MG400（450）/920（1020）系列采煤机为例介绍电牵引采煤机牵引传动装置。MG400（450）/920（1020）系列采煤机牵引部由牵引调速系统（电气部分）和牵引传动装置（机械部分）组成。左、右牵引传动装置各以一台功率为 50 kW 的交流电动机做动力源，由牵引传动系统传递、减速，驱动行走轮与输送机销轨啮合，实现采煤机行走。通过交流变频调速装置控制，牵引电动机可获得不同转速（无级变速），使采煤机得到不同的牵引速度，以适应工作面的需要。

1. 牵引传动装置组成

MG400（450）/920（1020）系列采煤机牵引传动装置包括牵引电动机、牵引减速箱、双级行星减速器、行走箱等。这些部件左、右通用，分别安装在左、右框架内，构成左、右牵引传动装置。牵引减速箱内为二级直齿传动。双级行星减速器为二级行星齿轮传动，将牵引电动机输出的动力减速、传递给行走箱的驱动轮、行走轮。导向滑靴通过销轨对采煤机进行导向，保证行走轮与销轨正常啮合。

为使采煤机能在工作面较大倾角条件下可靠工作，在牵引减速箱上设有液压制动器，能可靠防滑。当工作面倾角小于或等于 15°时，可以不装液压制动器。

2. 牵引传动装置主要特点

（1）牵引减速箱为独立部件，通过螺钉和销子固定在左、右框架的煤壁侧。双级行星减速器装在框架的采空区侧，结构简单，拆装、维修方便。

（2）双级行星减速器第一级采用太阳轮、行星架、内齿圈三者浮动，第二级采用太阳轮浮动、四行星轮结构。减速器传动比大，轴承寿命和齿轮的强度裕度大，可靠性高。

（3）采用（销轨式）无链牵引系统，承载能力大，导向好，拆装维修方便。

（4）行走箱可以配槽宽为 880 mm 的刮板输送机，改变行走箱结构还能方便地配套不同槽宽的输送机和选用不同的牵引方式，或改变机面高度。

（5）两导向滑靴回转中心距与两行走轮中心距相同，保证行走轮与销轨正常啮合。牵引部规格与性能见表 3—2。

表 3—2　　牵引部规格与性能

名称		数值或内容
牵引电动机	型号	$YBCS_2$-50
	功率（kW）	50
	转速（r/min）	0-1472-2455
	电压（V）	380
	电流（A）	95
	频率（Hz）	0-50-83.4
	级数	4
	工作制	S1
	接法	Y

续表

名称		数值或内容		
牵引电动机	绝缘等级	F		
	冷却方式	外壳水套冷却		
	冷却水量（L/min）	35		
	冷却水压（MPa）	≤1.5		
牵引特性	牵引速度（m/min）	7.35/12.26	8.25/13.76	9.24/15.41
	牵引力（kN）	700/420	624/374	557/334
牵引减速箱 双级行星减速器	润滑方式	飞溅式		
	润滑油型号	N320 中负荷工业齿轮油		
行走箱	润滑方式	脂润滑		
	润滑脂型号	ZL-2 通用锂基润滑脂		

3. 牵引传动装置的传动系统

牵引传动装置的传动系统如图 3—51 所示。牵引电动机的出轴花键与 I 轴齿轮 z_1 相连，将电动机输出转矩通过二级直齿齿轮 z_2、z_3、z_4、z_5 传给双级行星减速器，经减速后由第二级的行星架输出，传给行走箱内的驱动轮 z_{12}，驱动轮 z_{12} 再与从动轮 z_{13} 相啮合，从动轮 z_{13} 通过渐开线花键轴带动行走轮 z_{14}，使之与工作面刮板输送机上的销轨啮合。轴齿轮通过长花键轴与液压制动器相连，实现牵引传动装置的制动（需要安装液压制动器时，才安装长花键轴）。

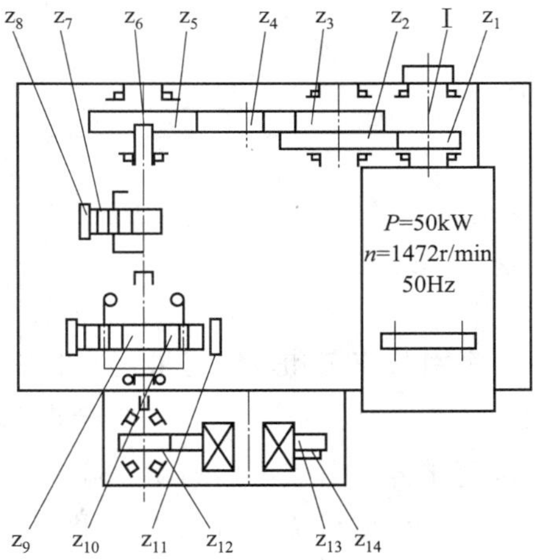

根据使用要求，采煤机可以得到不同的最高工作牵引速度。z_1、z_2 为一对变速齿轮，共有三种配对齿数，提供三种工作牵引速度，可根据需要选装其中一对。

图 3—51　牵引传动装置的传动系统

4. 牵引传动装置主要部件

（1）牵引电动机

牵引电动机为隔爆型三相交流调速电动机，适用于环境温度低于 40℃、相对湿度不大于 95%、具有瓦斯或爆炸性煤尘的场合。牵引电动机结构如图 3—52 所示，主要技术参数见表 3—2。

在下井前，应仔细检查零部件是否完好，所有螺钉是否拧紧。输出轴应转动灵活，观察水道有无阻塞现象，测量绝缘电阻，若其值低于规定值 1 MΩ，电动机必须进行干燥处理。开机前必须先通水，当断水或有其他异常响声时，必须立即停机检查。拆装时应特别注意隔爆面，不得磕碰损伤。

（2）牵引减速箱

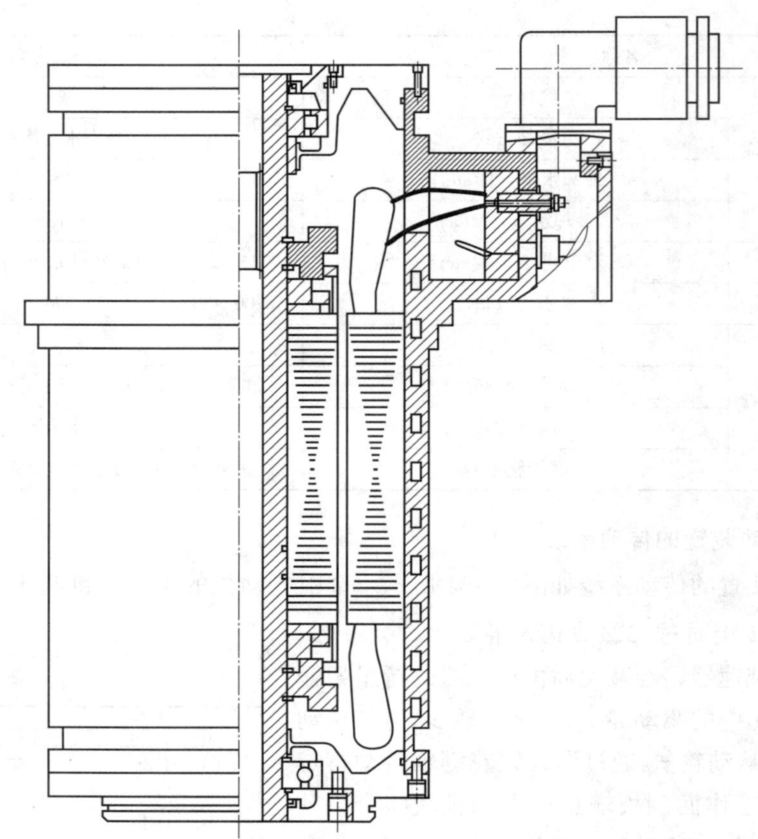

图 3—52　MG450/1020-WD 型采煤机牵引电动机

牵引减速箱和双级行星减速器是牵引传动装置的两个独立传动部件。牵引减速箱结构如图 3—53 所示，由壳体、二级传动齿轮、制动器等组成，安装在左框架或右框架的煤壁侧。花键套作为牵引减速箱的动力输入元件，两端分别与电动机出轴和花键轴连接。

如果采煤机需要制动器，将制动器安装在轴齿轮另一端、牵引减速箱箱体外（煤壁侧），而轴齿轮内需安装长花键轴。

Ⅱ轴轴齿轮由轴承支撑在箱体上，大齿轮通过内花键装在该轴上。Ⅱ轴大齿轮与齿轮 z_1 为配对变速齿轮，有三对齿数可供选择，以满足采煤机不同牵引速度的需要。

牵引减速箱输出端花键轴的内花键与第一级行星减速器的太阳轮外花键啮合，把动力传给双级行星减速器。

（3）双级行星减速器

双级行星减速器结构如图 3—54 所示，由太阳轮、行星轮、行星架、轴承、轴承架、密封件等组成，安装在左框架或右框架的腔体内。

第一级太阳轮的外花键与牵引减速箱大齿轮的内花键啮合输入转矩，第二级行星架的内花键与行走箱的花键轴啮合输出转矩。

第一级行星齿轮传动有三个行星轮，均载性能好，加之太阳轮、行星架及内齿圈浮动，

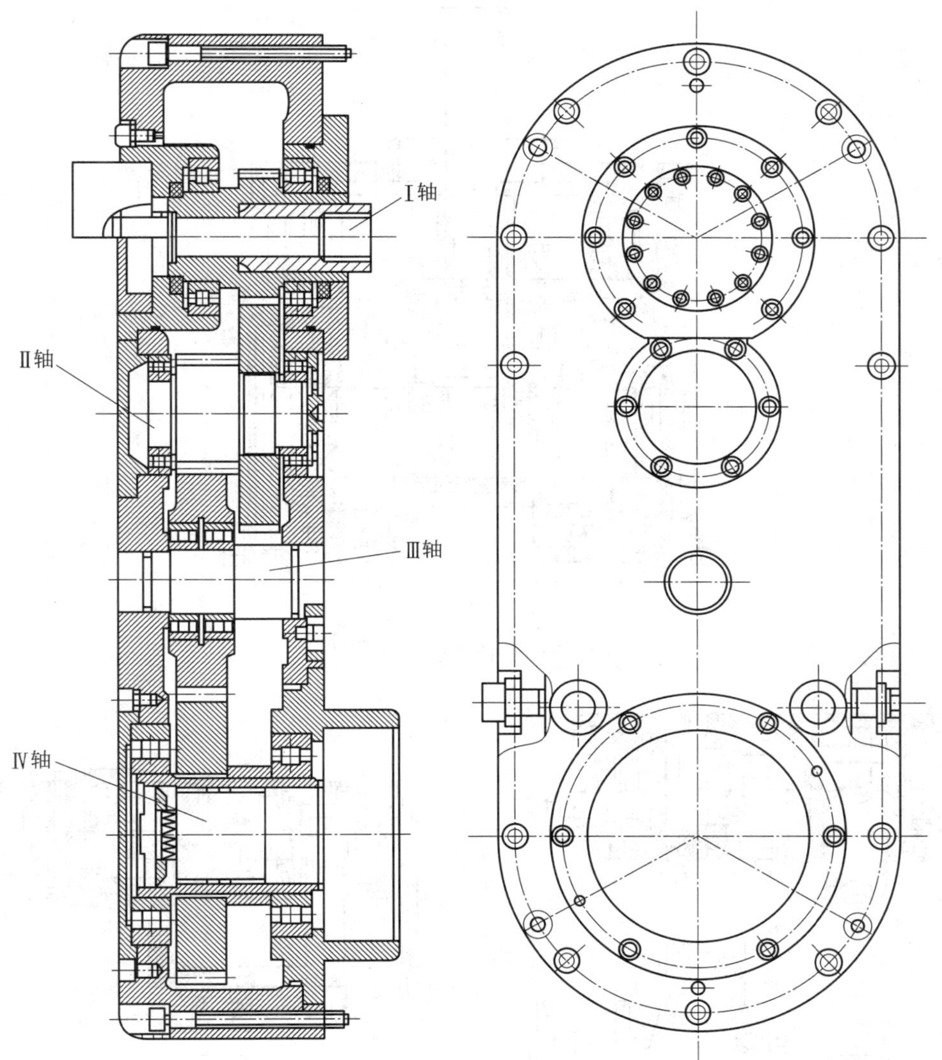

图 3—53　牵引减速箱

均载效果更好。第二级行星齿轮传动采用四个行星轮啮合的形式，结构紧凑，承载力大。考虑行星轮间均载，采用太阳轮浮动结构。

太阳轮与行星架之间有相对转速，因此在太阳轮与行星架接触面间装有聚四氟乙烯垫块，既限制太阳轮的轴向窜动，又减小两者之间的摩擦，间隙为 1~1.5 mm。

（4）行走箱

行走箱内设有一级开式直齿轮传动。WD 型和 QWD 型行走箱结构如图 3—55 所示，由箱壳、花键轴、驱动轮组件、行走轮组件、心轴、轴承、导向滑靴及密封件等组成。GWD 型行走箱如图 3—56 所示，与 WD 型行走箱相比增加了一个惰轮，部分部件相同，可以互换。根据不同的机面高度需要，可派生出多种类型的行走箱。

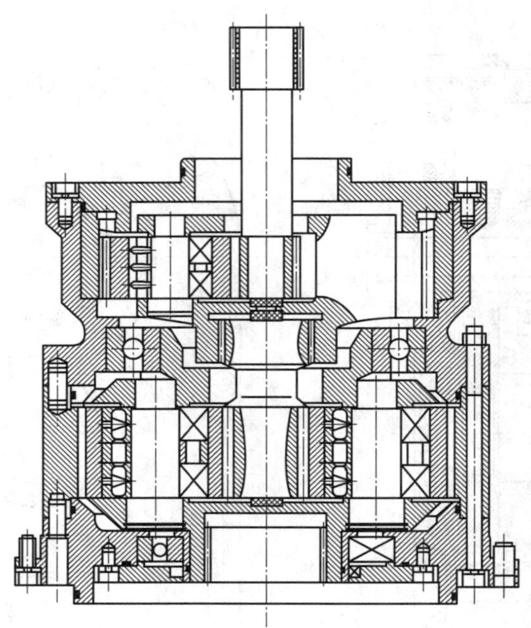

图 3—54 双级行星减速器

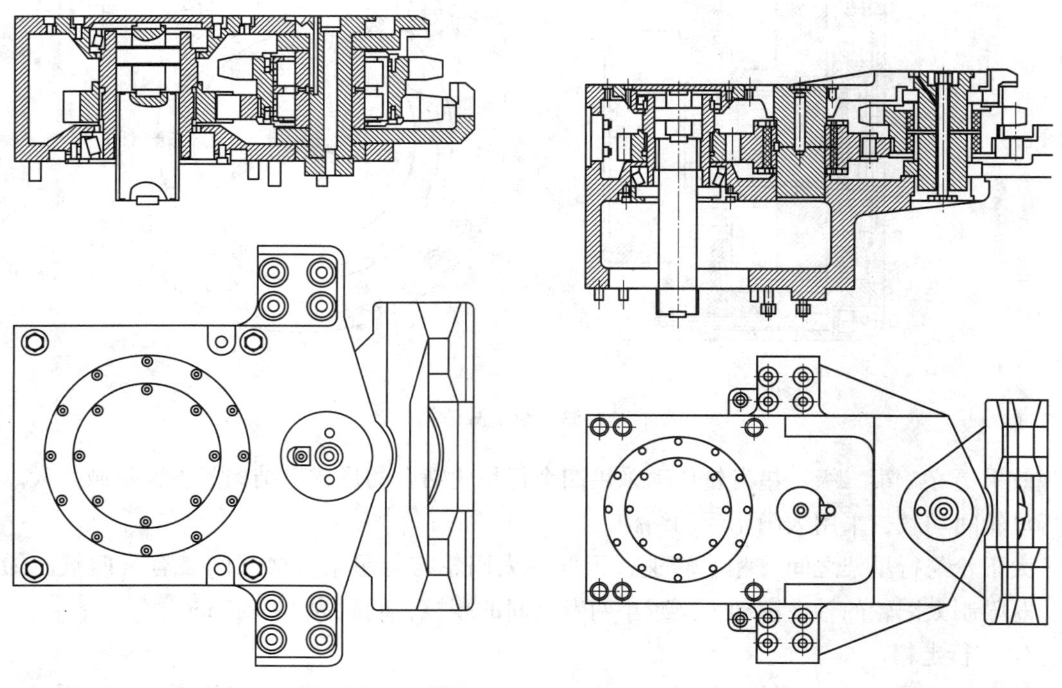

图 3—55 WD 型和 QWD 型行走箱

图 3—56 GWD 型行走箱

行走箱分别固定在左、右框架上。为避免螺栓承受剪力，靠大止口及支座方键的左或右侧受力，将牵引反力传递给框架。驱动轮组件通过轴承支撑在箱壳上，通过花键传递转矩。

从动轮与行走轮为分体式，两者通过渐开线花键传递转矩。行走轮内装有轴承，并通过轴套装在心轴上，从动轮组件相对轴套可轴向滑动。心轴支撑在箱壳上，且挂有导向滑靴。行走箱内的支撑轴承用油脂润滑，需定期加油。

（5）液压制动器

该系列采煤机采用液压制动器，其结构如图 3—57 所示，主要由外壳、花键套、外摩擦片、内摩擦片、圆盖、缸体、活塞及碟形弹簧组成。

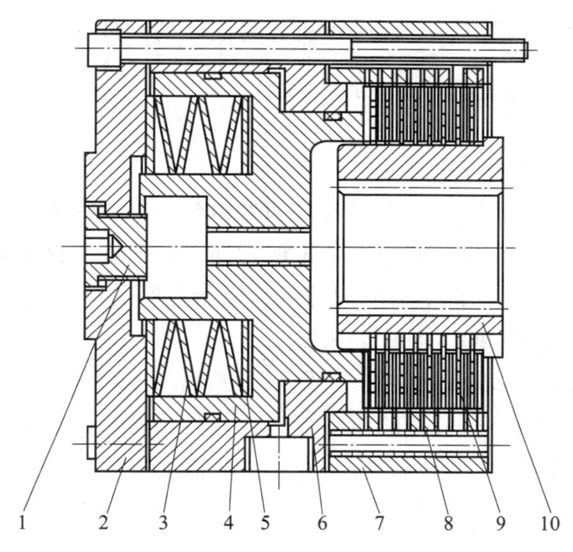

图 3—57　液压制动器的结构

1—螺塞　2—圆盖　3—弹簧　4—活塞　5—垫片　6—缸体
7—外壳　8—外摩擦片　9—内摩擦片　10—花键套

制动器参数如下：

制动转矩	300 N·m
开始抱闸油压	1.2 MPa
行程终点油压	1.8 MPa
行程	2 mm

技能训练四　液压元件拆装

一、训练目的

1. 拆卸液压元件，熟悉液压元件的结构和工作原理。
2. 提高拆装技能。

二、训练内容

1. 拆卸液压元件。

2. 装配液压元件。

三、训练所用设备、材料和工具

1. 各种液压元件。

2. 常用的开口扳手、梅花扳手、内六角扳手、套筒扳手、手钳、手锤。

四、训练过程

1. 训练前的准备

实习教师根据当地实际情况，选择采煤机容易损坏的阀件或组件，准备足够的易损液压元件。

2. 操作训练

（1）拆装液压元件及注意事项

阀件在工作一段时间后，由于油中混入杂质及液压元件的磨损，阀件中混入一些异物，如果不及时清洗，时间一长，会导致阀件产生误动作，使机器不能正常工作。

1）阀件上的橡胶制品应用化学清洁液清洗，以防发胀变形。

2）清洗阀件时，选用棉布或泡沫塑料擦拭。

3）清洗时可选用航空汽油或化学清洗液，航空汽油用于清洗质量要求高的元件，化学清洗液对油脂、水溶件污垢具有良好的清洗能力。这种清洗液配制简单，稳定耐用，无毒不易燃，使用安全，以水代油，节约能源。

在实际工作中，可事先准备一个油盆、几块干净的塑料布、46#汽轮机油、68#机械油、N100#抗磨液压油、几块绸布。

清洗时可参考以下步骤进行：

①将需清洗的阀件表面用绸布擦拭干净，取一块干净的塑料布平铺在木板上，将阀件拆开，把阀芯、阀体、弹簧等按顺序放在塑料布上。

②往油盆中倒入适量的68#机械油，然后将阀件放入，用绸布轻轻擦拭，把阀件上的污物清洗干净，并千万注意不可破坏阀件的光洁度。

③把阀件清洗干净后，先用46#汽轮机油冲洗一遍，再用N100#抗磨液压油冲洗。

④冲洗完毕，重新组装时，要按先后顺序，切不可先后倒置，更不可敲打，装配质量一定要高。

⑤必须在试验台上进行压力调整的阀件，在井下不可拆洗。

（2）装配或更换阀件注意事项

阀件是控制元件，一旦失灵，会产生这样或那样的故障，导致机器不能正常工作，影响生产，损坏后，应立即更换，千万不要强行使用，否则会将事故范围扩大，造成损失。

1）更换前，首先将阀件用绸布擦洗干净，对新阀件认真检查，若阀件表面有毛刺或碰伤的部位，应进行修整。修理时，可用油石、刮刀、砂布、细锉进行修光，但注意不要碰伤阀件。

2）在拆旧阀件时，预先要考虑拆卸程序，防止先后倒置、猛拆、猛敲，造成阀件损伤或变形。

3）在拆卸固定螺栓时，需用专用工具的，应事先准备好。采煤机工作腔内阀件固定螺栓是用内六角扳手拆卸的，在拆卸时，一定要将内六角扳手与螺栓槽孔啮合好后，试探着用力，千万不可用猛力，以防损坏扳手或螺栓槽孔。

4）拆掉的阀件要小心放置并包装好，以防损坏或进入异物。

5）装配前，要认真检查阀件和多通块的配合表面有无损伤，新阀件上的密封圈有无缺损。

6）安装时，应保护好阀件与多通块配合表面的光洁度，应防止异物进入阀件内部，尤其油孔、管口处。

7）紧固固定螺栓时，用力应均匀，不可过大，以防损坏螺孔或使螺栓脱扣。

8）在拆卸螺纹配合的阀件时，螺纹的旋向必须辨别清楚。

（3）指导教师根据学生掌握的情况进行点评与总结。

五、注意事项

1. 拆装液压元件时注意安全。

2. 注意拆装顺序。

3. 在拆装过程中，要保证做到清洁卫生，无杂物进入泵箱内。禁止使用棉纱，要用绸布或泡沫塑料。

4. 在安装过程中，要突出一个“细”字，不可丢掉或损坏任何一个密封件。

六、考核评价

液压元件拆装的考核评价见表 3—3。

表 3—3　　液压元件拆装考核评价

类型	项目	项目与技术要求	配分	评定方法	得分
过程评价（40%）	1	遵守劳动(学习)纪律	10	考勤	
	2	认真听讲记笔记	10	观察	
	3	回答问题积极	20	检查、观察	
质量评价（60%）	1	回答问题正确	30	提问、检查、观察	
	2	操作熟练、安全	30	检查、观察	

技能训练五　牵引部安装与调整

一、训练目的

1. 掌握液压传动箱的安装注意事项。

2. 掌握液压传动箱的主要安装顺序。

3. 掌握卡套接头的安装技术要求。

4. 掌握牵引部的试验与调整。

二、训练内容

1. 液压传动箱的安装

液压传动箱内的液压元件，如液压泵、液压马达、辅助泵和电磁阀等都是一些独立的元件，另外，采煤机还有多个液压元件组成的控制阀组，如由单向阀、低压溢流阀、高压溢流阀、液控三位五通换向阀（梭形阀）组合在共同阀体中构成阀组，即控制阀组。以上这些元件和组件通过多根油管连接起来，即可组成一个完整的液压系统。

（1）安装注意事项

1）牵引部组装之前，需做好各项准备工作，如各液压元件、机械零件和电气元件均应检验合格并保持清洁。

① 主液压泵（液压马达）等外购件在安装前必须要检查是否有合格证，必要时，必须进行性能试验（如耐压与外泄的测定），各项技术指标必须达到相关检验标准的要求。

② 隔爆电磁阀必须有产品防爆合格证。

③ 安装前对液压件进行必要的性能试验，各项技术指标必须达到要求。

④ 液压传动部箱体内，不得残留型砂、铁屑和其他杂物。注意用汽油和压缩空气冲洗、吹净，然后用塑料布罩住，以免脏物进入箱体内。

⑤ 齿轮轴组安装后，应转动灵活、轻快，各对齿轮的接触斑点和间隙应符合有关技术规定。

2）注意弄清楚各部件的位置和各相邻件的连接关系。

3）牵引部的安装工作应按安装步骤有序进行，否则要重新安装。这不仅费时费力，还容易造成事故，影响工作进程。

4）注意各连接处的松紧程度是否适当，安装后各箱盖和连接件处不允许有油向外渗漏。

5）安装后，不允许液压箱与齿轮箱间互相串油。

6）安装完毕后，液压箱内管路布置要尽量整齐，层次分明。

7）安装完毕后，应严格防止异物落入齿轮箱和液压箱内。

8）必须仔细核对检查，确实无误，方可注油。

9）将油注好后，为防止液压系统各个部分在缺油或有空气情况下运转，在初次启动前要用手压泵对有关部分进行充油排气。

在充油排气时，应先把主油管路的排气塞和控制油路的排气塞打开，然后前、后推拉手压泵充油，等到控制油路排气孔溢油后再把油堵拧紧，接着开动补油泵向各油路供油，等到主油管路排气孔溢油后再把油堵拧紧，对主回路排气时，还可在点动时松动管接头排气。对各部分进行排气操作时，可参照各型号采煤机使用说明书。

（2）安装步骤

由于不同采煤机牵引部液压系统、结构布置都不一样，因此采煤机牵引部安装步骤各不相同，应在仔细阅读采煤机的使用安装说明书及技术要求的前提下，遵循安装的原则。

主要安装原则是：先齿轮箱，后液压箱；先下层零部件，后上层零部件；从复杂到简单，先部件后零件，由里到外依次安装。

（3）卡套接头的安装

卡套接头如图 3—58 所示。卡套接头必须先进行预装，然后才能在液压传动箱中正式安装。为了保证卡套接头工作的可靠性，必须清楚卡套接头的预装程序。卡套接头的预装程序是：

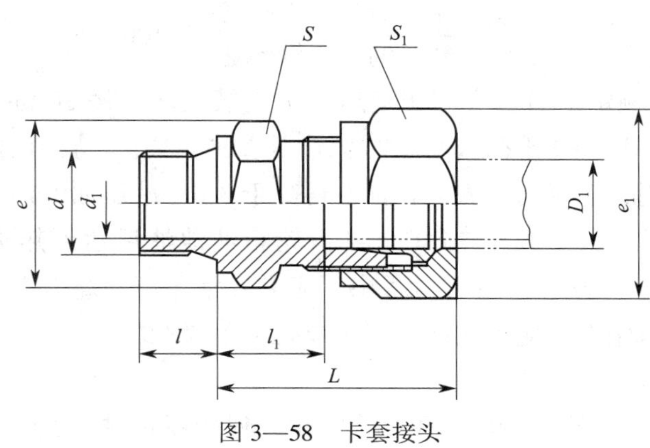

图 3—58　卡套接头

1）油管展开长度下料，锉平端面，去刺，并保证端面与中心线的垂直度。

2）在弯管机上将不锈钢管弯曲成所需要的形状。

3）对不锈钢管、接头体、螺母和卡套进行清洗处理。

4）将接头体夹在老虎钳台上，根据经验，为了避免钢管端面和接头相碰，可在接头体内垫入 1 mm 垫头。

5）在接头体、螺母的螺纹和卡套的刃口上涂少量的润滑油。将卡套和螺母套在不锈钢管上，然后插入接头体内，放正管子，使端部与垫卡相接触，旋动螺母并不停转动管子，直到管子不能转动为止。

6）在上述情况下，将螺母再旋入 3/4~5/4 圈，使卡套的刃口切入管子外径，形成刃口密封。

7）旋出螺母，检查卡套刃口是否切入管子，切入圆周是否均匀，卡套是否有裂纹崩口等现象。卡套在管子上应能转动，但不允许轴向窜动。

8）进行静压密封试验，以 2. 5 倍工作压力保压 5 min，不允许有泄漏现象。

9）装入液压传动部之前，应严格清洗干净。

2. 牵引部的试验与调整

（1）牵引部的试验

采煤机牵引部安装检修后应作如下试验：

1）试验准备。按要求注油排气，接通电源，注入冷却水，水温不低于 10 ℃。

2）空运转试验。以最大牵引速度正反向空运转各 30 min，要求操作灵活、运转平稳、无异常响声或强烈振动，各部分温升正常，所有油管接头和各接合面密封处无渗漏现象。测定的空载最大牵引速度（输出轴转速）应符合设计要求。

3）性能调试。液压油的油温为（50±5）℃时，根据设计要求调定系统的压力特性（背压、压力调速、压力保护、低压失压保护等）和流量特性（升速时间、降速时间）。

4）容积效率试验。在额定牵引速度下，油温为（50±5）℃时，加载至额定压力，记录空载和额定压力下的输出轴转速，正反向各测一次，并计算容积效率 η_v，其值应不低于 80%。

$$\eta_v=\frac{\text{额定压力时的输出轴转速}}{\text{空载时的输出轴转速}}\times 100\%$$

5）温升试验。在额定牵引速度和额定压力下连续运转，每 30 min 记录一次各油池油温，直到各油池温度都达到热平衡（每小时温升不超过 1 ℃）。待油温降低后反向重复以上试验。进行上述试验时，正反向加载运转都不得少于 3 h。液压油池油温达到热平衡时，温升不大于 50 ℃，最高油温不大于 75 ℃。各齿轮箱油池油温达到热平衡时，温升不大于 75 ℃，最高油温不大于 100 ℃。运转过程中，应无异常噪声和撞击声，无渗漏现象。试验结束后，检查齿面接触情况，应无点蚀、剥落或胶合等现象。

（2）主要液压元件调整

1）主液压泵零位的调整。当牵引手把在零位或遥控停止时，主液压泵斜盘必须确保在零位，否则必须要调整。

在调主液压泵零位之前，先要在停供冷却水的情况下，以较高的牵引速度开动牵引部，使油温上升到 40 ℃，然后进行调整。使回零油缸处于锁死位置，开动电动机后把伺服阀阀芯上的锁紧螺母松开，调节阀芯，等到主驱动轮停止不动时，再把锁紧螺母重新锁紧。而后，反复试验正、反方向牵引，如主驱动轮不再转动，则表示主液压泵已调到零位，不然仍需重新调整。随后应进行过载试验，当高压保护装置动作后，主压力油路的压力随之下降，如果主驱动轮此时不再转动，也表示主液压泵已调到零位，不然也仍需重新调整。

在主液压泵已调整到零位以后，若调速手把不在零位，应对手把的位置进行重新调整。

2）背压阀和低压安全阀的调整。调整背压阀时，应以较低的牵引速度开动牵引部，低压压力表读数为背压阀调定压力或略高一些，如 6MG200-W 型采煤机低压压力表读数为 2.0 ~2.1 MPa 时，则表示背压阀已调好，否则，就要重新调整。调整时，应先松背压阀上的锁紧螺母，通过转动调节螺钉使低压压力表的读数在背压阀调定压力±0.1 MPa 范围内，此时的温度为 40 ℃。

调整低压安全阀时，应把开关阀手把扳到“停”的位置（MXA-300 型采煤机），如低压压力表读数在 2.5 MPa 左右，则表示低压安全阀已调好，若不是这样，应重新调整，直到低压压力表读数达到 2.5 MPa 左右为止。

3）高压安全阀的调整。调整高压安全阀时，应在牵引速度较低的情况下，对主驱动轮加载制动。当负载逐渐增大，高压压力表的读数也随着增大。当读数达到说明书规定的最大值时（6MG200-W 型采煤机为 6 MPa），高压安全阀应立即动作，采煤机停止牵引，若不是这样，就应重新调整阀内弹簧的预压力，使高压压力表读数达到规定最大值时阀芯立即动作。然后，还应让主驱动链轮正、反转，使高压安全阀动作 5 次以上才算调整好。

安全阀不准在井下调整，必须在地面试验台上调整，严格按设计要求动作值进行调整，安全阀开启应准确、迅速、灵敏。

三、训练所用设备、材料和工具

1. 采煤机牵引部。

2. 各种液压元件和部件。

3. 常用的开口扳手、梅花扳手、内六角扳手、套筒扳手、手钳、手锤、胀簧钳、铜棒。

四、训练过程

1. 训练前的准备

实习教师介绍实习采煤机牵引部的主要组成、内部结构布置情况及拆装顺序。

2. 操作训练

（1）牵引部主要液压元件拆装（更换）

1）更换主液压泵时的注意事项

①搬运。搬运主液压泵时，最好用木箱、铁箱装运，在箱内部应用软包装，以防碰撞。

②检查。安装前先检查泵体上油堵（该封闭的）是否齐全牢固。检查带伺服机构的，应用手拉一下伺服阀芯是否灵活可靠，如果不灵活，应检查伺服端盖是否受力不匀，否则重新紧固螺栓，或者检查伺服阀芯是否有弯曲现象，如弯曲，则应更换。检查主液压泵与其他部分的连接部位，如接合面是否严密，如果不严密可用细锉或砂纸磨平，或者更换。检查主液压泵轴是否有损伤或变形，如果有，应提前处理。

③ 安装

a. 打开泵箱盖前，采煤机四周应洒水降尘，在进风侧停止污染性作业。泵箱上方应使用专用篷布遮挡好，防止上方落入煤块及杂物。

b. 打开泵箱盖后，应立即将齿轮箱盖好（防止掉入硬物）。在拆装过程中，要保证做到清洁卫生，无杂物进入箱内。禁止使用棉纱，要用绸布或泡沫塑料（主液压泵内伺服阀芯与伺服活塞、柱塞与缸体等，它们之间的配合属于间隙配合，一旦杂物落入箱内，吸入泵中，就会破坏它们相互配合的间隙，增大了泄漏量，从而出现牵引力不足或损坏主液压泵等）。

c. 在安装过程中，要突出一个“细”字，不可丢掉或损坏任何一个密封，先紧固哪条螺栓，先安装哪条管路，一定要做到心中有数，防止误装、误拆，延长装配时间。

d. 安装完毕后，一定要仔细检查，做到万无一失，不能留下任何隐患，不得将任何物品遗留在箱内。

e. 油池注入新油前，应先用透平油冲洗，再用少量新油冲洗，最后加入一定数量的新油（油液要清洁合格，不乱用或替用）。

f. 注油后，多次启动液压系统，查看有无漏油的管路和接头，同时要松动主管路进行排气，使补油压力达到规定数值。

2）更换补油泵的注意事项

①采煤机停电闭锁，并闭锁前部输送机。

②泵箱上方用蓬布遮挡，防止上方落入煤块及杂物。

③打开泵箱盖后，应立即将齿轮箱盖好。

④安装前，要认真检查以下几个方面：

a. 与其他部分连接的对接面是否光滑平整，有无凸出之处，若有，应提前处理。

b. 补油泵吸、排油管的接头螺栓、螺孔是否合适，孔内有无铁屑，必要时进行清洗。

c. 检查补油泵联轴器磨损情况，必要时更换。

⑤安装时，吸油管一定要安装紧固，防止吸油不足，影响补油压力。

⑥检查各接合面、管件连接的密封情况。

⑦合上泵箱盖时，若发现箱盖合不严，不可硬压，应仔细检查泵箱里面有无过高之处。

3）更换液压马达的注意事项

①更换液压马达时，一定要将采煤机停电闭锁，并闭锁前部输送机。

②拆掉油管后，一定要将油管封闭好，以防进入污物，并将两条油管做好标记。

③注意检查新马达输出轴有无损伤、马达与底盘的对接面是否光滑平整，若有不平之处，应提前用锉或砂纸处理好。另外，将马达上的小油堵紧固好。

④在安装时，马达与底盘对接面的O形密封圈要安装好，以防挤坏漏油。

⑤安装完毕后，先不要安装内泄漏油管。启动电动机，多次牵引采煤机，观察马达内泄漏量大小。

4）更换行走部的注意事项

①采煤机停机后要停电闭锁，并闭锁前部输送机。

②首先要观察工作点四周及顶板状况（尽量选择顶板完整的地方停机），在距离采煤机左右各10个架子范围内不得超前拉液压支架。

③在拆卸、紧固螺栓时一定要通知附近人员不得随意操作支架，保证工作人员的安全。

④提前预备好一个单体支柱或千斤顶（要求活柱未伸出时，长度比底托架略低，并要求性能良好）。

⑤在吊装期间，千斤顶吨位一定要满足要求，不要用不自锁或有问题的千斤顶。

⑥从底托架下往外拉出行走部时，一定要支好单体支柱，高度、角度适宜，拉溜子时，要防拉断推拉头，多点操作，同时进行。

⑦新行走部到位后，要注意检查齿轮箱的清洁程度，以防掉入硬东西，损坏齿轮，同时加油至规定油位。

⑧细心观察固定螺栓的孔（包括固定底盘的丝孔）及稳销孔，以防在运输过程中碰撞，导致安装时出现困难。

⑨在安装行走部时，专人指挥，协调工作。

⑩安装完毕后，试机观察有无异常。

（2）牵引部的注油。

（3）牵引部的排气。

（4）牵引部试验准备。

（5）牵引部试验。

（6）牵引部调整。

（7）指导教师根据学生掌握的情况进行点评、指导与总结。

五、注意事项

1. 拆装液压元件时注意安全。

2. 注意拆装顺序。

3. 在拆装过程中，要保证做到清洁卫生，无杂物进入泵箱内。禁止使用棉纱，要用绸布或泡沫塑料。

4. 在安装过程中，要突出一个“细”字，不可丢掉或损坏任何一个密封件。

六、考核评价

牵引部安装与调整考核评价见表3—4。

表3—4　牵引部安装与调整考核评价

类型	项目	项目与技术要求	配分	评定方法	得分
过程评价（40%）	1	遵守劳动（学习）纪律	10	考勤	
	2	认真听讲记笔记	10	观察	
	3	回答问题积极	20	检查、观察	
质量评价（60%）	1	回答问题正确	30	提问、检查、观察	
	2	操作熟练、安全	30	检查、观察	

技能训练六　电牵引采煤机液压制动器安装及故障处理

一、训练目的

1. 掌握液压制动器的安装。

2. 掌握液压制动器故障分析与处理。

3. 提高动手技能和解决问题的能力。

二、训练内容

1. 液压制动器的安装。

2. 液压制动器故障分析与处理。

三、训练所用设备、材料和工具

1. 采煤机牵引部。

2. 液压制动器。

3. 常用的开口扳手、梅花扳手、内六角扳手、套筒扳手、手钳、手锤、胀簧钳等。

四、训练过程

1. 训练前的准备

实习教师预设故障点，并介绍液压制动器拆装要求及注意事项。

2. 操作训练

（1）液压制动器的安装

如图 3—57 所示，在将制动器装入牵引减速箱时，应先将圆盖上的螺塞拆去，用 M16 的螺栓把活塞吊起，再把 6 只 M8×70 的制动器紧固螺钉拆去，使外壳、花键套、内外摩擦片等脱离母体，然后按顺序安装在牵引减速箱上。安装步骤如下：先将外壳安装在牵引减速箱机壳 ϕ155mm 的孔内，再将花键套套在轴齿轮花键上，然后装入内外摩擦片，Ⅰ轴轴端装上挡圈，再把缸体、活塞、弹簧、圆盖整体装入外壳。用 6 只 M8×70 的螺钉把缸体与制动器外壳固定，用 12 只 M8×125 的螺钉固定在机壳上。卸去 M16 螺栓，装上螺塞。安装时注意不能遗漏密封纸垫。

（2）液压制动器故障分析与检查处理

1）液压制动器过热

①进入制动器的油压过低，使内、外摩擦片间不能脱离接触，产生剧烈摩擦，应检查低压油路系统及制动器的密封。

②内外摩擦片质量不符合要求（有变形），造成摩擦，检查后应更换不合格的摩擦片。

③活塞动作有蹩卡，未达到应有的行程，致使内外摩擦片发热，应清洗内部零件，同时观察摩擦片表面是否有缺陷等。

2）液压制动器制动力矩不足

①内外摩擦片过分磨损，即可检查活塞的行程，检查方式是用 M16 的螺栓将活塞吊起和放松，测得螺栓伸缩值即为制动器的行程，如发现尺寸已增大至 3 mm 以上，必须成组更换摩擦片。

②碟形弹簧失效，检查四片碟形弹簧叠加后的自由高度（不包括垫片，其名义值为 21. 6 mm）及表面是否有裂纹。

③内外摩擦片上喷焊的摩擦材料剥落，或由于摩擦发热使材料变坏，应及时更换摩擦片。

（3）指导教师根据学生掌握的情况进行点评、指导与总结。

五、注意事项

1. 拆装液压元件时注意安全。

2. 在拆装过程中，要保证做到清洁卫生，无杂物进入牵引部内。禁止使用棉纱，要用绸布或泡沫塑料。

3. 在安装过程中，要突出一个“细”字，不可丢掉或损坏任何一个密封件。

六、考核评价

电牵引采煤机液压制动器安装及故障处理考核评价见表 3—5。

表 3—5　　电牵引采煤机液压制动器安装及故障处理考核评价

类型	项目	项目与技术要求	配分	评定方法	得分
过程评价（40%）	1	遵守劳动（学习）纪律	10	考勤	
	2	认真听讲记笔记	10	观察	
	3	回答问题积极	20	检查、观察	
质量评价（60%）	1	回答问题正确	30	提问、检查、观察	
	2	操作熟练、安全	30	检查、观察	

思考练习题

1. 简述采煤机牵引部的组成及功能。
2. 采煤机对牵引部有哪些要求？
3. 无链牵引有哪些优缺点？
4. 常用无链牵引机构有哪几种？
5. 牵引传动装置有哪几种形式？电牵引有什么特点？
6. 采煤机牵引部液压系统有哪些液压基本回路？
7. 简述补油和热交换油路的工作原理。
8. 简述主液压泵斜盘（或缸体）的摆角与采煤机牵引速度的关系。
9. 液压牵引采煤机手动调速和换向有哪些操作方式？
10. 液压牵引采煤机有哪些保护回路？动作原理如何？
11. 采煤机自动调速主要有哪些方式？
12. 简述 6MG200-W 型采煤机牵引部机械传动的过程。
13. 简述 MG400（450）/920（1020）系列采煤机牵引部机械传动的过程。
14. 采煤机牵引部安装应注意哪些事项？
15. 确定采煤机牵引部安装步骤的原则是什么？
16. 采煤机牵引部检修后需进行哪些试验？如何调整？
17. 简述电牵引采煤机的调速原理和特性。

第四章

采煤机电气系统

学习目标

掌握采煤机电气系统的组成、作用，了解采煤机电气系统的工作原理，了解采煤机电控箱的内部结构，掌握电气控制手把、按钮的位置及作用，掌握采煤机电气系统的使用、维护，以及简单常见故障的分析与处理。

采煤机电气系统是采煤机的控制核心，是采煤机执行各工作的动力源，具有对采煤机进行动作控制及电气保护的功能。因此，搞清楚采煤机电气系统的组成、分布和电控箱内部结构，有利于查找故障；熟悉电气系统各控制手把、按钮的位置及作用，以便于控制与操作；掌握采煤机电气系统的检查、维护及故障处理，有利于保证采煤机使用的安全性和可靠性。

第一节　液压牵引采煤机电气系统

一、电气设备

以 6MG200-W 型采煤机为例，其电气设备包括电动机电控箱、电磁阀、控制中心、连接电缆。电气设备在采煤机上的分布如图 4—1 所示，电动机电控箱位于电动机侧面的防爆腔内，电磁阀位于液压传动箱。

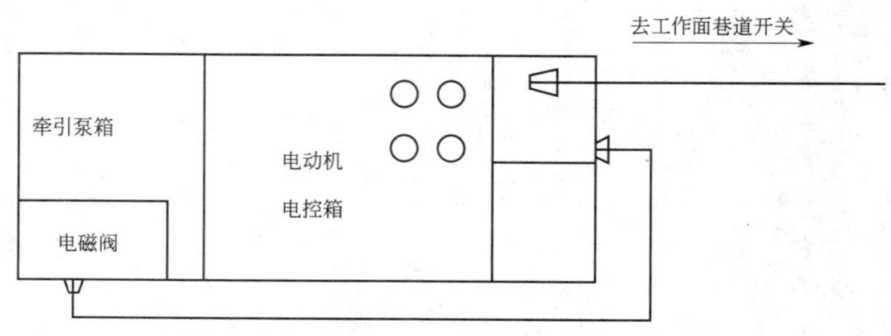

图 4—1　6MG200-W 型采煤机电气设备布置

1. 电气设备的主要功能

6MG200-W 型采煤机电气设备能完成的控制及具有的保护功能有主启（启动采煤机）、主停（停止采煤机）、运闭（停止工作面输送机）、先导、电动机过载保护和电动机热保护。

2. 电动机电控箱

电动机电控箱是电动机的主要部件，由接线腔和控制腔两部分组成。接线腔正面上方是采煤机供电电缆进线喇叭口，正面下方是接线腔盖板，打开盖板供接线。接线腔右侧有三个控制电缆进线喇叭口，在接线腔与控制腔之间的隔板上，上方是三个 1 140 V 高压主接线柱，下方是六个七芯穿墙接线柱，分两排排列，供控制线接线用。控制腔是电气设备的主要安装地，控制腔的盖板上有一个隔离开关的扳手和四个按钮式控制开关。四个控制按钮中，两个不带闭锁的分别是“主启”和“先导”，两个带闭锁的是“主停”和“运闭”。通过盖板上的观察窗，可以看到一个由发光二极管组成的功能显示器。电动机电控箱面板如图 4—2 所示。

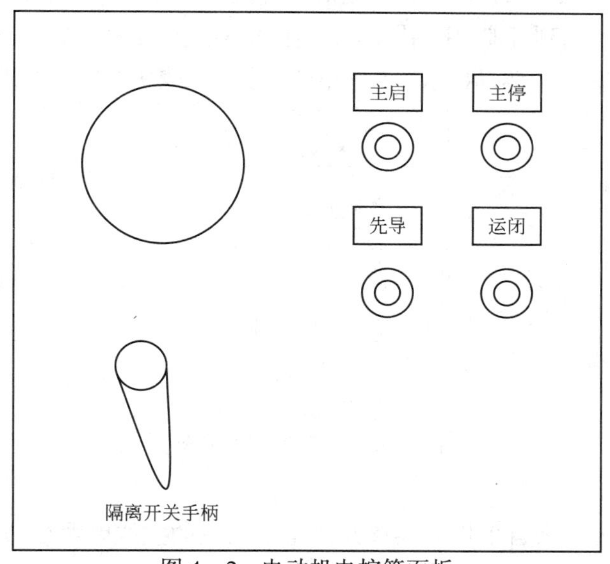

图 4—2　电动机电控箱面板

打开控制腔的盖板，可以看到腔内的电气设备，腔内的左上方是控制中心，右上方前面是一块装有四个行程开关和一个显示器的面板，五个行程开关和四个按钮组成四个按钮开关。右上方面板后面是一个隔离开关，隔离开关右面是一个电流互感器。控制腔下部的一块安装板上安有一个电源变压器、两个高压熔断器、一个空气断路器和接线端子。

二、电气系统原理

6MG200-W 型采煤机电气系统由控制中心、电源变压器、显示器、电磁阀、控制开关等组成，所有的电控部分全部安装在电控箱内。

1. 控制中心工作原理

采煤机电气系统的控制中心由可编程控制器、信号转换板及 24 V 直流开关电源组成，与电流互感器和温度传感器配合实现控制功能。

合上隔离开关，按下先导按钮，若先导指示二极管正常发光，则表示控制回路正常。按住主启按钮，电源变压器将 1 140 V 动力电源变成 220 V 以后，作为控制中心的工作电源。

在控制中心内部的交流220 V电源通过24 V开关电源转换为直流24 V。直流24 V电源进行二次分配：一路送到可编程控制器，作为可编程控制器的电源；一路送到中间继电器，通过中间继电器实现对功控电磁阀和制动电磁阀的控制；一路作为温度传感器的采样电源。

为了保护可编程控制器，可编程控制器内部默认的出厂设置为接通电源5 s后才开始工作。采煤机启动时只有观察到显示器开始显示，启动按钮才可以松开，此时采煤机自保，回路得电自保，采煤机进入正常工作状态。控制中心得电以后，可编程控制器首先要对各输出通道进行自检，自检时可以看到显示器发光二极管循环闪烁。自检结束后，若系统正常，可以看到欠载和PLC两个二极管发光，其余显示灯熄灭。PLC发光二极管是用来监视可编程控制器的，当此二极管发光时，可编程控制器工作是正常的。

采煤机在工作过程中，控制中心对采煤机电动机的工况进行实时监测。来自电流互感器的电流信号送到控制中心信号转换板以后，将电流信号转化为0~10 V电压信号，和来自温度传感器的0~10 V的电压信号，送到可编程控制器与给定的信号进行比较，最后把比较的结果输出，发出报警指示及故障停车命令，驱动显示器和继电器来实现采煤机的保护。其原理如图4—3所示。

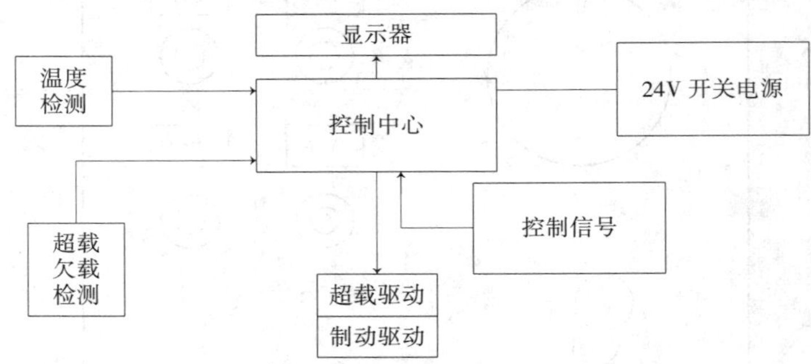

图4—3　电气原理方框图

2. 采煤机的控制

（1）合上隔离开关，来自工作面巷道开关至电动机的主线电缆接通，按下先导按钮，观察显示器的先导显示发光二极管是否发光，若二极管发光，说明控制回路正常。

（2）控制回路检查完毕，启动输送机后，如采煤机周围无障碍物，一切正常，打开冷却水的阀门，按下主启按钮，延时5 s，控制中心得电后，发出信号使控制回路自保继电器KD1工作，放开按钮，采煤机进入正常工作状态。

（3）任何情况下，停止采煤机可按下主停按钮，主停按钮由行程开关的常闭和常开两组触点组成，这两组触点分别控制着控制回路和自保回路。此按钮被按下以后，可使两条回路同时断开，电磁起动器跳闸，采煤机失电停机。

（4）按下运闭按钮，运输机控制回路断开，电磁起动器停止供电，输送机即停机。

（5）在采煤机长时间停机，或采煤机检修时，需要把隔离开关切断，并把闭锁按钮按到闭锁位置，可避免意外事故发生。

3. 采煤机控制系统的保护

采煤机设有恒功率保护和电动机过热保护，保护电路设在控制装置部分。

（1）恒功率保护

电动机的功率信号取自电流互感器，通过控制中心转换以后，功能显示器显示其工况。当控制中心检测到电动机的功率小于额定功率的90%时，功能显示器显示欠载信号；当控制中心检测到电动机的功率超过额定功率的90%时，功能显示器显示过载提前报警信号；当控制中心检测到电动机的功率达到额定功率的100%时，发出主停信号。当控制中心检测到电动机功率超过额定功率的120%时，功控继电器KD3吸合，功控阀打开，采煤机即减速牵引，使功率下降。

（2）电动机过热保护

采煤机电气系统的控制中心设有一档155 ℃热保护。传感器元件热敏电阻埋于电动机定子绕组，当电动机温度达155 ℃时，热敏电阻两端电压达到设定值时，检测中心检测到该值，发出主停信号，达到保护电动机的目的。

第二节　电牵引采煤机电气系统

以MG400/920-QWD型电牵引采煤机为例介绍电牵引采煤机电气系统。

一、概述

1. 电气系统特点

MG400/920-QWD型电牵引采煤机是为适应煤矿倾斜煤层工作面的需要而开发研制的双滚筒采煤机。该机电气系统主要特点有：

（1）采用通用变频器加能量再生单元的四象限运行交流变频调速系统，适应电动和发电两种工作状态，牵引能力强。

（2）采用两个变频器分别拖动两个牵引电动机（即“一拖一”）的工作方式。

（3）具有变频器时序控制机械制动器电路，系统启动转矩大，停止平稳。

（4）以高可靠性的可编程序控制器（PLC）为核心，系统可靠性高。

（5）系统综合了先进的信号传输技术，采煤机控制操作方便灵活。

（6）安装有较多的传感器，可对系统状况进行较全面的监测。

（7）采用大屏幕液晶显示器，提供全中文显示界面，系统参数显示全面准确。

（8）具有参数记忆功能，有助于分析查找系统故障原因。

（9）电控系统具备一定的故障自诊断能力。

2. 电气系统的主要功能

MG400/920-QWD型电牵引采煤机电气系统对采煤机进行下列操作、控制、保护及显示：

（1）通过电磁起动器远控方式，在采煤机上完成采煤机的启动、停止（兼闭锁）。

（2）通过电磁起动器远控方式，在采煤机上完成工作面输送机的停止（兼闭锁）。

（3）采煤机左、右截割电动机的温度监测和135℃、155℃热保护。

（4）采煤机左、右截割电动机的功率监测和恒功率自动控制、过载保护。

（5）左、右截割电动机分时启动。

（6）牵引电动机的功率监测和过载保护。

(7) 采煤机牵引速度零位抱闸保护。

(8) 通过电控箱、遥控器、端头控制站，完成采煤机的牵引操作。

(9) 通过端头控制站、遥控器实现左、右摇臂的升降。

(10) 电控箱先进的全中文显示界面，提供操作步骤的提示，实时显示截割电动机的功率和温度、采煤机的牵引给定速度等工作参数。

(11) 变频调速箱具有变频器输入电压、输出频率、输出电流和各种故障等显示。

3. 主要技术参数

(1) 采煤机主要技术参数

额定工作电压：　AC 3 300 V

额定频率：　50 Hz

总装机功率：　920 kW（或 1 020 kW、1 220 kW）。

(2) 电控箱主要技术参数

额定工作电压：AC 3 300 V

额定频率：　50 Hz

额定电流：　260 A

控制电源：　本安 12 V，非本安 12 V、24 V

本安电源参数：最高开路电压 12.5 V，最大短路电流 1.3 A。

(3) 调速箱主要技术参数

额定工作电压：　AC 3 300 V

额定电流：　20 A

额定输出功率：　2×50 kW（或 2×55 kW）

额定输出电流：　2×95.6A（或 2×107 A）

输出电压：　≤380 V

输出频率：　3~83.4 Hz

控制方式：　*V/F* 控制或矢量控制（3~50 Hz，*V/F* 恒定；50~83.4 Hz，*V*=Max）

过载能力：　150% 1 min

变换效率：　≥95%

保护功能：　过载、过流、过热、过频、过压、欠压、对地短路、漏电闭锁及漏电保护等。

二、采煤机电气系统

1. 电气系统的组成及分布

采煤机电气系统由电气控制系统、变频调速系统和一些辅助系统组成。电气控制系统和变频调速系统对应的控制部件分别为电控箱和调速箱，型号分别为 KXJZ-260/3300C 和 KXJT-20/3300C，它们均为隔爆兼本质安全型。辅助系统主要包括分线盒、端头控制站、遥控器、瓦斯检测仪等部件及电缆系统。整台采煤机的机械动力由两台截割电动机、两台牵引电动机及一台调高电动机提供。

采煤机电气系统分布如图 4—4 所示。

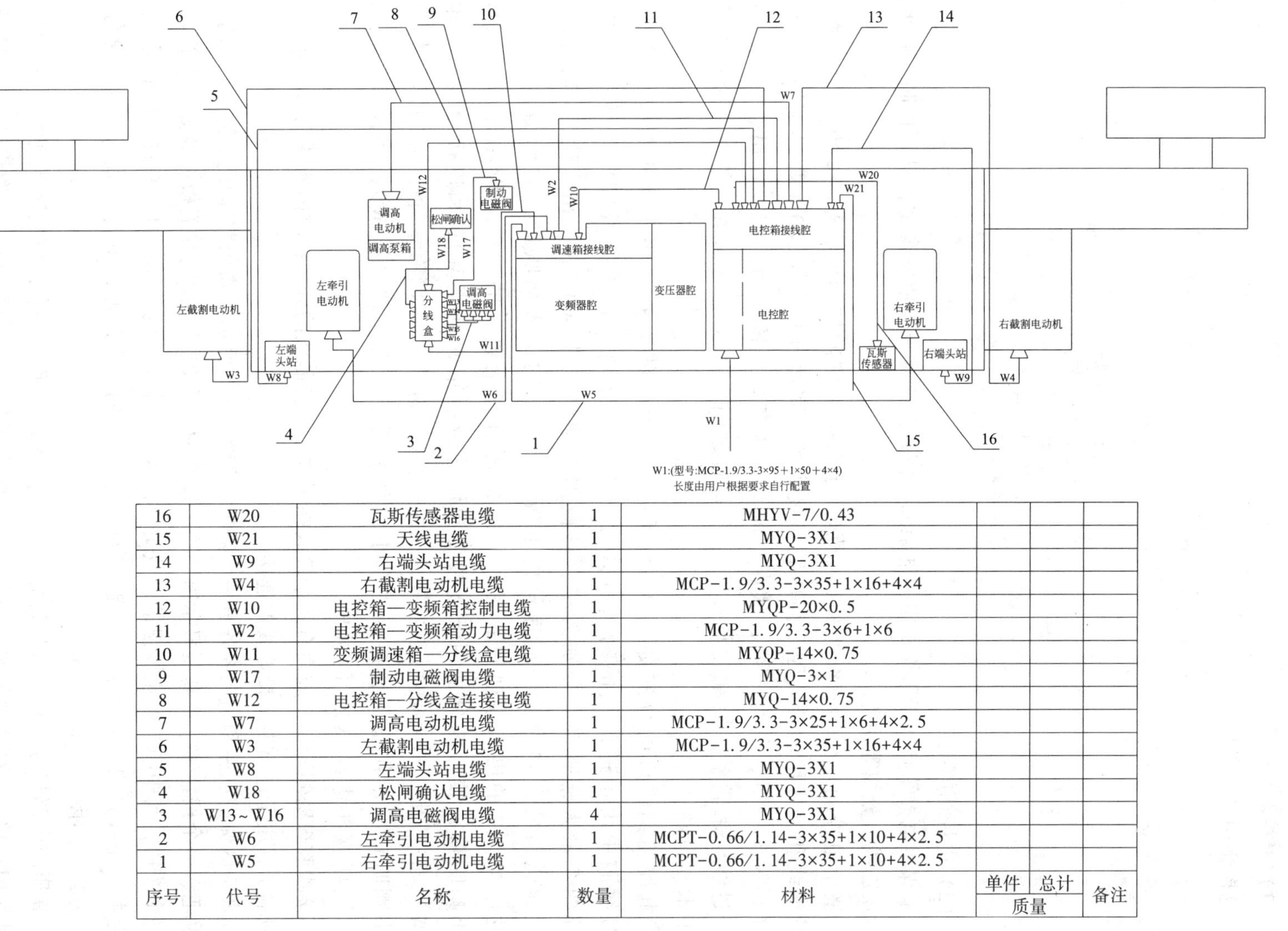

序号	代号	名称	数量	材料	质量 单件	质量 总计	备注
16	W20	瓦斯传感器电缆	1	MHYV-7/0.43			
15	W21	天线电缆	1	MYQ-3X1			
14	W9	右端头站电缆	1	MYQ-3X1			
13	W4	右截割电动机电缆	1	MCP-1.9/3.3-3×35+1×16+4×4			
12	W10	电控箱—变频箱控制电缆	1	MYQP-20×0.5			
11	W2	电控箱—变频箱动力电缆	1	MCP-1.9/3.3-3×6+1×6			
10	W11	变频调速箱—分线盒电缆	1	MYQP-14×0.75			
9	W17	制动电磁阀电缆	1	MYQ-3×1			
8	W12	电控箱—分线盒连接电缆	1	MYQ-14×0.75			
7	W7	调高电动机电缆	1	MCP-1.9/3.3-3×25+1×6+4×2.5			
6	W3	左截割电动机电缆	1	MCP-1.9/3.3-3×35+1×16+4×4			
5	W8	左端头站电缆	1	MYQ-3X1			
4	W18	松闸确认电缆	1	MYQ-3X1			
3	W13~W16	调高电磁阀电缆	4	MYQ-3X1			
2	W6	左牵引电动机电缆	1	MCPT-0.66/1.14-3×35+1×10+4×2.5			
1	W5	右牵引电动机电缆	1	MCPT-0.66/1.14-3×35+1×10+4×2.5			

图4—4 采煤机电气系统分布

2. 电控箱

（1）电控箱型号含义

电控箱型号含义如下：

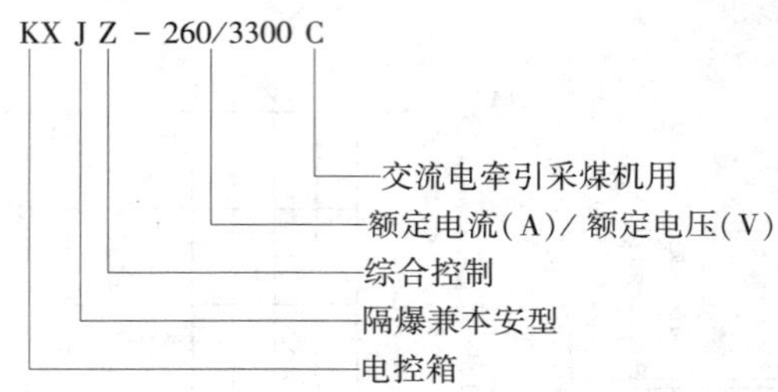

（2）电控箱的结构

采煤机电控箱布置于采煤机中间框架的右侧，为隔爆兼本质安全型，具有控制、操作、显示及连线、分线等功能。

整个电控箱内分为三个腔体，分别位于采空区侧的控制腔、采空区侧的高压腔，以及连线和分线用的接线腔。高压腔与接线腔之间通过 9 个 3 300 V 单芯穿墙接线端子（每 3 个一组，分为 3 组，从煤壁侧看，从右到左依次为进线、左出、右出）及一个过线组来联系。控制腔与接线腔之间通过四个过线组来联系，其中一个过线组用于本安电路。

电控箱喇叭口的分布如图 4—5 所示。一个进线喇叭口用于主电缆 W1 进线。在接线腔中用于进出线的喇叭口共有十二个，分别布置于接线腔的两侧，其中：下部两个最大喇叭口，分别为左、右截割电动机电缆 W3、W4 出入喇叭口；两个较大喇叭口的左侧为变频调速箱的电源电缆 W2 的出入喇叭口，右侧为调高电动机的电缆 W7 的出入喇叭口；另外，左侧还有三个较大的和一个较小的压紧螺母式小喇叭口，较大的分别用于连接变频调速控制箱的电缆 W10 和连接分线盒的电缆 W12 的进出，较小的用于左端头站电缆 W8 进出；右侧有一个较大的压紧螺母式小喇叭口，留作备用，还有三个小的分别用于右端头站电缆 W9、遥控接收机天线、瓦斯探头电缆 W20 的进出。

接线腔煤壁侧开盖，腔内有两个接线端子排用于控制线的分线；腔内两端底部各有一个接地端子，用于进出电缆接地线的连接。

采空区侧控制腔和高压腔各有一个盖板，如图 4—6 所示。高压腔盖板上有一个隔离开关手把、一个按钮和一个高压显示窗，这个按钮为备用按钮。控制腔盖板上有显示器窗口，十三个按钮，其中四个停止按钮带机械闭锁，这十三个按钮的功能，自左而右、自上而下分别为主（左截）启、右截启、牵启、牵停、向左、向右、加速、主（左截）停、右截停、运行方式、运闭、显示、减速。

高压腔内部装有一套隔离开关组件、一套互感器组件、一套真空接触器组件、一个漏电闭锁保护盒和一个高压电源显示器等。电气腔内部装有控制盒组件、电源组件、PLC 组件等，如图 4—7 所示。

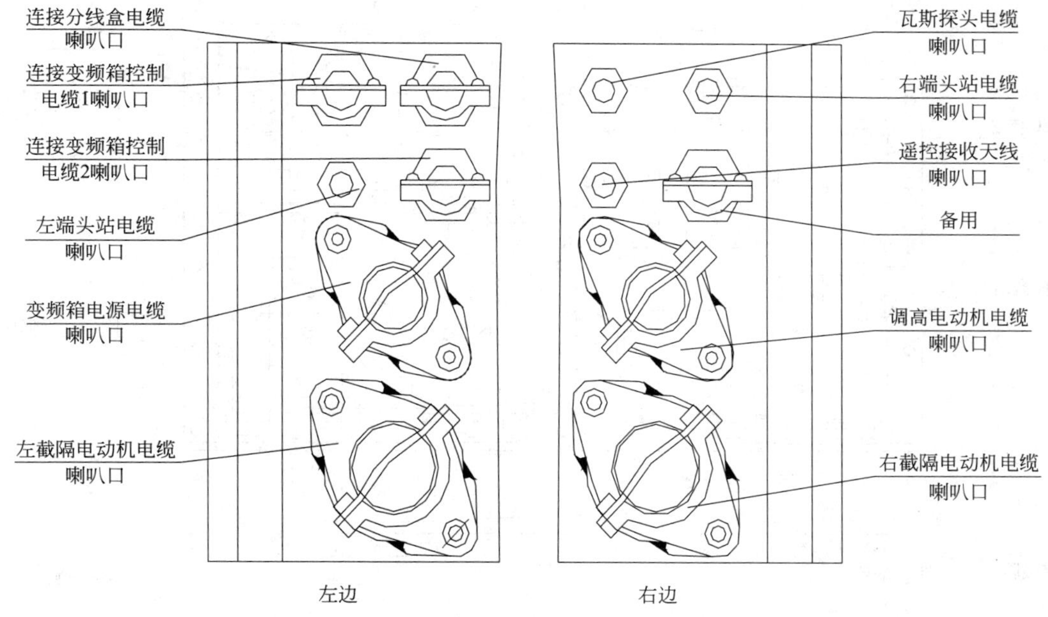

图 4—5　电控箱喇叭口的分布

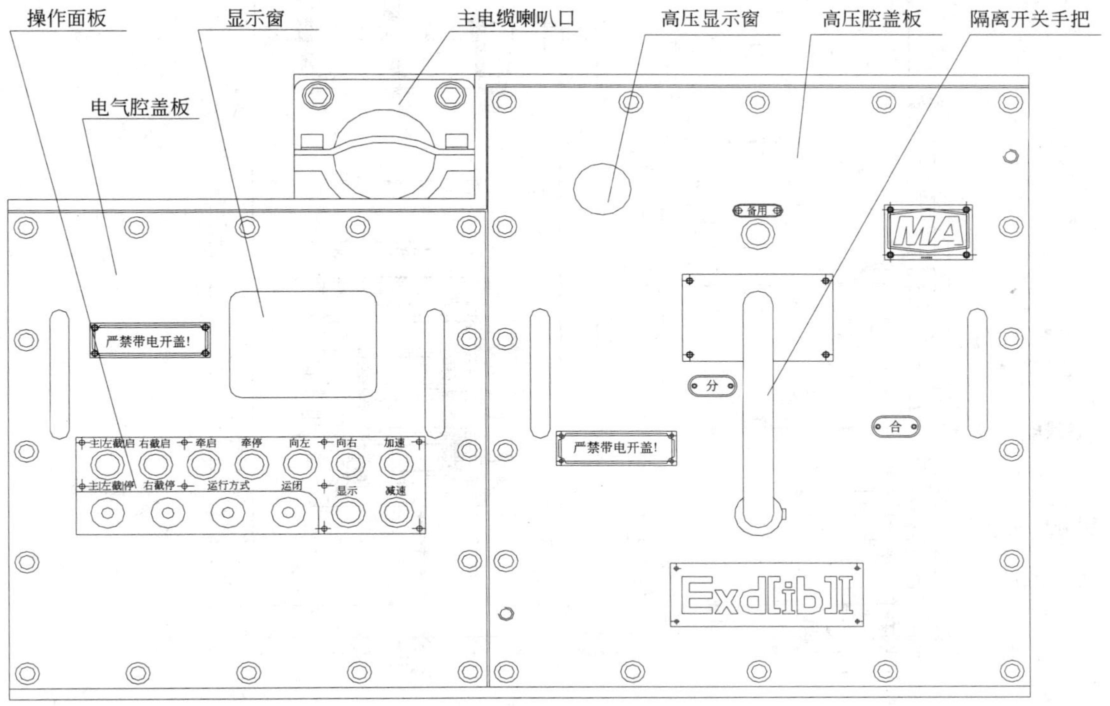

图 4—6　电控箱面板

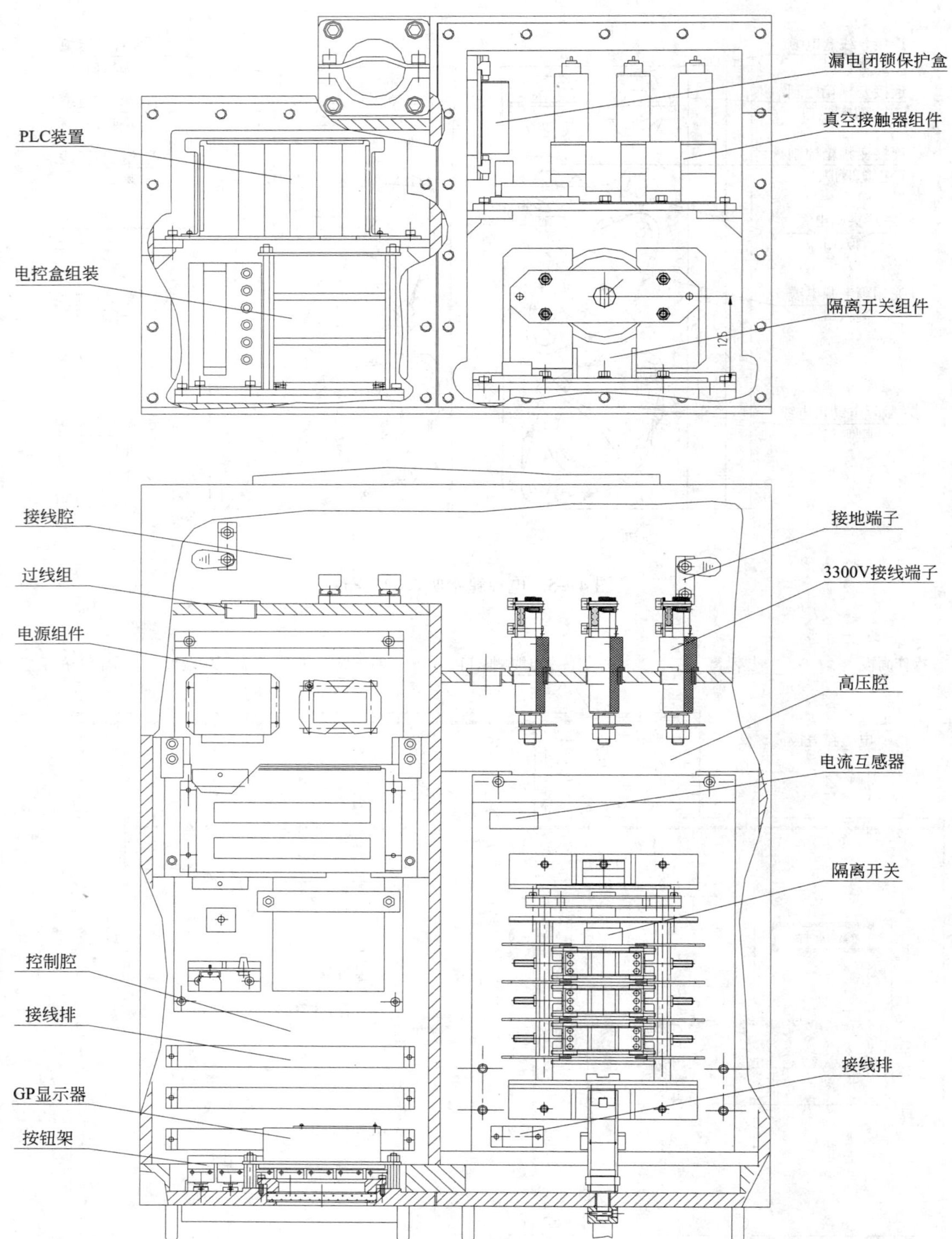

图 4—7　采煤机电控箱结构布置

（3）电控箱的组成

高压腔内部装有一套隔离开关组件、一套真空接触器组件、一个漏电闭锁保护盒和一个高压显示器；控制腔内装有一套电源组件、一套电控盒组装、一套 PLC 装置和三个接线端子排等部件。控制腔盖板上还安装有按钮架和 GP 显示器等，如图 4—7 所示。以下分别予以介绍：

1）隔离开关组件。该组件包括一个 3 300 V 的隔离开关，用于分割左、右截割电动机主回路，紧急时也可通过它来切断主回路，在开关转轴边有一机械连锁装置，带动其辅助接点来控制采煤机的先导回路，以保证隔离开关不带电操作（先合闸，后送电；先断电，后分闸）；还包括一个电流互感器，用于左截割电动机的负荷检测，电流互感器的电源为直流 24 V，输出为 0~10 V；另外还有一个接线排用于分线。其隔离开关型号为 C79/5，电流互感器型号为 LT208-S。

2）真空接触器组件。该组件包括一个 3 300 V 的真空接触器、一个电流互感器、一个 400/220 V 的控制变压器及一个接线排。其中，真空接触器用于控制右截割电动机启动，型号为 VC77U；电流互感器用于右截割电动机的负荷检测，型号为 LT208-S，电流互感器的电源为直流 24 V，输出为 0~10 V。控制变压器向真空接触器线圈供电，接线排用于分线。

3）电源组件。电源部分包括控制变压器、熔断器、24 V 整流桥、非本安电源模块、本安电源模块等，如图 4—8 所示。

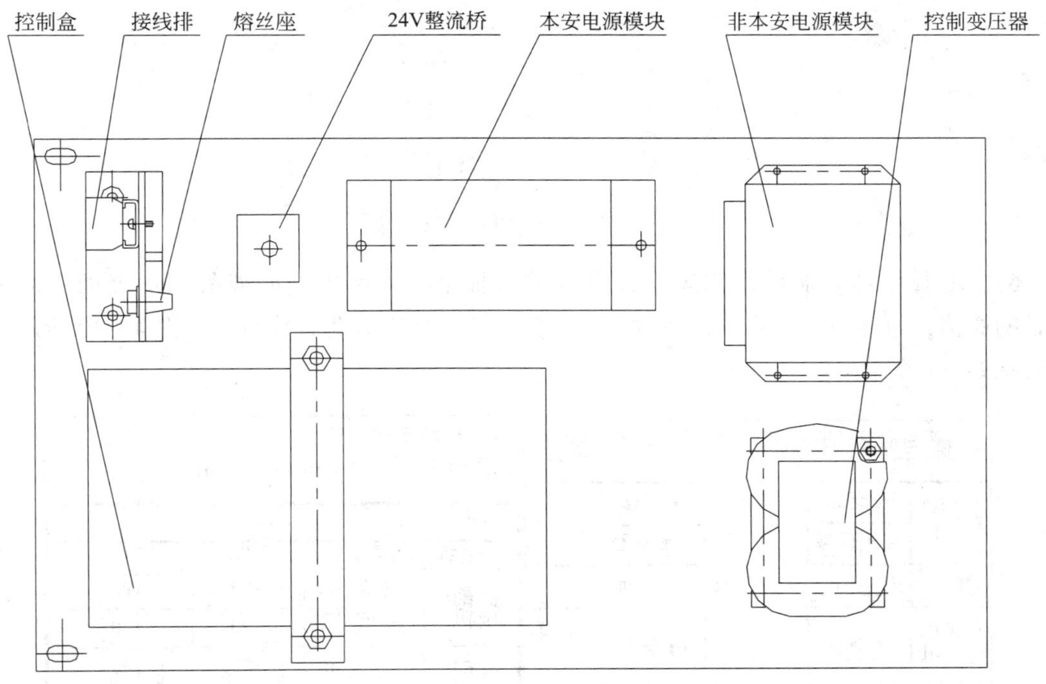

图 4—8　电源组件结构

4）电控组装。电控组装由三个控制盒组成，包括端头接收盒、遥控接收盒和瓦斯及电流信号处理盒。端头接收盒主要用于处理由端头站发出的编码信号，经过解码、光电隔离后驱动一个继电器，并将该继电器的接点输出，以控制采煤机的运行。遥控接收盒主要用于处理由遥控发射机发出的信号，经过解调、检波、鉴频、放大后驱动一个继电器，并将该继电器的接点输出，以控制采煤机的运行。瓦斯及电流信号处理盒主要用于监测瓦斯浓度，当瓦斯浓度超过1%时将输出一个保护接点，切断采煤机先导回路，使采煤机停机。电流信号处理部分在该采煤机中不使用。

5）PLC 装置。可编程控制器（简称 PLC）安装在电控腔的上部，如图 4—9 所示，在其左边有一风扇作为冷却 PLC 用。该系统采用的是 GE Fanuc 系列 PLC 装置，具有高可靠性、高性能的特点。

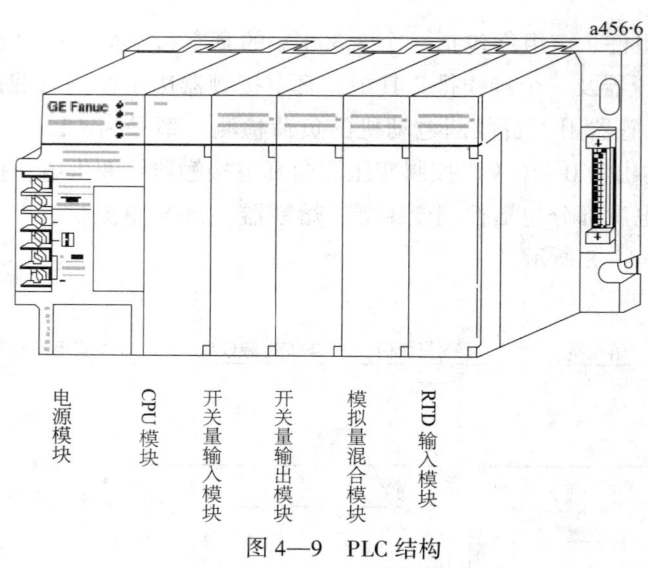

图 4—9　PLC 结构

6）GP 显示器。显示器安装在控制腔的盖板上，采用先进的液晶图形界面，通过与 PLC 的通信，可实时显示系统的各种工作参数、工作状态和各种信息，如图 4—10 所示。显示信息如下：

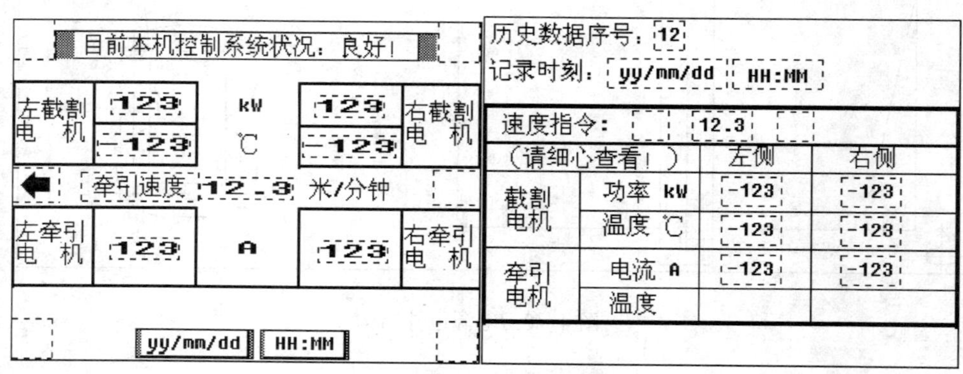

图 4—10　GP 显示器显示图例

①全中文的操作提示，防止误操作。

②截割电动机的实时工作功率和温度。

③牵引方向和给定速度。

④摇臂的动作状态。

⑤日期和时间。

⑥记忆工作参数。

⑦故障状态：截割过载>110%，截割重载>130%，左截割电动机过热>135 ℃，右截割电动机过热>135 ℃，左截割电动机过热>155 ℃，右截割电动机过热>155 ℃。

3. 调速箱

（1）调速箱型号含义

调速箱型号含义具体说明如下：

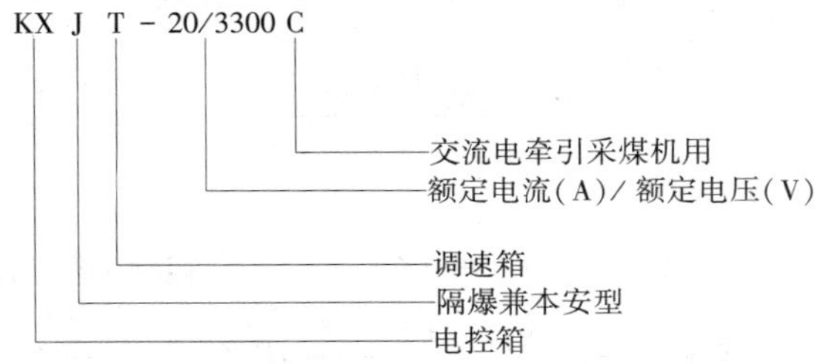

（2）调速箱的结构与组成

调速箱为采煤机牵引部的变频调速驱动装置，适合倾斜煤层使用，它位于采煤机中部框架的左侧，为隔爆兼本安型。调速箱的结构如图 4—11 所示，整个调速箱包括牵引变压器腔、变频器腔和接线腔。

1）牵引变压器腔。牵引变压器腔内安装有牵引变压器，该腔内的变压器用于给变频器提供电源。其原边（A、B、C 输入）为 3 300 V，经穿墙接线柱 Y1、Y2 和 Y3，通过接线腔与电控箱的 3 300 V 进线穿墙接线柱 X1、X2、X3 相连；副边（a、b、c 输出）为 400 V，经穿墙接线柱 Y10、Y11 和 Y12 与接线腔相连，为变频器提供输入电源。该腔为三面水冷的隔爆腔体，内覆黑色耐弧漆，变压器运行过程中产生的热量通过腔内的空气传到外壳，经外壳水冷，被冷却水带走。

2）变频器腔。变频器腔内主要安装有真空接触器、两个变频器、变频器外围控制电路等。变频器底板上装有两个滑轮，经导向槽推入腔体后，由铰链压杆及螺栓固定。为检修方便，几乎所有的控制连线都采用快速接插件。

变频器腔体有两面为水冷的隔爆腔体，变频器运行过程中产生的热量经外壳水冷，随冷却水带走。其输入电源经穿墙接线柱 Y13、Y14、Y15，通过接线腔，由穿墙接线柱 Y10、Y11、Y12 和变压器输出相连。其输出经穿墙接线柱 Y4、Y5、Y6 与 Y7、Y8、Y10 送到接线腔。

3）接线腔。接线腔用于变压器腔和变频器腔的联系及对外分线。具体如下：Y4、Y5、Y6 连接右牵引电动机，Y7、Y8、Y9 连接左牵引电动机，它们分别来自变频器输出；Y13、Y14、Y15 连接变压器的输出端 Y10、Y11、Y12，并通过真空接触器与两变频器的输入 R、S、T 连接；Y1、Y2、Y3 来自电控箱的 3 300 V 电源端 X1、X2、X3 并与变压器的输入相连接。另外，该接线腔还安装两个控制线过线组 GX，通过接线排 XBF 与电控箱及分线盒相联系。

变频器显示窗
公共显示器
防爆标志牌
前小盖板2
铭牌
公共控制盒
前小盖板3
煤安标志牌
变压器腔盖板
ExdibI
MA
前小盖板1
操作面板
大盖板
变频器减振垫
变频器显示窗
警告牌

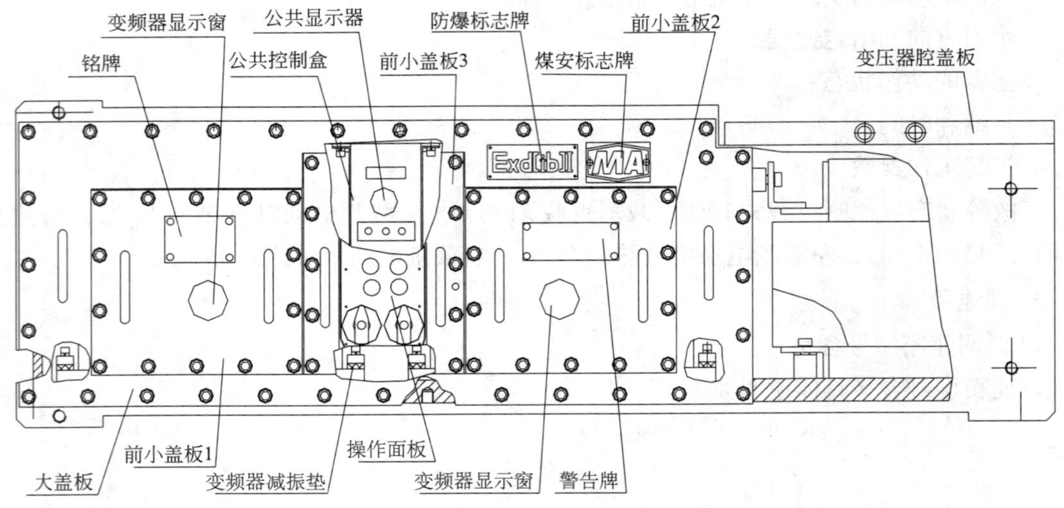

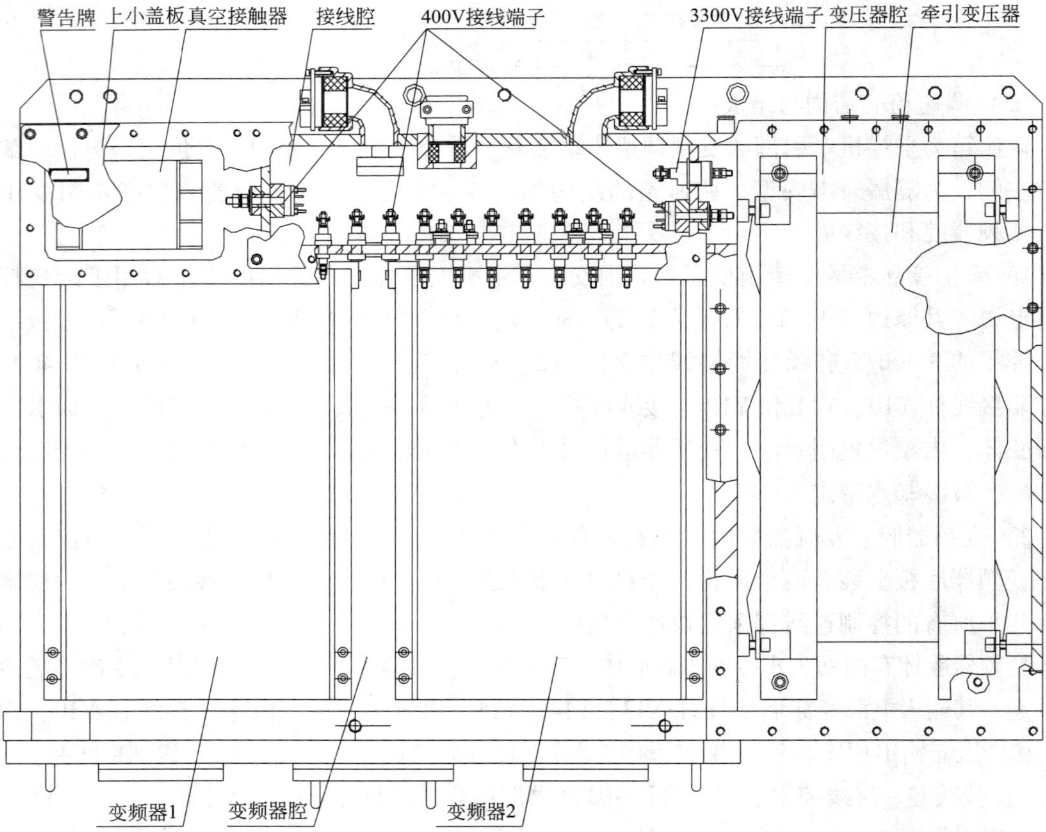

警告牌
上小盖板
真空接触器
接线腔
400V接线端子
3300V接线端子
变压器腔
牵引变压器
变频器1
变频器腔
变频器2

图 4—11　调速箱的结构

变频器在腔体内由铰链压杆及螺栓固定，为检修方便，几乎所有的控制连线都采用快速接插件。变频器腔操作面板如图 4—12 所示。

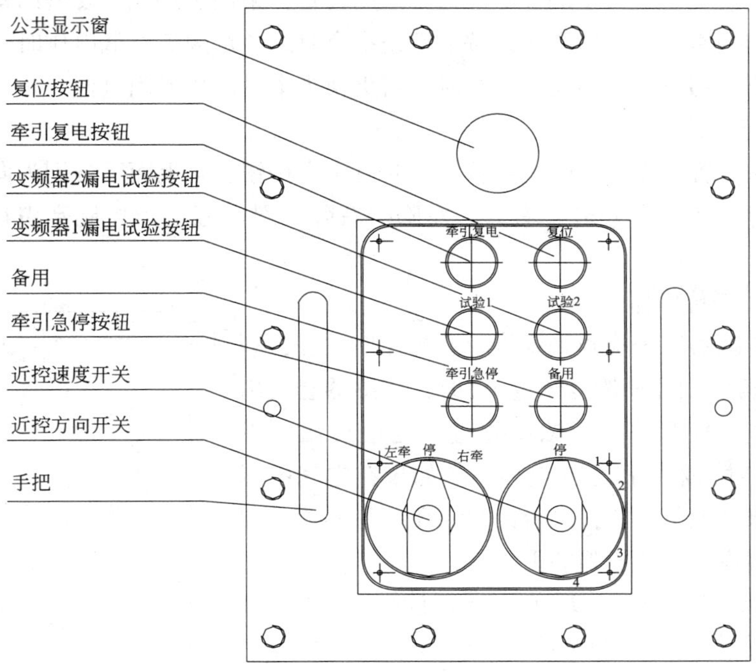

图 4—12　变频调速箱面板

接线腔用于变压器腔和变频器腔的联系及对外分线。与变频器腔通过十三个接线端子和两个过线组相连。十三个接线端子都用于 400 V 接线，与变压器腔通过六个接线端子相连，其中三个用于 3 300 V，另外三个用于 400 V。接线腔内还有两个接线排，用于控制信号线的连线和分线。

整个调速箱包含有大大小小的喇叭口共九个，其安装位置及作用如图 4—13 所示。

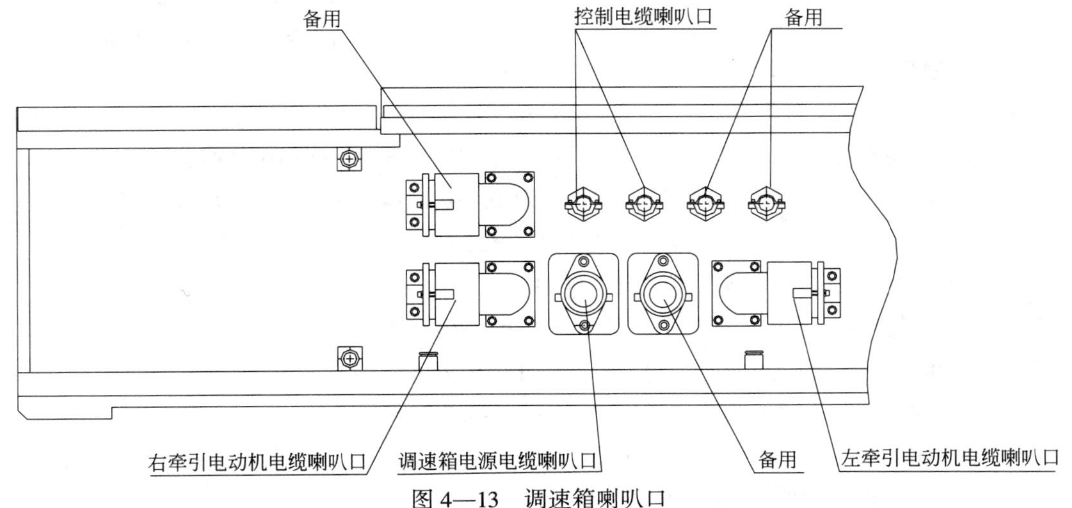

图 4—13　调速箱喇叭口

4. 辅助电气设备及电缆系统

（1）无线电遥控发射机

无线遥控发射机（型号 FWF35C）为可选用设备，采用手持式本安型结构。面板下方有个双色显示灯和磁簧开关。当有按键按下发送指令时绿色灯闪烁，低电压时红色灯闪烁。发射机后面有一个专用电池，当欠压灯亮时，需更换为本发射机专用电池。

（2）端头控制站

端头控制站放置于左右牵引减速箱上，共有十个按钮，自上而下分别为向左、向右、减速。加速、牵停、主停，左升、右升、左降、右降，圈内五个为控制牵引用，如图 4—14 所示。

（3）矿用瓦斯传感器

矿用瓦斯传感器用于检测采煤机附近的瓦斯浓度，型号为 GJC4。当检测到瓦斯浓度超过 1%时，传感器会发出声光报警信号；当检测到瓦斯浓度超过限定值（出厂默认值为 1.5%）时，采煤机会断电停机。如果在空气中瓦斯传感器显示浓度值不为零，或者读数存在明显偏差，则需要对其进行调零。具体步骤如下：

1）先后按下“关机”（绿色）和“读数”（红色）按钮（间隔不超过 1 s），这时传感器显示屏最后一位数字后面会出现一个闪烁的小数点。

2）按“+”键（换挡键）或者“-”键（开机键），把显示数值调整到零。

3）按“确认”键（红色）返回正常状态。

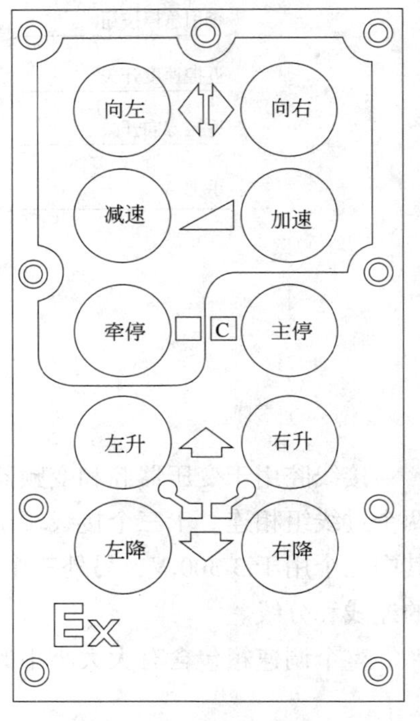

图 4—14　端头控制站

（4）电缆系统

机内系统共用了 20 根电缆，具体如下：

W1：主电缆（由用户自备），型号 MCP1.9/3.3-3×95+1×50+4×4；

W2：变频箱—电控箱动力电缆，型号 MCP1.9/3.3-3×6+1×6；

W3、W4：左右截割电动机电缆，型号 MCP1.9/3.3-3×35+1×16+4×4；

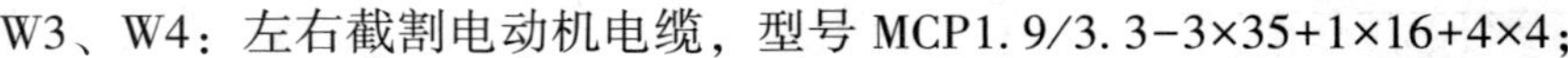

W5、W6：左右牵引电动机电缆，型号 MCP 0.66/1.14-3×35P+1×10+4×2.5；

W7：调高电动机电缆，型号 MCP1.9/3.3-3×25+1×6+4×2.5；

W8、W9：左右端头站电缆，型号 MYQ-3×1；

W10：电控箱—变频箱控制电缆，型号 MYQP-20×0.5；

W11：变频器—分线盒电缆，型号 MYQP-14×0.75；

W12：电控箱—分线盒电缆，型号 MYQP-14×0.75；

W13～W16：调高电磁阀电缆，型号 MYQ-3×1；

W17：制动电磁阀电缆，型号 MYQ-3×1；

W18：压力继电器电缆，型号 MYQ-3×1；

W20：瓦斯传感器电缆，型号 MHYV 7/0.43；

W21：遥控天线电缆，型号 MYQ-3×1。

三、电气控制系统的原理

采煤机电气控制系统原理如图 4—15 所示。

1. 采煤机控制先导回路及输送机闭锁控制回路

（1）采煤机控制先导回路

主电缆 W1 中控制芯线 W1.4、W1.5 用于采煤机控制回路，如图 4—16 所示。SBQ 为主启按钮，SBT 为主停（兼闭锁）按钮，QS 为隔离开关辅助触点，其中远方二极管设在接线排上，PA1-K1 为主启自保触点，PA7-3-K1 为瓦斯超限断电保护接点，PA1-K14 为 PLC 保护触点，PA1-K3 为端头控制站急停触点，PA2-K8 为遥控急停触点。

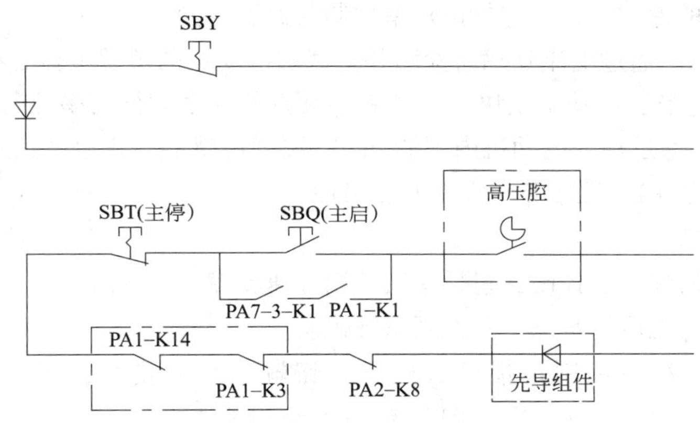

图 4—16　采煤机先导控制回路和运输机闭锁控制回路

（2）输送机闭锁控制回路

主电缆 W1 中控制芯线 W1.6、W1.7 用于输送机闭锁回路，如图 4—16 所示。SBY 为停止（兼闭锁）按钮，其中远方二极管设在接线腔内的接线排上。

2. 采煤机控制方式

对于采煤机的控制，有三种人机交互方式，即遥控器、端头操作站和机身按钮。

当机组送上电后，遥控器控制指令、端头操作站控制指令、机身按钮控制指令并行给 PLC 开关量输入模块。PLC 组件得到输入指令信号后进行程序算法运算，输出相应的动作。

（1）遥控器控制

遥控器发出指令后，通过遥控器接收盒 PA2-K8 将无线调制信号解调，并驱动相应的继电器动作，动作的节点信号输入给 PLC 开关量输入模块。操作人员可以随身携带，可以实现控制机组的牵停、方向、加/减速、主停、左摇臂升降（左遥控器）、右摇臂升降（右遥控器）控制。遥控器在井下的有效控制距离为 15 m，是推荐使用的操作方式。

（2）端头操作站控制

端头操作站发出指令后，通过端头站接收盒 PA1 将编码信号进行解码，经过译码和光电隔离后驱动相应的继电器动作，动作的节点信号输入给 PLC 开关量输入模块。端头站置于采煤机两端，可以实现控制机组的牵停、方向、加/减速、主停、左摇臂升降（左端头站）、右摇臂升降（右端头站）控制。

（3）机身按钮控制

机身按钮置于电控箱面板上，可以实现机组的主启、左截割电动机启动、主停、牵启、牵停、方向、加/减速、运闭等控制。机身按钮操作直接将动作的节点信号输入给 PLC 开关量输入模块。

3. 采煤机主要部件控制

（1）截割电动机控制

对于截割部分的保护与控制包括恒功率控制与温度保护。

1）恒功率控制。通过电流互感器检测各个截割电动机的负载电流，得到的负载电流信号输入给 PLC 模拟量输入/输出模块，通过 PLC 程序算法实现恒功率控制。

2）温度保护。通过植入电动机内部的 Pt100 温度传感器，将温度信号输入给 PLC 温度检测模块 RTD，通过 PLC 程序算法实现温度保护。

（2）牵引部分控制

对于牵引部分的保护、控制，包括牵启控制、速度控制、方向控制、牵停控制、漏电闭锁保护、漏电保护、电压异常保护及抱闸系统控制。

1）牵启控制。牵启控制是指通过机身按钮输入牵启指令，经过 PLC 程序算法处理，控制速度和方向信号的输出，即只有输入牵启指令后，速度、方向信号的输入才有效。

2）速度控制。速度控制是指通过三种控制方式输入速度指令，经过 PLC 程序算法处理后，输出 0~10 V 电压的速度指令信号，送到变频器实现速度调节。

3）方向控制。方向控制是指通过三种控制方式输入方向指令，经过 PLC 程序算法处理输出继电器接点信号，通过控制电缆传至变频调速箱内，实现对变频器的方向控制。

4）漏电闭锁保护。漏电闭锁保护是指在变频器运行之前，对变频器的输出进行漏电检测，当发现变频器的输出端对地绝缘电阻小于 7 kΩ 时，漏电闭锁保护动作，使得真空接触器无法吸合，变频器无法送电。

5）漏电保护。漏电保护是指在变频器运行过程中，对变频器的输出进行漏电检测，当发现变频器的输出端对地绝缘电阻小于 3.5 kΩ 时，漏电保护动作，使得真空接触器断电，变频器无法工作。

6）电压异常保护。电压异常保护是指检测变频器的输入 400 V 三相电压的过、欠压情况（±15%），当输入的三相电压超过整定范围时，保护动作使得真空接触器断电，变频器无法工作。

7）抱闸系统控制。对于大倾角工作面，机组运行于四象限状态，为了保证机组在大倾角情况下可以正常启停及平稳运行，采煤机必须要有抱闸控制系统。其控制过程如下：

①变频器运行过程。变频器得到运行指令时并不是直接松闸加速至给定速度值，从开始启动到已经运行，必须经历松闸时序过程。当变频器得到运行指令时（给定牵引方向），变频器输出一个3 Hz频率电源给牵引电动机供电，牵引电动机此时有电流通

电流达到设定值（30%额

路给制动器供油压。由于

打开需要一定时间，如果

相当于阻转，所以变频器

变频器发出松闸指令后开

，再经过不大于1 s的延

没收到松闸确认信号，则

直接停止变频器后就抱闸，

闸时序和松闸时序（反向）

Hz，牵引电动机此时有电

电流下降至设定值时，变频

闸指令后开始等待，在1 s

同时也可防止电动机超载而

定点附近功率 P 正比于电

相电流，就可以知道电动

电动机额定功率 P_e 所对应

>110% P_e）时，发出减速

P_e）时，牵引速度会自动

保护功能。当任一截割电

以给定速度反向牵引一段

荷仍大于130% P_e，系统

在左、右截割电动机绕组内埋设有Pt100热电阻，热电阻直接接入PLC的RTD模块。当任何一台电动机温度达135 ℃时，系统将截割电动机电流保护整定降低30%，任一电动机温度达155 ℃时，PLC输出信号（Q9）将采煤机控制回路切断，使整机停电。

（4）牵引电动机负荷控制

左、右牵引电动机的负荷信号来自变频器，其值为0~10 V的电压信号，该信号先送入PA6盒进行滤波处理，然后送入PLC进行检测、比较，进行左、右牵引电动机负载平衡、超载、欠载控制。当左、右牵引电动机负荷悬殊时，PLC发出信号，由两变频器分别调整两电动机速度，从而使两电动机负荷基本平衡；当任一台电动机超载（$I>110\%I_e$）时，PLC发出减速信号降低牵引速度，直到电动机退出超载区域；当左、右电动机都欠载（$I\leq 90\%I_e$）时，牵引速度自动增加（最大至给定速度）。

当牵引电动机严重超载（$I>150\%I_e$）且持续时间超过3 s时，PLC输出信号将使牵引启动回路断开，停止牵引。

（5）无线电遥控原理

无线电遥控器工作在150 MHz频段，在离采煤机一定距离内，左、右发射机分别控制左、右摇臂的升降，并共同控制牵引方向、牵引加速、牵引减速、牵引停止、采煤机急停。

（6）端头控制站原理

采用先进的数据编码技术，将端头控制站的命令传至电控箱，经过解码后送入PLC来控制牵引方向、牵引加速、牵引减速、牵引停止、采煤机急停和左、右摇臂的升降。

5. 变频器调速工作原理

异步电动机的转速与电源频率成正比。因此，通过改变牵引电动机供电电源频率的方法，即可改变牵引电动机转速。

变频器调速工作如图4—17所示。在正常电动状态下，电网电压经整流器变为直流，逆变器在控制器的作用下将直流电压逆变为频率和电压均可变的交流电源，通过改变牵引电动机的电源电压和频率实现对牵引电动机的调速。

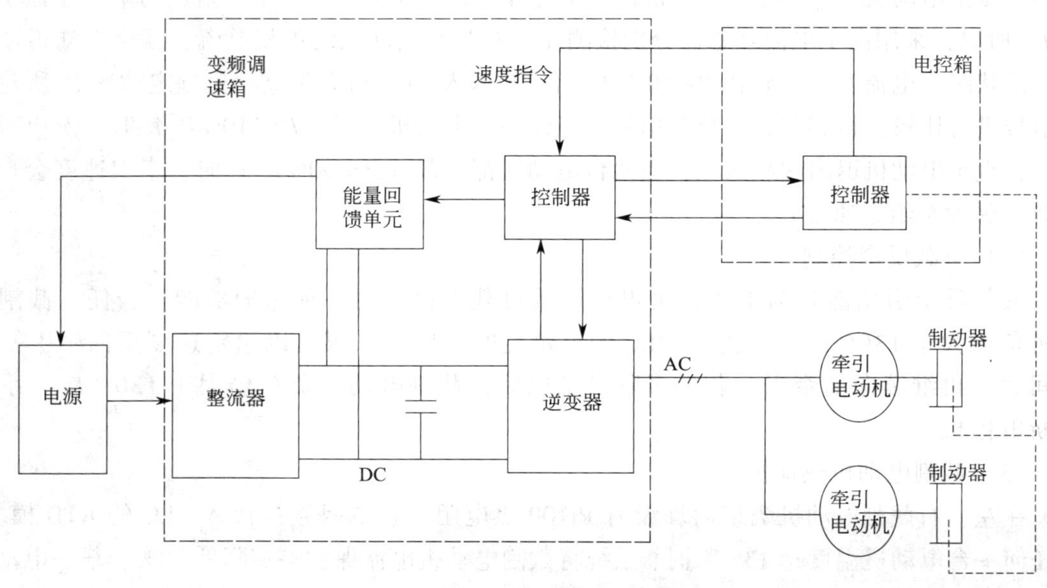

图4—17　变频器调速工作

由于安装了能量回馈单元，可使电动机运行在发电状态，此时电动机发电产生的能量由回馈单元回馈给电网，从而产生制动力矩。实现牵引电动机的四象限（正向电动、正向制动、反向电动、反向制动）运行，同时也实现节能目的。

第三节　采煤机电气系统维护及故障处理

一、采煤机电气系统维护

1. 电动机使用与维护

（1）电动机下井前检查与试车

电动机在下井前，应仔细检查所有螺栓及其部件是否有缺损；用手盘动电动机出轴，检查内部有无相互摩擦和声响；检查轴承中的润滑脂是否适量，隔爆面有无锈蚀。

使用前必须用 1 000 V 兆欧表测量电动机的绝缘电阻，绝缘电阻不低于 1.2 MΩ。

接通电源，电动机空载运转，时间不少于 3~4 h。此时需检查轴承室是否过热、漏油，有无异常声响，电磁声响是否正常，冷却水道接头处是否漏水。

（2）电动机使用与维护

1）电动机与主机连接时，必须使电动机与采煤机的轴中心线对准。

2）检查电动机在井下是否有可靠的接地，接地线是否在接线腔内的接线端子上，接地端子是否标有接地符号“⏚”。

3）电动机的主线电缆和控制电缆只能用矿用橡套电缆，电缆芯线必须正确拧紧在接线柱上。应注意，每股芯线的裸露部分不可与箱壁或其他线路相距太近。

4）安装后先进行空载运转，如发现异常情况应立即停机检查，排除故障后再进行试车，然后进行负载试运行，观察有无振动现象和异常声响。

5）电动机启动前必须先通冷却水，在一般情况下应保证电动机空载启动。严禁断水使用电动机。

6）当采煤机发生闷机时，应立即停机，切断电源，打开截割部离合器，然后启动电动机，牵引后退一段距离后重新工作。

7）当电动机经过较长时间运行，需停机时，应让冷却水继续供水数分钟，然后再停止供水。

8）电动机在使用中应定期检查并清理，需要注意以下方面：

①外壳上不应有大量堆积煤。

②电控箱内不应有油污和水存在。

③及时清理水道水垢及沉淀物。

④检查冷却水温度，一般应高于进水温度 15 ℃左右。

⑤每周测量绝缘电阻一次，低于规定值时应进行干燥处理，并注意三相电流是否平衡。

⑥轴承润滑油脂每隔 6 个月或采完一个工作面后更换一次。润滑油脂应选用硫化钼复合

钙基脂、3 号锂基脂或类似牌号的油脂。

2. 电牵引采煤机电气系统检查与维护

（1）班检

1）确保所有的控制开关都在停止（OFF）位或中位。

2）确保所有的护罩和盖板就位，且完好。

3）检查所有存在的危险，例如松动或缺失的盖板或断裂的部件。

4）清除采煤机上所有易燃物、岩石、工具和其他杂物，以防影响正常运行。

5）检查拖曳电缆有无裂缝或损坏。

6）细查采煤机所有缺失或损坏的部件。

7）检查截割部所有磨损或损坏的截齿，更换所有损坏或缺失的截齿。

8）保证截割滚筒旋转灵活。

9）保证液压油在正确的油位。

10）润滑所有每班需要润滑的润滑点。检查摇臂和牵引齿轮箱中的润滑油位。

11）检查截割滚筒周围金属表面密封有无漏油。

12）清洗所有的水过滤器。

13）检查所有水喷雾喷嘴，使其工作正常。不要使用酸性或带有腐蚀性的水。

14）确保冷却水流经电动机和电控箱。

15）确保所有的控制元件操作正常。

16）确保牵引电动机和相关的部件转动灵活。

17）保证所有的防爆壳体、电动机和元件完好。

18）确保所有的液压和电气机构功能正常。

19）检查电气部件，特别是隔离开关、接触器、电动机和电磁阀，确保其正常工作。

20）确保遥控器停止按钮和安装在主电控箱上的急停开关、煤机停机开关操作正常。

（2）日检

1）检查主电缆是否有损坏，确保无明显破损。

2）检查牵引电缆是否有损坏，确保无明显破损。

3）检查电控箱盖板上按钮，确保可靠通断。

4）检查采煤机上是否有大量积煤，确保机身整洁。

5）检查端头站引线，确保无明显破损。

6）检查冷却水是否畅通，压力是否正常，确保冷却系统正常。

7）检查两边遥控器、端头站与机身按钮，确保各指令可靠执行。

8）观察机组上中文显示屏的显示数据，并记录各电动机温度、电流、速度数据，观察数据变化规律。

9）观察变频箱内，变频器控制盘上的显示数据（变频器工作数据），并作数据记录，记录显示参数的最大值与最小值，观察数据变化规律，并与其牵引速度做比较。

（3）周检

1）检查电控箱各箱体内是否潮湿。若潮湿，一定要放入干燥剂，并观察干燥剂变化，以便及时更换和进行干燥处理。

2）检查电控箱各箱体内各个接线、插头、器件固定是否牢靠。

3）检查电控箱内高、低压保险及保险座接触是否牢靠。

4）检查电控箱各箱体内各线头绝缘胶布是否老化。

5）检查电控箱各箱体内接线是否牢靠，确保控制线与高压线之间的间隙。

6）检查左右截割电动机、左右牵引电动机、泵电动机接线腔是否潮湿。若潮湿一定要放入干燥剂，并观察干燥剂变化，以便及时更换和进行干燥处理。

7）检查左右截割电动机、左右牵引电动机、泵电动机接线是否牢靠，确保 Pt100 温度控制线与高压线之间的间隙。

8）观察机组上中文显示屏的显示数据，并作各电动机温度、电流、速度数据的记录。观察数据变化规律，并记录各个显示参数的最大值与最小值。

9）观察变频箱内变频器控制盘上的显示数据（变频器工作数据），并作数据记录，记录显示参数的最大值与最小值，观察数据变化规律，并与其牵引速度做比较。

10）检查各个冷却水道，确保畅通。

（4）月检

1）检查牵引电动机、截割电动机、泵电动机接线腔是否潮湿，应保持干燥。

2）检查牵引电动机、截割电动机、泵电动机接线腔接线情况，确保接线良好。

3）用 2 500 V/1 000 V 摇表对截割电动机、泵电动机进行绝缘测试，阻值应大于 3 MΩ。

4）用 500 V 摇表对牵引电动机进行绝缘测试，阻值应大于 3 MΩ。此时一定要注意与变频器隔开，否则会导致变频器损坏。

（5）维修注意事项

1）维修过后确保动过的接线可靠正常。

2）在各个腔体内放入干燥剂，并经常更换。

3）发现有大量积水应及时处理，并分析进水原因。

二、采煤机电气系统常见故障处理

1. 液压牵引采煤机电气系统常见故障处理

液压牵引采煤机电气系统常见故障分析与处理见表 4—1。

表 4—1　　采煤机电气系统常见故障和处理方法

故障现象	可能原因	处理方式
主机（截割电动机）不启动	1. 左、右截割电动机停止按钮未解锁 2. 隔离开关未合闸 3. 主电缆控制芯线断开 4. 采煤机内部芯线断开 5. 工作面巷道电磁起动器故障 6. 截割电动机故障 7. 控制回路中带水压接点，未供水启动电动机，采煤机启动不起来	1. 将停止按钮解锁 2. 将隔离开关合闸 3. 更换电缆或修复控制芯线 4. 按接线图检查各连线环节，并正确连接 5. 更换或修复电磁起动器 6. 更换或修复截割电动机 7. 先供水，后启动电动机

续表

故障现象	可能原因	处理方式
主机（截割电动机）不自保	1. 控制系统中电源组件部分的 1 140 V 熔断器烧断 2. 控制线断开 3. 电气控制腔内自保继电器不吸合，或者是自保继电器触点接触不良 4. 未供冷却水，自保回路中的水压接点不闭合	1. 更换熔断器芯 2. 按接线图检查控制线自保回路，并正确连接 3. 修复或更换自保继电器 4. 供冷却水
采煤机启动后不牵引	1. 检修或更换电磁铁时，把恒功率控制的欠载与超载电磁铁接反 2. 欠载加速电磁铁因断线或损坏而不工作 3. 牵引手把过零后，制动器不松闸，引起这类故障的主要原因有：过零开关损坏，其接点不能闭合；过零继电器不吸合，其接点不闭合；松闸电磁铁因断线或损坏而未吸合	1. 按接线图检查欠载和超载电磁铁的接线，并正确连接 2. 找出断线处，并正确连接 3. 修复或更换过零开关；查找过零继电器不吸合的原因，修复或更换；查找松闸电磁铁的断线，正确连接，若损坏则更换
真空电磁起动器的漏电闭锁动作	1. 电动机出现接地故障 2. 电缆有接地故障	1. 用兆欧表测定电动机和电缆绝缘 2. 拉开采煤机隔离开关，观察接地故障是否消失，如接地故障消失，再将 3 根主芯线短接，仍不显示接地故障，则可认为是电动机故障
用急停按钮停机后解锁时采煤机会自行启动	1. 采用三位转换开关作“启动”“运行”“停止”控制时，其手把没有扳回到“停止”位置 2. 自保继电器不释放，或其接点粘连	1. 将手把扳到停止位置 2. 检查自保继电器，修复或更换
刮板输送机不启动	1. 输送机停止按钮未解锁 2. 主电缆控制芯线断开 3. 采煤机内部控制线断开 4. 采煤机控制腔内，输送机控制回路整流二极管脱落或击穿	1. 将停止按钮解锁 2. 修复或更换主电缆 3. 按连接图检查控制线并正确连接 4. 正确连接二极管或更换二极管
电动机启动后操纵牵引按钮时不牵引	1. 牵引控制回路断线 2. 供电电压太低	1. 修复 2. 恢复供电电压
只有一个方向牵引	一个方向的电磁铁断路	修复
牵引速度只能增不能减，或只能减不能增	1. 按钮接触不良 2. 电磁换向阀芯卡住	1. 修复 2. 修复或更换
调斜不灵活	1. 按钮接触不良 2. 电源供电电压低	1. 修复 2. 恢复供电电压
调斜缸不动	1. 回路断路 2. 无电或供电电压太低	1. 修复 2. 恢复供电电压
一启动就停机	1. 保护系统动作 2. 接地 3. 相间通路	1. 调整至要求 2. 更换 3. 更换
电动机温度过高	1. 冷却水量小或无 2. 轴承副研损 3. 断笼条	1. 按规定给水 2. 更换 3. 更换

2. 电牵引采煤机电气系统常见故障处理

(1) 启动先导回路常见故障处理

启动先导回路常见故障处理见表 4—2。

表 4—2　　启动先导回路常见故障处理

序号	故障现象	分析及处理方法
1	按下“启动”按钮，整机不动作	1. 检查启动二极管是否击穿或断路 2. 检查各电动机的温度保护线接点是否闭合 3. 检查盖板启、停按钮及其连接线 4. 检查进线电缆是否断线 5. 检查顺槽开关是否正常
2	启动后，机组不能自保	1. 检查 PLC 相应输出指示灯亮否 2. 检查控制变压器高、低压保险是否熔断 3. 若通过继电器自保，检查自保继电器吸合是否正常 4. 检查瓦斯是否超限 5. 若有端头站，检查端头站是否误发“总停”信号 6. 检查盖板上总停按钮及其线路是否误动作 7. 检查变压器、截割电动机是否温度超限

(2) 摇臂升降系统常见故障处理

摇臂升降系统常见故障处理见表 4—3。

表 4—3　　摇臂升降系统常见故障处理

序号	故障现象	分析及处理方法
1	开机后摇臂自动上升或下降	1. 检查 PLC 输入部分是否有接点粘连等现象造成误动作 2. 检查 PLC 输出继电器是否正常工作 3. 检查电磁阀及其线路 4. 检查电磁阀阀芯是否堵卡，以致不能回到中位 5. 检查制动阀阀芯是否堵卡，以致不能回到中位
2	摇臂上升或下降不动作	1. 检查按钮、遥控器等 PLC 输入信号是否正常，可以通过 PLC 输入指示灯来判断 2. 检查 PLC 输出是否正常 3. 检查电磁阀工作电源是否正常 4. 检查液压系统压力、管路等是否正常 5. 检查电磁阀线圈是否短路、开路，可用正常的一路来“替换”查找

(3) 端头站、遥控器常见故障处理

端头站、遥控器常见故障处理见表 4—4。

表 4—4　　端头站、遥控器常见故障处理

序号	故障现象	分析及处理方法
1	端头操作站、遥控器不动作	1. 检查端头操作站 12 V 电源是否正常，遥控器电池电压是否正常 2. 检查端头操作站电缆的连接头是否紧凑、牢固、可靠 3. 检查相对应的继电器回路是否工作正常 4. 检查相对应的线路是否断线
2	端头操作站、遥控器误动作	1. 更换遥控器后，测试端头操作站是否工作正常 2. 如更换后还不正常，去掉端头操作站，看线路是否有粘连现象 3. 更换备件

(4) 瓦斯断电仪、传感器常见故障处理

瓦斯断电仪、传感器常见故障处理见表 4—5。

表 4—5　　瓦斯断电仪、传感器常见故障处理

序号	故障现象	分析及处理方法
1	探头显示值不准确	可按用户说明书调校
2	开机不自保，再开机显示瓦斯超限	1. 瓦斯超限 2. 瓦斯传感器开路或短路 3. 如果断电仪误动作，建议更换传感器探头

（5）电动机常见故障处理

电动机常见故障处理见表 4—6。

表 4—6　　电动机常见故障处理

序号	故障现象	分析及处理方法
1	温度接点断开，机器无法启动	为保证不影响正常生产，将其短接
2	电动机 Pt100 损坏	为保证不影响正常生产，可以先用 110~120 Ω、1/8W 电阻来代替，恢复生产

（6）变频器常见故障处理

变频器常见故障处理见表 4—7。

表 4—7　　变频器常见故障处理

序号	故障现象	分析与处理方法
1	MOTOR STALL（7121） 电动机堵转	1. 煤壁夹矸比较多，或者平滑靴损坏或卡阻，采煤机负载比较大，牵引速度快，故障复位后采煤机能够正常运行 2. 制动闸未打开。检查液压、油压，根据油压判断是电的问题还是油路问题。根据左右摇臂升降正常与否，判断 24 V 电源好坏。观察给牵引时 PLC 的抱闸输出回路指示灯是否亮，亮则检查电磁阀控制回路，如电磁阀有问题更换电磁阀 3. 保护轴损坏。在采煤机运行的过程中，操作人员会发现一个变频器的电流显示比较大，另一个电流显示接近空转电流（一般空转电流为额定电流的 20%左右），则需要检查机械传动部分，在牵引箱和行走箱连接有一个保护轴（也叫扭矩轴），检查该轴是否损坏，如果没有损坏，检查电动机齿轮轴
2	通信故障	1. 当两个控制盘均显示如下： ACS800-01-0070-3 * * * FAULT * * * COMM MODULE（7510） 则可以判断是主变频器没有接到调用主用户命令，两台变频器均变为从用户宏，都在等待主变频器给它发送指令。检查 PLC 到主变频器 X22 端子的连线，特别是图纸中注明“调宏”的那根线 2. 只有一个控制盘显示如下： ACS800-01-0070-3 * * * FAULT * * * COMM MODULE（7510） 则需要检查主从通信光纤和通信模块 RDCO-03 或 02，由于采煤机割煤过程中振动比较大，有可能通信模块 RDCO-03 或 02 松动。如果还不能解决问题，请采取更换的方法判断通信模块是否损坏
3	机器只能向一个方向牵引，无法换向	1. 检查 PLC 到主变频器 X22 端子的连线，特别是图纸中注明方向的那根线 2. 检查主变频器参数 10. 03，应为 REQUEST

续表

序号	故障现象	分析与处理方法
4	一开牵引机器就自动加速	1. 一个方向自动加速。检查 PLC 的输入，左右牵引输入指示灯是否常亮，若有一个常亮则检查相应回路。检查 PLC 到主变频器 X22 端子的连线 2. 左右牵引均自动加速。观察 PLC 输入左牵、右牵指示灯是否常亮，若常亮，则检查是否按钮卡死或左右端头操作站故障引起。可分步检查，先检查是否按钮卡死，然后去掉左右端头操作站，根据具体情况检查相应回路。检查 PLC 到主变频器 X22 端子的连线

3. 典型电牵引采煤机电气系统常见故障处理

以 MG400（450）/920（1020）系列采煤机为例介绍，电气系统常见故障分析及处理见表 4—8。

表 4—8　　典型电牵引采煤机电气系统常见故障分析及处理

序号	故障	可能原因	处理方法
1	主机不启动	1. “主停”按钮闭锁未解除 2. 隔离开关辅助触点未闭合 3. 先导回路有断点或者先导二极管被击穿 4. 电磁起动器故障 5. 控制芯线断开	1. 解除“主停”闭锁 2. 把隔离开关手把打到“合”的位置 3. 检查二极管的好坏，或者找到先导回路的断点，做相应处理 4. 检查电磁起动器 5. 更换主电缆
2	启动后不自保	1. 自保回路节点 PA7-3-K1（瓦斯超限保护节点）或者 PA1-K1（端头接收盒自保）不能闭合 2. 熔丝熔断	1. 确定哪个节点无法闭合。如果 PA7-3-K1 无法闭合，确定 PA7-3 供电电源是否正常，若不正常则更换电源，若正常则更换 PA7-3 电控盒；如果 PA1-K1 无法闭合，确定 PA1 供电电源是否正常，若不正常则更换电源，若正常则更换 PA1 电控盒 2. 检查熔丝
3	截割电动机有打枪现象	1. 1 140 V 熔断器有松动 2. 主电缆控制芯线有虚接的情况 3. 端头操作站接收盒和遥控器接收盒的急停节点有打枪现象 4. 电磁起动器故障	1. 检查熔断器并处理 2. 检查控制芯线的连接 3. 检查端头操作站接收盒和遥控器接收盒的急停节点 4. 检查电磁起动器
4	正常工作时突然掉电停机	1. 保护停机 2. 瓦斯传感器动作 3. 先导回路有断点 4. 电磁起动器故障	1. 检查是否割到岩石或者液压支架 2. 检查瓦斯浓度，如果为误动作，则重新整定或更换传感器，或者更换电控盒 3. 检查先导回路 4. 检查电磁起动器
5	显示屏上电动机温度显示闪烁的“850 ℃”	电动机温度检测回路发生断路	检查温度检测回路和 Pt100 电阻
6	显示屏上电动机温度显示闪烁的“-100 ℃”	电动机温度检测回路发生短路	检查温度检测回路和 Pt100 电阻
7	摇臂不能升降	1. 液压系统故障 2. 电磁阀芯被异物卡死 3. F24 V 电源故障 4. 调高动作回路故障 5. 电磁阀故障	1. 用手动操作柄进行调高操作，如果不能正常升降，则检查液压系统 2. 用旋具顶住阀芯来回几次，清除异物 3. 检查供电到电磁阀的电源 4. 检查调高回路连线 5. 更换电磁阀

续表

序号	故障	可能原因	处理方法
8	显示屏黑屏	1. S+24 V 电源故障 2. 显示屏故障	1. 检查供电到显示屏的电源回路 2. 更换显示屏
9	显示屏画面停在“欢迎屏”	1. 画面左下角有“PLC NOT RESBONDING…”显示 a. 牵引正常，则为通信电缆故障 b. 牵引不正常，则为 PLC 故障 2. 画面左下角没有任何显示 a. 牵引正常，则为显示屏故障 b. 牵引不正常，则为 PLC 故障	1. a. 更换通信电缆 b. 用最小系统法确定发生故障的模块并更换 2. a. 更换显示屏 b. 用最小系统法确定发生故障的模块并更换
10	端头操作站失灵	1. 部分按钮失灵，则为端头操作站故障 2. A+12 V 电源故障 3. 端头操作站故障	1. 更换端头操作站 2. 检查供电到端头操作站的电源回路 3. 更换端头操作站
11	遥控器失灵	1. 部分按钮失灵，则为遥控器故障 2. 遥控器电池故障 3. 遥控器接收盒故障	1. 更换遥控器 2. 充电或者更换电池 3. 更换遥控器接收盒
12	端头操作站、遥控器都失灵	F+12 V 电源故障	检查 F+12 V 电源回路
13	GP 显示屏显示“牵引未送电”	1. 真空接触器先导回路故障 2. 按下“牵引急停”后，处理完故障后，未按下“牵引复电”	1. 检查真空接触器先导回路 2. 确认故障处理完后，按下“牵引复电”
14	调速箱报“漏电”	1. 变频器输出到牵引电动机部分有漏电 2. 漏电检测回路误动作	1. 检查该部分电路 2. 更换漏电检测板 XB1（XB2）
15	调速箱报“电压异常”	1. 供电电压超出保护范围 2. 电压检测回路误动作	1. 调整供电电压 2. 更换检测板 XB3
16	变频器报时序错误 SE3 故障	变频器发出松闸指令后的 1s 内没有收到松闸确认信号	检查液压系统的油压是否正常；检查本安 12 V 是否正常；检查压力继电器的引线是否断了；检查压力继电器是否调节合适；检查通向制动器的油路内是否进了空气，导致油压建立较慢
17	变频器报时序错误 SE4 故障	压力继电器节点一直常闭，或在变频器撤销松闸指令 1s 后压力继电器节点还在闭合	检查压力继电器的引线是否短路；检查压力继电器是否调节合适；检查松闸电磁阀线圈是否一直有电

技能训练七　采煤机电气系统维护及故障处理

一、训练目的

1. 能正确检查与维护采煤机的电气系统。
2. 能根据采煤机电气系统的工作现象，判断、分析与处理故障。

3. 提高检查、维护的工作技能。
4. 提高发现问题、分析问题、解决问题的能力。

二、训练内容

1. 检查与维护采煤机的电气系统。
2. 采煤机电气故障分析、判断与处理。

三、训练所用设备、材料和工具

1. 采煤机电气控制箱。
2. 万用表、摇表。
3. 绝缘胶布。
4. 套筒扳手、活动扳手、旋具（平口、梅花）、电工刀、内六角扳手。

四、训练过程

1. 训练前的准备

实习教师介绍实习采煤机电气系统电气部分的完好标准，并预设简单故障点。

采煤机电气部分的完好标准：

(1) 电动机冷却水路畅通，不漏水。电动机外壳温度不超过 80℃。
(2) 电缆夹齐全牢固，不出槽，电缆不受拉力。
(3) 采煤机各种电气保护装置齐全可靠，整定合格。
(4) 操作手把、按钮、旋钮完整，动作灵活可靠、位置正确。

2. 操作训练

(1) 采煤机电气系统维护检查。
(2) 从维护检查中发现问题，并处理好这些问题。
(3) 观察采煤机电气系统的工作情况。
(4) 根据工作情况，判断故障现象。
(5) 根据故障现象，分析出故障可能的原因。
(6) 通过合理的方法，尽快查找出故障的部位，并进行处理。
(7) 指导教师根据学生掌握的情况进行点评、指导与总结。

五、注意事项

1. 维护检查要认真、细致，注意方法。
2. 熟知故障的现象。
3. 处理故障时，要停电闭锁，并在教师监督、指导下进行处理，严禁擅自处理。
4. 在处理过程中，要保证做到清洁卫生，无杂物进入箱体内。

六、考核评价

采煤机电气系统维护及故障处理考核评价见表 4—9。

表 4—9 采煤机电气系统维护及故障处理考核评价

类型	项目	项目与技术要求	配分	评定方法	得分
过程评价（40%）	1	遵守劳动（学习）纪律	10	考勤	
	2	认真听讲记笔记	10	观察	
	3	回答问题积极	20	检查、观察	
质量评价（60%）	1	回答问题正确	30	提问、检查、观察	
	2	操作熟练、安全	30	检查、观察	

思考练习题

1. 6MG200-W 型采煤机电气设备由哪些部分组成？
2. MG400/920-QWD 型电牵引采煤机电气系统由哪些部分组成？
3. 6MG200-W 型采煤机电气设备有哪些控制及保护功能？
4. MG400/920-QWD 型电牵引采煤机电气系统主要有哪些功能？
5. 简述采煤机电气系统使用与维修的内容。
6. 无线电遥控发射机有哪些按键功能？
7. 端头操作站有哪些控制功能？
8. 简述液压牵引采煤机电气系统常见故障的分析与处理方法。
9. 简述电牵引采煤机电气系统常见故障的分析与处理方法。

第五章

采煤机附属装置

学习目标

了解采煤机附属装置的组成、作用及要求，掌握辅助液压系统的工作原理，以及常见简单故障的分析与处理。

采煤机的附属装置主要有喷雾冷却系统、调高调斜装置、辅助液压系统、挡煤板及其翻转装置、电缆拖移装置、底托架、防滑装置、破碎机构等。这些附属装置配合采煤机的其他部分实现采煤机的各种辅助功能，满足采煤机的使用要求。

第一节　喷雾冷却系统

一、喷雾冷却系统基本知识

1. 喷雾冷却系统的作用

采煤机喷雾冷却系统的主要作用是冷却电动机和牵引部，并利用高压水雾降低采煤机在截割煤层和装煤过程中产生的大量煤尘，保护工人的健康，防止因煤尘浓度过高引发煤尘爆炸事故。

为了提高采煤机的降尘效果，一般都采用内、外喷雾相结合的降尘形式。内喷雾就是使压力水流经滚筒轴的中心孔道，从安装在滚筒上的许多喷嘴喷出水雾的降尘方式。外喷雾是指喷嘴安装在采煤机机身上，将水从滚筒外向滚筒及煤层喷射的降尘方式。

内喷雾时，喷嘴离截齿较近，可以对着截齿齿面喷射，把粉尘扑灭在刚刚生成还没有扩散的阶段，降尘效果好，耗水量小，但供水管要通过滚筒轴和滚筒，需要可靠的回转密封，喷嘴易堵塞和损坏。外喷雾的喷嘴离粉尘源较远，粉尘容易扩散，因此耗水量大，但供水系统的密封和维护比较容易。

2. 喷雾冷却系统的工作过程

采煤机的水冷系统和降尘喷雾系统是结合在一起的，一部分水直接用于喷雾降尘，另一部分压力水在冷却电动机和牵引部后，再用于喷雾降尘。其工作过程是：供水由喷雾泵站、工作面巷道钢管、工作面拖移软管接入，经截止阀、过滤器及水分配器分配到各路：四路分别供左、右截割部内、外喷雾冷却，一路供牵引部冷却及外喷雾，一路供电动机冷却及外喷雾。

由于牵引部冷却器、电动机、滚筒轴密封等限制，冷却喷雾水压力不能过高，因此，需要用安全阀、减压阀控制，同时，为保证喷雾降尘效果，还应具有足够的水量及压力。《煤矿安全规程》规定：采煤机必须安装内、外喷雾装置。割煤时必须喷雾降尘，内喷雾工作压力不得小于 2 MPa，外喷雾工作压力不得小于 4 MPa，喷雾流量应与机型相匹配。无水或者喷雾装置不能正常使用时必须停机。

3. 喷嘴的结构形式及工作方式

（1）喷嘴的结构形式

喷嘴是喷雾系统的关键元件，要求其雾化质量好、喷射范围大、耗水量少、尺寸小、不易堵塞及拆卸方便。喷嘴的结构形式很多，如图 5—1 所示为使用效果较好的几种喷嘴。

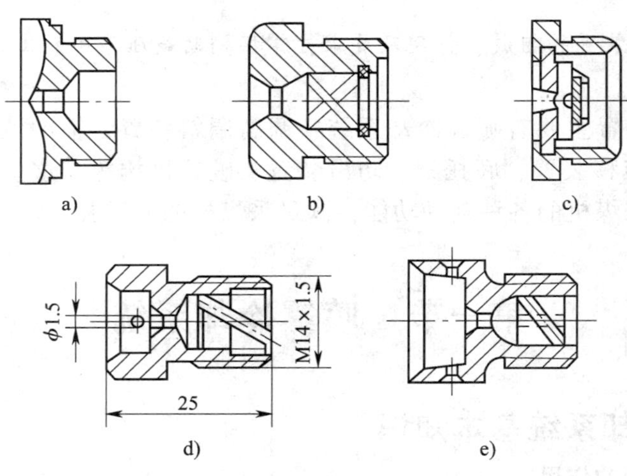

图 5—1 喷嘴的形式

a）平射型喷嘴 b）旋涡型喷嘴

c）内冲击型喷嘴 d）、e）引射型喷嘴

图 5—1a 是平射型喷嘴，由于受到一直槽的约束，喷雾断面呈扁平的矩形。图 5—1b 是旋涡型喷嘴，由于装有双头螺旋槽和旋轮，使喷雾具有旋转力，喷雾断面呈圆形。图 5—1c 是内冲击型喷嘴，压力水进入喷嘴后被分成两路，分别从喷嘴内梯形槽的两端相向流入，在喷嘴中央互相碰撞，从喷嘴中央的正方形小孔喷出，由于受到孔外一条梯形槽的约束，喷雾断面呈矩形。图 5—1d 和图 5—1e 是引射型喷嘴，从喷嘴中心孔喷出的高速水流，把喷嘴周围的空气经引风孔吸入喷嘴，气与水混合的结果使雾化效果得到改善，同时也可从空气中捕集粉尘，因而灭尘效果大为提高，而耗水量却可减少，喷嘴出口得到有效保护，不易堵塞和磨损。

在瓦斯较大的工作面，由于采煤机滚筒附近的瓦斯不能被工作面的风流带走，容易形成瓦斯集聚。故国外有的采煤机采用一种气水混合喷射装置，用以冲淡滚筒附近的瓦斯。该装置如图 5—2 所示，采用这种装置的滚筒空心轴具有较大的孔径，其中装有空心套 3 和内喷雾水管 4。在空心套和内喷雾水管之间靠采空区一端装有喷嘴 5，压力水从该喷嘴喷出，利用喷嘴附近形成的负压将大量空气吸入水雾和空气混合后从滚筒端部喷出，以达到冲淡瓦斯的目的。

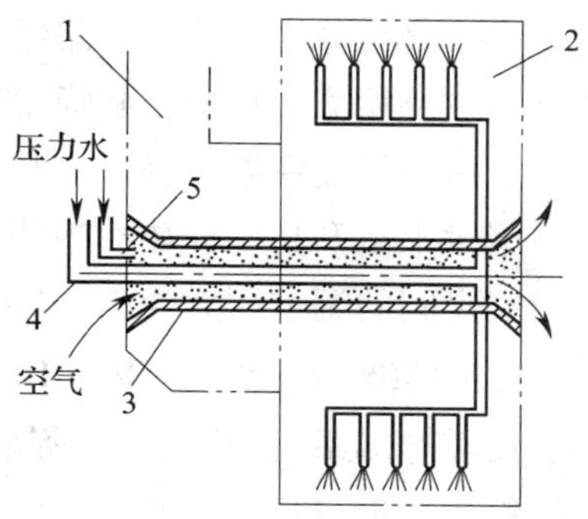

图 5—2　水和空气混合的喷雾装置
1—摇臂　2—滚筒　3—空心套
4—内喷雾水管　5—喷嘴

（2）喷嘴的工作方式

内喷雾时，喷嘴的工作方式有径向喷射、齿面冲刷和齿背冲刷等几种。齿面冲刷可将煤尘消除在截割过程中，使其不能扩散，同时可降低截齿温度，提高其使用寿命。齿背冲刷有利于防止截割火花。

二、典型喷雾冷却系统

1. 6MG200-W 型采煤机喷雾冷却系统

采煤机的滚筒在割煤、装煤过程中，会产生大量煤尘，不仅降低了工作面的能见度，而且对工人的安全、健康极为不利。因此，必须及时采取降尘措施，同时，各部件（如电动机、截割部、液压传动部）工作时会产生很多的热量，为了保证其可靠地运行，必须采取冷却措施。为此，6MG200-W 型采煤机设置了喷雾降尘和冷却装置，喷雾冷却系统如图 5—3所示。

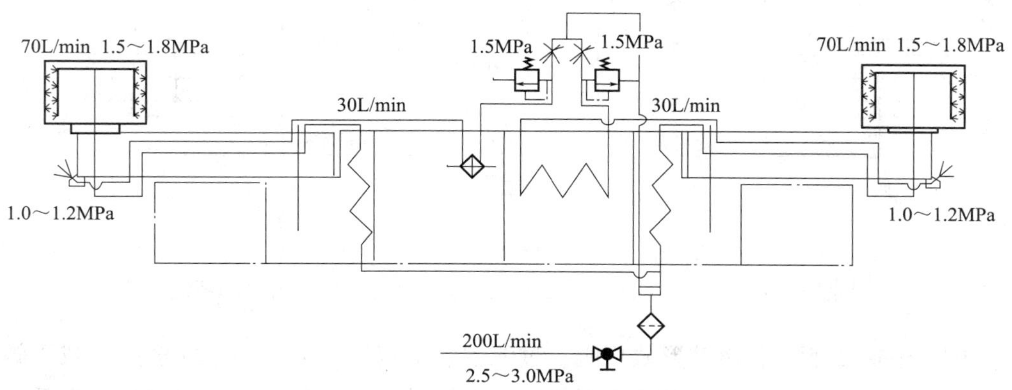

图 5—3　6MG200-W 型采煤机喷雾冷却系统

喷雾降尘和冷却效果的好坏，基本上决定于供水压力和供水量的大小。因此，设计规定，进水量不少于 200 L/min，进水压力为 2.5～3 MPa，为达到此指标，应采用专用泵来供应压力水。除此之外，为了保证较好的喷雾降尘和冷却效果，压力水通过工作面水管进入采煤机水阀并经过滤后，分成三路。

其中二路水分别冷却左右截割部的固定减速器，然后进入内喷雾装置，经滚筒上的喷嘴喷出，起降尘和冲洗并冷却截齿的作用，水量均为 70 L/min。

另一路又分为二路：一路经节流阀进入电动机的水套，冷却电动机的定子后，再经右摇臂进入右外喷雾块喷出，起降尘作用；另一路经节流阀进入液压传动部的冷却器，冷却箱内的油液后，再经左摇臂进入左侧外喷雾块喷出，起降尘作用。这两路均装有安全阀，以防喷嘴被堵时水压升高，损坏冷却器和电动机水套。

安全阀的调定压力为 1.5 MPa，两路的水量均调节为 30 L/min。

2. MG400（450）/920（1020）系列采煤机喷雾冷却系统

喷雾冷却系统如图 5—4 所示，由水阀、安全阀、节流阀、喷嘴、高压软管及有关连接件等组成。来自喷雾泵站的水由送水管经电缆槽、拖缆装置进入水阀。由水阀及三通接头分配成左、右各三路，用于冷却、喷雾降尘。

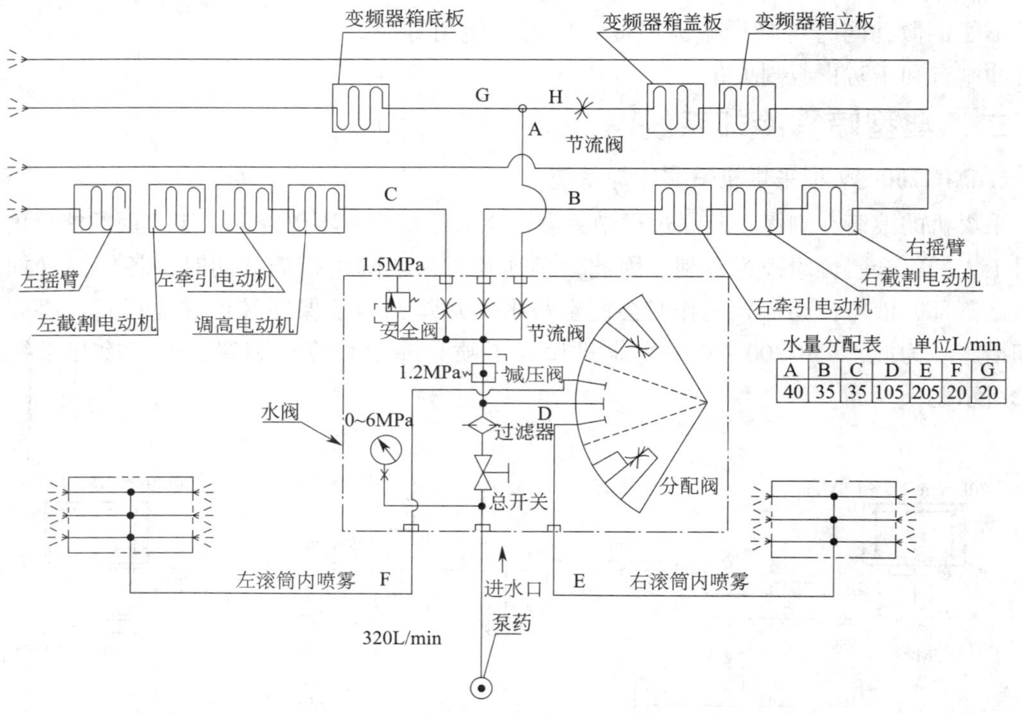

水量分配表　单位L/min

A	B	C	D	E	F	G
40	35	35	105	205	20	20

图 5—4　MG400（450）/920（1020）系列采煤机喷雾冷却系统

水阀如图 5—5 所示，由球形截止阀、过滤器、节流阀、分配阀、安全阀和减压阀等组成，减压阀如图 5—6 所示。水源的通断是通过手把操纵球形截止阀来完成的。当手把转到开的位置时，喷雾泵站提供的压力水进入过滤器过滤，然后分为两路，其中一路经分配阀后用于左右滚筒内喷雾。另一路经减压阀后在安全阀保护下分三路：一路依次经调高电动机、牵引电动机、截割电动机、摇臂的水套冷却后，至左摇臂外喷雾；第二路依次经牵引电动机、截割电动机、摇臂的水套冷却后，至右摇臂外喷雾；第三路再分两路后分别冷却变频器箱和变压器箱的顶板、侧板和底板后至采空区侧排放。操作分配手把可随时调节两滚筒的用水量来满足上、下滚筒对水量的不同要求，以取得较好的降尘效果。为确保水冷电动机及变频控制箱与变压器箱的安全，冷却水路装有减压阀及 AQF3 型安全阀，减压阀出口调定压力为 1.2 MPa，AQF3 型安全阀调定压力为 1.5 MPa。

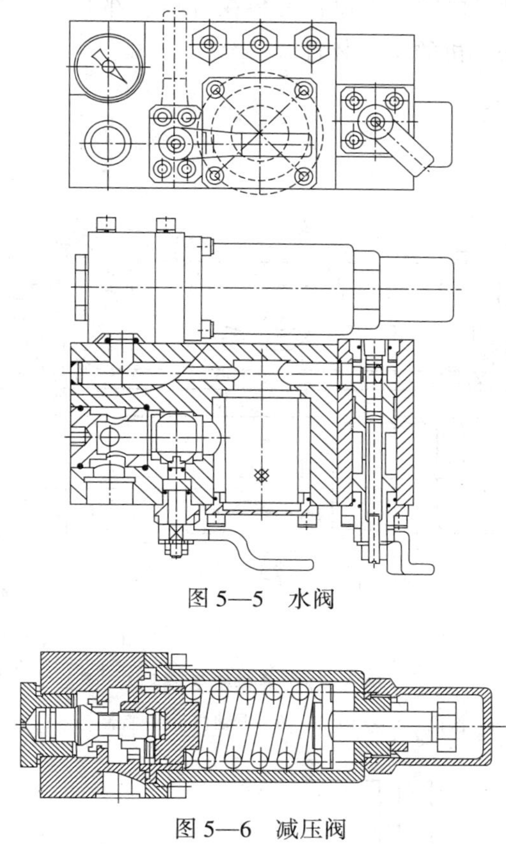

图 5—5　水阀

图 5—6　减压阀

第二节　调高调斜装置及辅助液压系统

为适应煤层厚度的变化，在煤层高度范围内上、下调整滚筒的高度，称为调高。为了使滚筒能适应底板沿走向的起伏不平，使采煤机机身绕纵轴摆动，称为调斜。

一、调斜装置

调斜通常是用底托架下靠采空区侧的两个支撑滑靴上的液压缸来实现的。调斜液压缸缸体一端固定在采煤机底托架上，活塞杆的一端固定在采煤机的滑靴上。当调斜液压缸的两腔进、出油时，调斜液压缸的活塞杆伸、缩，从而调节了采煤机的机身相对于煤壁的倾斜角度。

如图 5—7 所示为采煤机机身调斜示意图，在采煤机机身下靠采空区一侧，通过两个同步伸缩的调斜液压缸 8 和 9 使采煤机机身可绕靠煤壁侧的支撑摆动一个角度。

二、调高装置

采煤机调高有摇臂调高和机身调高两种类型，它们都是靠调高液压缸（千斤顶）来实现的，用摇臂调高时，大多数调高千斤顶装在采煤机底托架内（见图 5—8a），通过小摇臂

轴使摇臂升降 也有将调高千斤顶放在端部（见图 5—8b）或截煤部固定减速箱内（见图 5—8c）等。用机身调高时，摇臂千斤顶有安装在机身上部的（见图 5—9），也有装在机身下面的，如 MXP-240 型采煤机的调高装置。

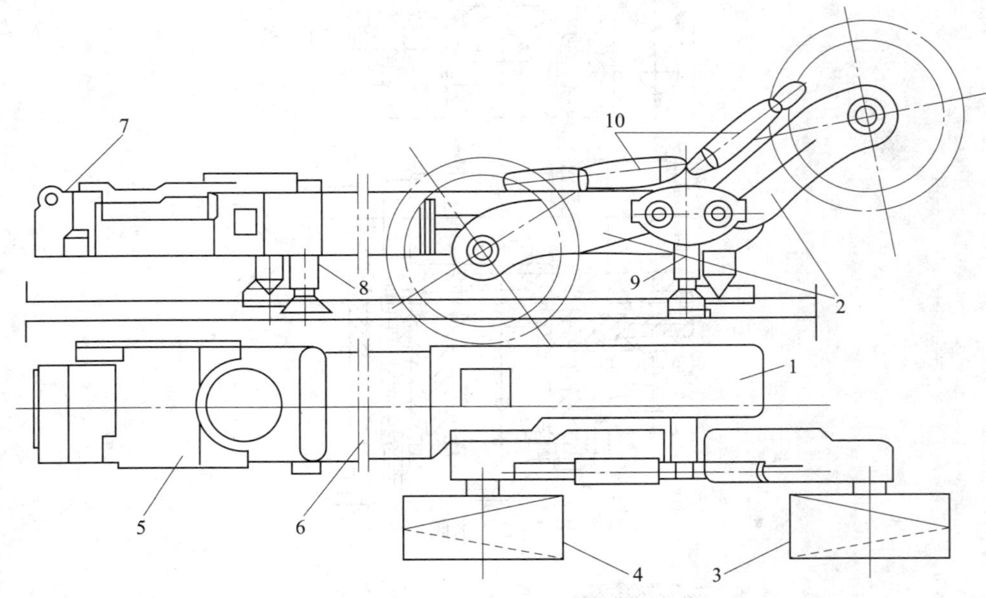

图 5—7　采煤机的调斜

1—截割部减速箱　2—摇臂　3、4—滚筒　5—牵引部　6—电动机　7—控制箱　8、9—调斜液压缸　10—调高液压缸

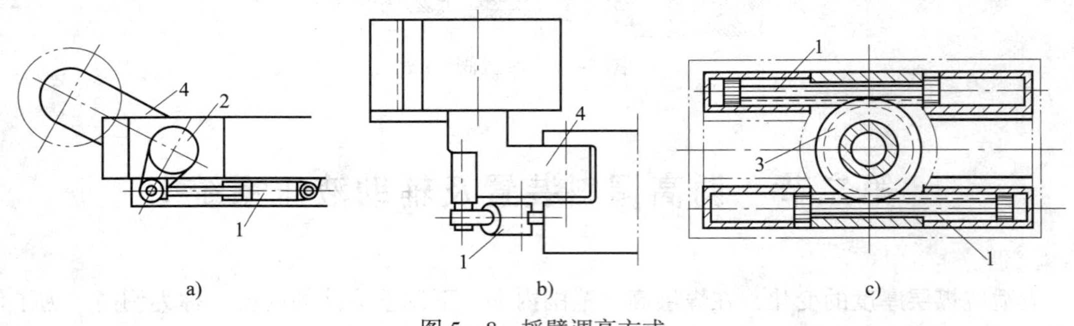

图 5—8　摇臂调高方式

1—调高千斤顶　2—小摇臂　3—齿轮　4—摇臂

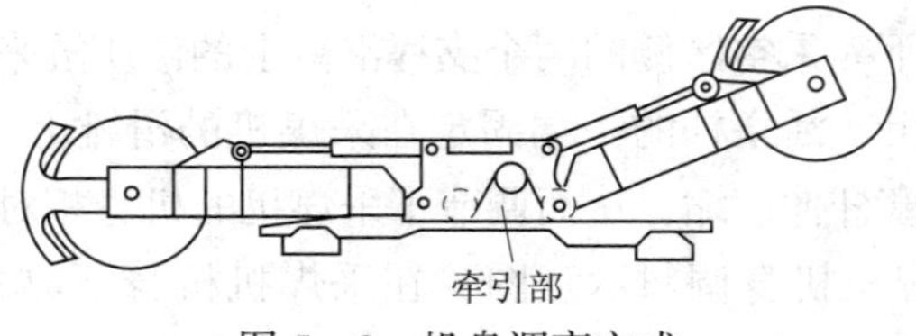

图 5—9　机身调高方式

摇臂调高采煤机的摇臂减速箱有三种形式，如图 5—10 所示。图 5—10a 为侧置式摇臂，即摇臂位于采煤机机身一侧；图 5—10b 为侧跨式摇臂，即摇臂内一部分跨过机身端部，形成双支点，其传动轴受力状况较好；图 5—10c 为端部摇臂，即摇臂在机身宽度范围内，其结构

强度、传动轴受力状况都较好，但挖底性差。MG-300 系列和 AM 系列采煤机均为侧置式摇臂。

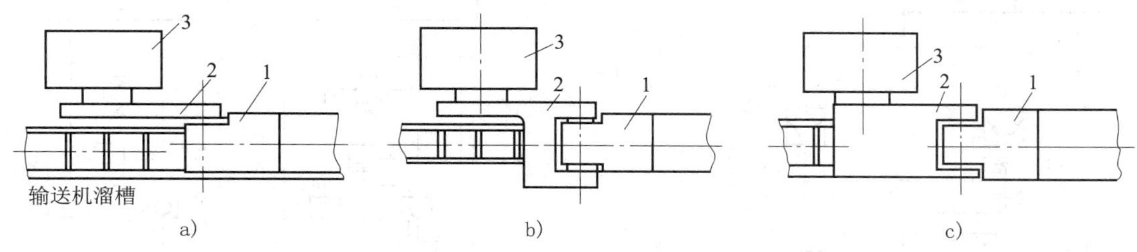

图 5—10　摇臂的形式

a）侧置式摇臂　b）侧跨式摇臂　c）端部摇臂

1—机头减速箱　2—摇臂减速箱　3—滚筒

三、辅助液压系统

1. 液压牵引采煤机调高液压系统

液压牵引采煤机调高液压系统的功能是根据需要调节滚筒高度，并在调好后保持滚筒的位置不变。如图 5—11 所示，它属于开式系统，主要由调高液压泵 2、换向阀 3、双向液压锁 4、调高液压缸 5 和安全阀 6 等组成。

换向阀 3 在零位时，调高液压泵 2 经粗滤油器 1 吸油，换向阀 3 卸荷，调高液压缸 5 不动作。换向阀 3 的手把向外拉，调高液压泵 2 输出的压力油经换向阀 3 的右阀位，进入调高液压缸 5 的前腔，调高液压缸 5 后腔的油液回油箱，使活塞杆缩回，所以摇臂下摆而使滚筒下调。松开手把，换向阀 3 回到零位，双向液压锁 4 用来锁紧调高液压缸 5 活塞的两腔，从而使滚筒保持在调好的位置上。向里推手把，油路与上述相反，摇臂上摆，滚筒上调。安全阀 6 的作用是限定调高系统的最高压力，以防调高时过载。

6MG200-W 型液压牵引采煤机调高液压系统如图 3—21 和图 5—12 所示，主要由调高泵、左右调高液压缸、手动换向阀等组成。调高泵为双联齿轮泵后泵，工作压力调定为 17 MPa，该泵只能单向运转，若电动机接线有误而使其反转时，可通过换向阀从油池直接吸油，防止其由于吸空而造成损坏。左、右摇臂的升降由左、右手动换向阀分别控制，由于两个换向阀采用串联供油，故不能同时进行操作。

两个高压溢流阀分别与调高液压缸的前后腔相通，调定压力为 27.5 MPa。当调高液压缸某一腔内的油压达到或超过该值时，与其相关的溢流阀溢油卸载，防止造成液压或机械上的损坏。

2. 电牵引采煤机辅助液压系统

以 MG400（450）/920（1020）系列电牵引采煤机为例。MG400（450）/920（1020）系列电牵引采煤机液压系统用于向调高液压缸提供液压动力，并为手液动换向阀、液压制动器提供控制油源。电牵引采煤机辅助液压系统包括调高回路、控制回路和制动回路，主要由液压泵站、油管系统、液压制动器和调高液压缸等组成。其中，液压泵站为动力源，调高液压缸和液压制动器是执行元件。液压泵站布置在左框架内，液压制动器安装在牵引减速箱上，调高液压缸安装在左、右框架上。

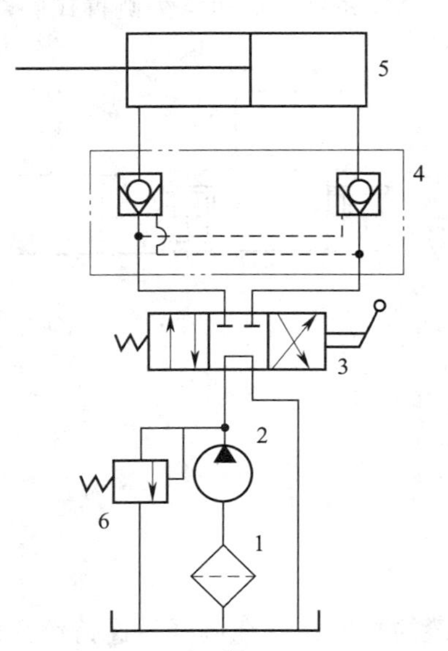

图 5—11　液压牵引采煤机调高液压系统

1—粗过滤器　2—调高液压泵　3—换向阀

4—双向液压锁　5—调高液压缸　6—安全阀

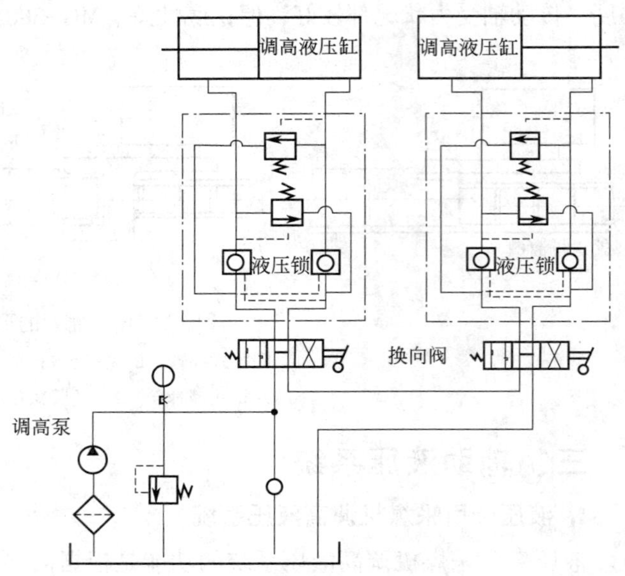

图 5—12　6MG 200-W 型液压牵引采煤机调高液压系统

（1）辅助液压系统工作原理

辅助液压系统工作原理如图 5—13 所示。调高回路设一高压溢流阀作为安全阀，调定压力为 20 MPa。两只中位机能 H 型手液动换向阀，分别操纵左、右摇臂的调高。当采煤机不需调高时，调高泵排出的压力油经手液动换向阀中位至低压溢流阀回油池，低压溢流阀调定压力为 2 MPa，此压力油是电磁换向阀、液压制动器的控制油源。

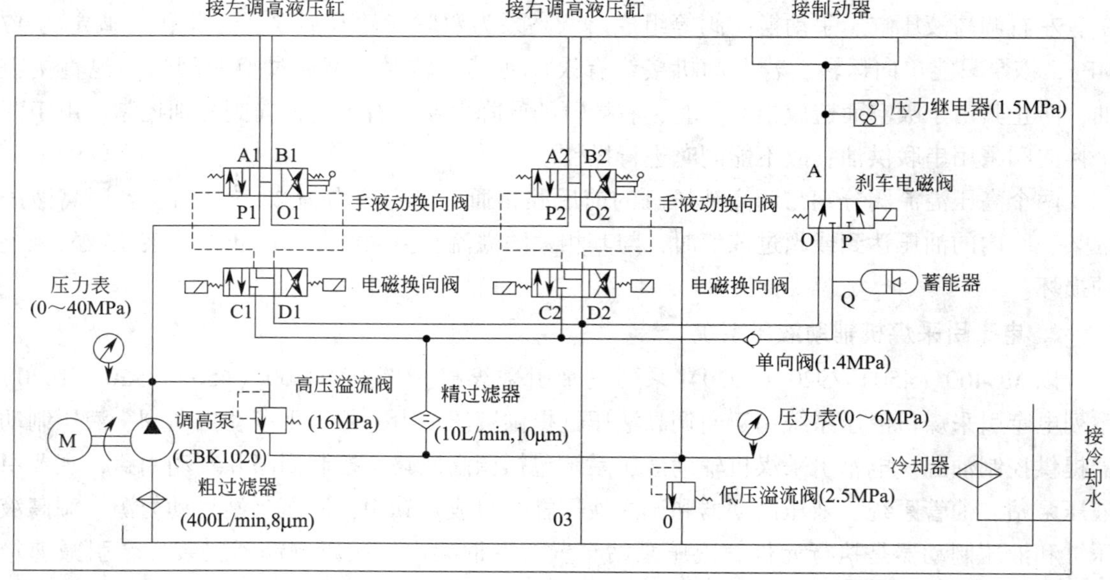

图 5—13　MG400（450）/920（1020）系列电牵引采煤机辅助液压系统工作原理

调高手柄往里推时，高压油经手液动换向阀打开液力锁，进入调高液压缸的活塞杆腔，另一腔的油液经液力锁至低压溢流阀回油池，摇臂下降；反之，将调高手柄往外拉时，使摇臂上升。

当操纵布置在整机两端的端头控制站相应的按钮时，电磁换向阀动作，将控制油引到手液动换向阀相应控制阀口使其换向，控制摇臂升、降。

当调高操作命令取消后，手液动换向阀的阀芯在弹簧作用下复位，液压泵卸荷，同时调高液压缸在液力锁的作用下，自行封闭液压缸两腔，将摇臂锁定在调定位置。调高时，不宜同时操纵左、右滚筒。

液压制动回路由二位三通刹车电磁阀、液压制动器、压力继电器及其管路等组成，其油源与调高控制回路的油源相同。刹车电磁阀贴在集成块上，通过管路与安装在牵引减速箱上的液压制动器相通。

当需要采煤机行走时，刹车电磁阀得电动作，压力油进入液压制动器将制动解锁，采煤机得以正常行走。当采煤机停机或出现某种故障时，刹车电磁阀失电复位，制动器液压腔压力油回油池，弹簧压紧内、外摩擦片，将牵引制动，使采煤机停止行走并防止下滑。当控制油压低于 1.5 MPa 时，压力继电器动作，使刹车电磁阀失电，也使液压制动器制动。若要恢复牵引，必须将控制油压调至 1.5 MPa 以上，才能恢复牵引供电，牵引系统才能正常工作。

（2）主要液压元件

液压泵站结构如图 5—14 所示，包括电动机、齿轮泵、高溢流阀、低溢流阀、粗过滤器、精过滤器、压力表组件、手液动换向阀、电磁换向阀、刹车电磁阀、压力继电器、集成块和油箱等。液压泵站可从左框架采空区侧抽出，维修方便。

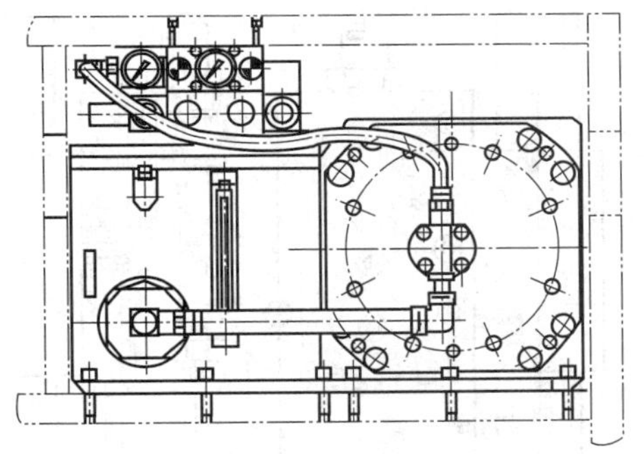

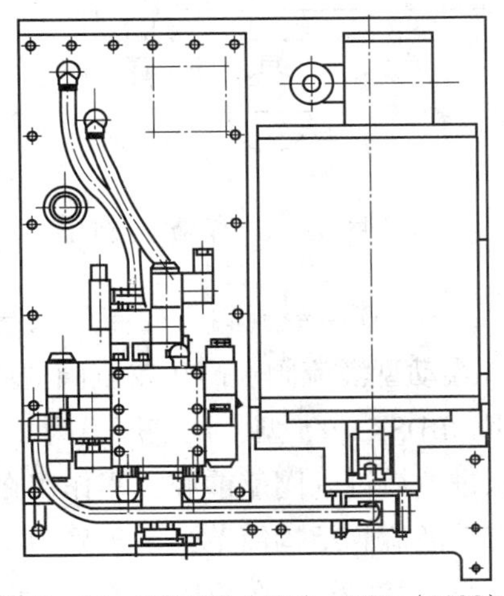

图 5—14　MG400（450）/920（1020）系列电牵引采煤机液压泵站

1）调高泵。调高泵采用 CBK1020-B4F 型齿轮泵，它具有体积小、质量轻、结构简单、工作可靠的特点。调高泵外形如图 5—15 所示。

2）手液动换向阀块和阀组。手液动换向阀的结构如图 5—16 所示。两只手液动换向阀均为 H 型三位四通换向阀，通过阀块集成在一起。阀块左、右两侧平面各安装一只三位四通电磁换向阀。

手液动换向阀两端的控制液压腔分别与 Y 型隔爆电磁换向阀的 A 口、B 口相通，只要电磁换向阀动作，就可使手液动换向阀换向。因此，手液动换向阀不仅可用手直接操作，也可通过电磁换向阀操作。手液动换向阀的上平面集成一只阀组，阀组中有高低压溢流阀、精过滤器、压力继电器、刹车电磁阀、高低压力表等，如图 5—17 所示，通过集成块的内部孔道，把系统连接起来，以减少管路。

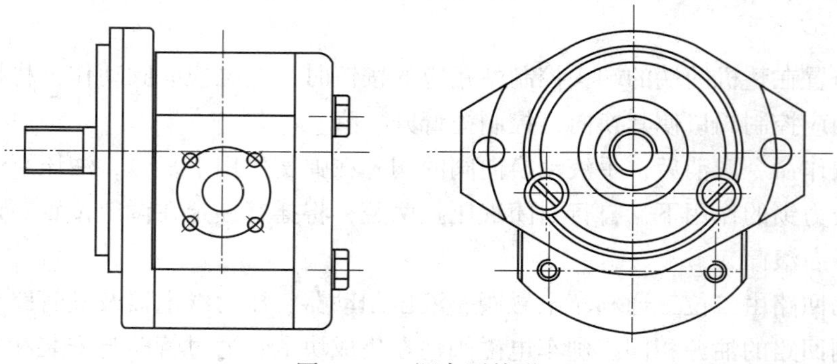

图 5—15　调高泵外形

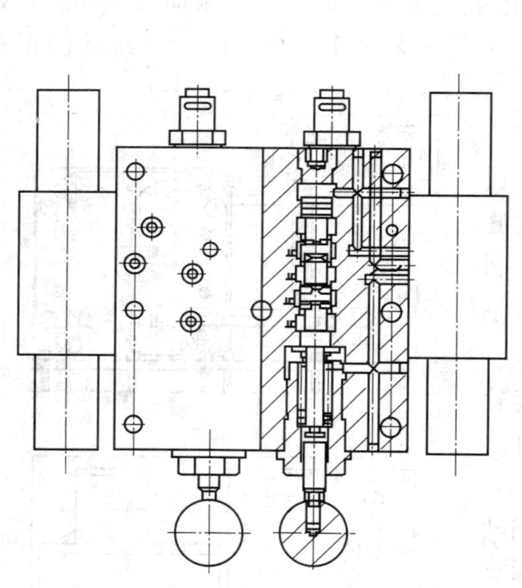

图 5—16　手液动换向阀

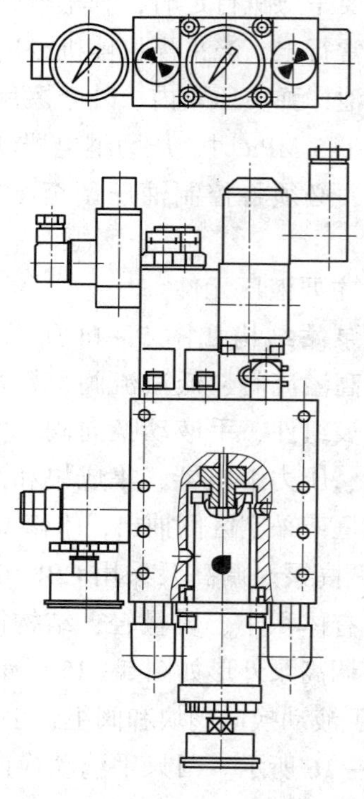

图 5—17　阀组

3）DBD 型溢流阀。在液压系统中，齿轮泵出口高压安全阀和回油低压溢流阀均采用 DBD 直动型溢流阀。高压安全阀选用 DBDS10K10/31 型，调定压力为 20 MPa。低压溢流阀选用 DBDSK10/5 型，调定压力为 2 MPa。DBD 型直动溢流阀的结构如图 5—18 所示，压力油从进油口进入阀座前腔，当作用在锥阀芯上的油压超过调定值时，锥阀芯被打开溢流。这种直动溢流阀结构简单，由于采用了阀芯尾部导向结构，阀芯开启平稳，复位可靠。

4）过滤器 。在液压系统中，设置有粗、精过滤器各一个。粗过滤器安装在油箱的采空区侧，型号为 WU63×80-J，结构如图 5—19 所示。粗过滤器采用网式滤芯，过滤精度为 80

μm，其流量为 63 L/min，可保证齿轮泵及系统内部油质的清洁。粗过滤器尾部设有单向阀，当更换滤芯时，单向阀关闭，防止油箱中的油液溢出。

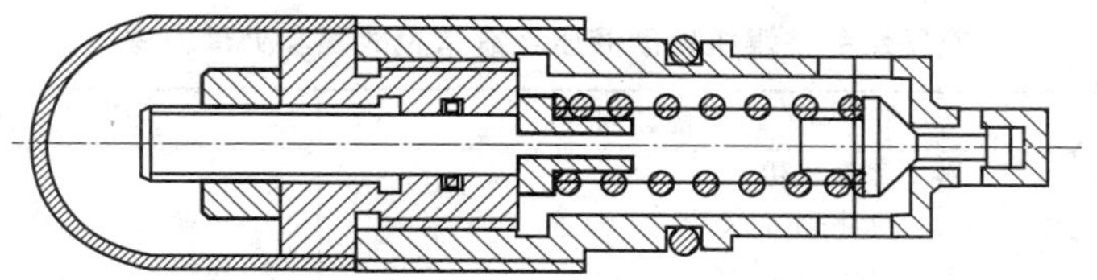

图 5—18　DBD 型直动溢流阀

精过滤器设在集成块的内部，主要保证电磁阀控制油源的油质清洁。精过滤器采用纸质滤芯，型号为 HX-25/10，过滤精度为 10 μm，流量为 25 L/min。

5）压力表。在采煤机的工作过程中，为了随时监测液压系统的工作状况，在液压泵站的集成块上装有高、低压力表。两只压力表轴向安装，左边高压表显示范围为 0~40 MPa，右边低压表显示范围为 0~6 MPa，分别显示调高及控制油源的压力。为防止表针剧烈振动而损坏，在压力表圈中装有阻尼塞。

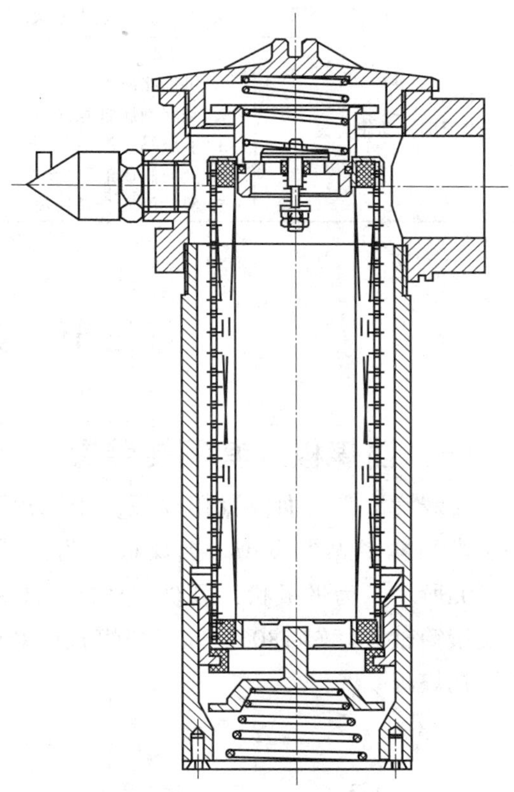

图 5—19　粗滤油器

6）压力继电器。压力继电器型号为 HED40P10/5，调定压力为 1.5 MPa，板式连接在集成块的左后侧，通过集成块的内部孔道与精过滤器、刹车电磁阀等相连。压力继电器为常开触头，当液压系统中低压控制油源的压力低于调定值时，动作闭合，给牵引系统一个停止牵引的信号，使采煤机停止牵引，并使刹车电磁阀动作，液压制动器抱闸制动。采用这种措施能防止出现液压制动器似合非合的工况。

7）电磁阀。用 34GDEY－H6B－TZ 隔爆型电磁换向阀作为手液动换向阀的先导控制，实现电、液控制。电磁阀的 A 口、B 口与手动换向阀的控制油腔相通，当得到采煤机两端的端头控制站电信号时，电磁换向阀动作，使得电磁换向阀的 P 口与 A 口或 B 口相通，控制油源进入手液动换向阀的一个油腔，而另一油腔与回油路相通，推动阀芯换向，实现摇臂升降。

用 24GDEY-H6B-TZ 隔爆型电磁阀作为刹车电磁阀，把 B 口堵住作为二位三通阀使用。当采煤机启动时，刹车电磁阀得电动作，P 口、A 口相通，压力油进入制动器克服弹簧力，使内、外摩擦片分离，牵引进入运行状态。当采煤机停机时，刹车电磁阀断电复位，O 口与 A 口接通，压力油回油池，制动器内、外摩擦片贴紧，采煤机即被制动。

3. 辅助液压系统常见故障与处理

液压牵引采煤机辅助液压系统常见故障和处理方法见表5—1。

表5—1　　液压牵引采煤机辅助液压系统常见故障和处理方法

故障现象	可能原因	处理方式
开车摇臂立即升起或下降	控制系统失灵 1. 控制按钮失灵 2. 控制阀卡研 3. 操作手把松脱	1. 更换 2. 更换 3. 紧固或更换
摇臂升不起，升起后自动下降或升起后受力下降	油路密封不严 1. 液压锁失灵 2. 液压缸串油 3. 管路漏油 4. 安全阀整定值过低	1. 更换 2. 更换 3. 拧紧或更换 4. 重调至符合要求
挡煤板翻转动作失灵	油路漏油 1. 供油路漏油 2. 翻转液压缸漏油 3. 液压马达漏油 4. 换向阀串油 5. 保护用安全阀失灵	1. 修复 2. 更换 3. 更换 4. 更换 5. 调整复位或更换

第三节　其他附属装置

一、挡煤板及其翻转装置

在螺旋滚筒后面设置挡煤板，用以提高螺旋滚筒的装煤效果，并且可以防止滚筒向外抛煤和抑制煤尘飞扬。挡煤板分为门式挡煤板和弧形挡煤板两种。门式挡煤板如图5—20a所示，为平板状，可绕铰轴打开或关闭；弧形挡煤板如图5—20b所示，为圆弧形，可绕滚筒轴心翻转180°。弧形挡煤板的装煤效果比门式挡煤板好，滚筒采煤机普遍采用弧形挡煤板。

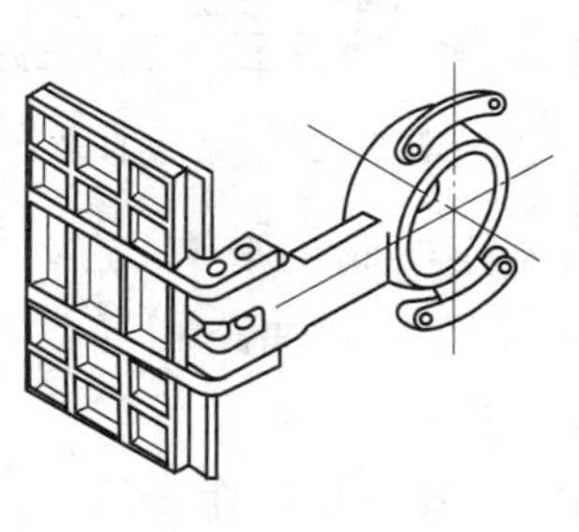
a)

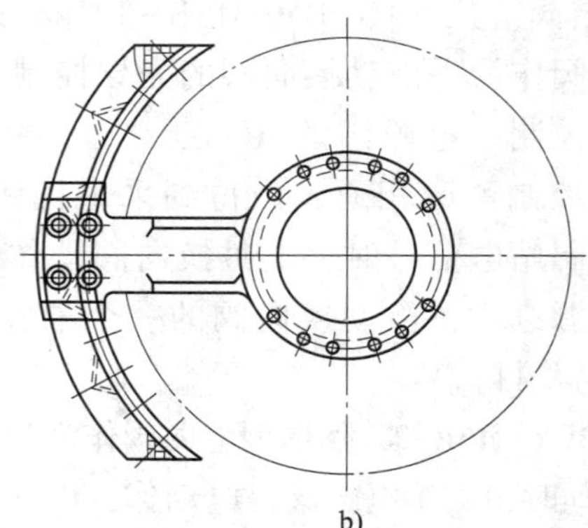
b)

图5—20　门式挡煤板和弧形挡煤板
a）门式挡煤板　b）弧形挡煤板

弧形挡煤板可以利用重力和摩擦力来翻转。当采煤机工作到工作面一端后，把弧形挡煤板固定销拔出，让弧形挡煤板自由悬挂在滚筒下面。改变牵引方向后，再把摇臂放下，靠底板与挡煤板间的摩擦力就可以把挡煤板翻到适合的一侧，再将固定销摇上即可。但这样翻转挡煤板，要求有一定的高度空间，在薄煤层中比较困难，所以采煤机一般均装有挡煤板翻转装置。

如图 5—21 所示为常用的挡煤板翻转装置，翻转时，利用装在摇臂采空侧的两个液压缸 2，液压缸的活塞 3 通过滚子链 4 带动连接块 5，连接块通过离合装置与弧形挡煤板 6 的轮毂相连。离合装置合上时，即可通过液压系统使挡煤板翻转。翻转结束时，使离合装置脱开，这时可将挡煤板浮放在底板或煤上。

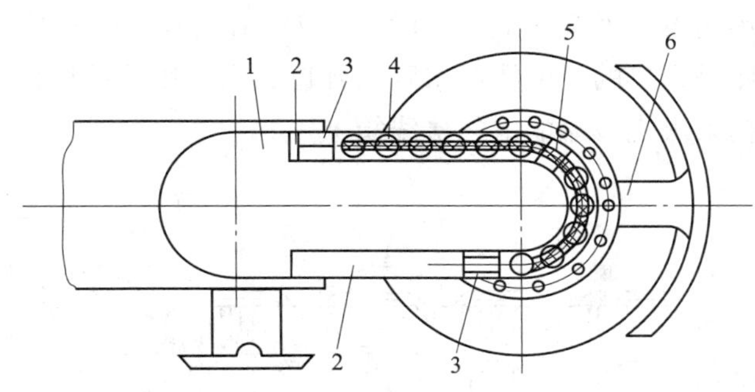

图 5—21　挡煤板翻转装置

1—摇臂　2—液压缸　3—活塞　4—滚子链　5—连接块　6—弧形挡煤板

如图 5—22 所示为 6Ls 型采煤机挡煤板翻转装置。6Ls 采煤机在摇臂两头装有弧形挡煤板。弧形挡煤板的翻转是通过安装在摇臂壳体上的 3 个液压马达驱动的，可实现弧形挡煤板翻转 360°。

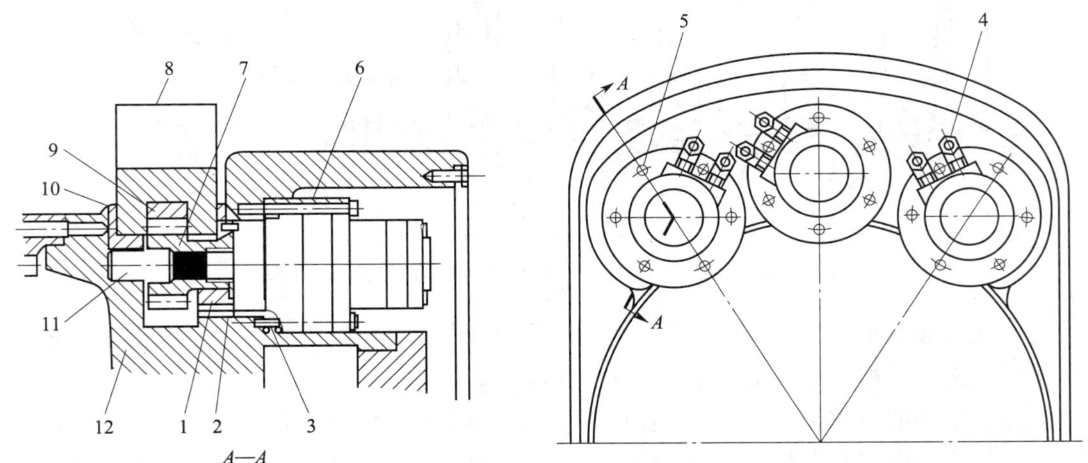

图 5—22　6Ls 型采煤机挡煤板翻转装置

1—专用衬垫　2—销钉　3—定位销　4—液压接口　5—固定螺栓

6—液压马达　7—齿轮　8—挡煤板臂　9—内齿圈　10—专用衬垫　11—有肩销钉　12—摇臂壳体

在摇臂箱体端头内部沿周向安装有 3 个翻转挡煤板的液压马达，它们并联在液压回路中，用液压胶管与泵连接。每个液压马达都有一个小型减速机构，其出轴都通过渐开线花键与一个直齿外齿轮连接，3 个外齿轮与 1 个内齿圈啮合。内齿圈由两个半圆对接而成，镶嵌在挡煤板臂中，内部有楔块定位。挡煤板臂也为两半圆形结构，安装时两半对齐，由螺栓固定，然后用螺栓与弧形挡煤板叶片连接。工作时，液压系统的压力油驱动翻转挡煤板的液压马达，使 3 个外齿齿轮旋转，带动内齿圈及挡煤板臂一起转动，实现挡煤板的翻转。

二、电缆拖移装置

采煤机上下采煤时需要收放电缆和水管。通常把电缆和水管装在电缆夹里，由采煤机一起拖动。这样，拖移它们的拉力由电缆夹来承受，而电缆和水管不承受拉力。

电缆夹由框形链环用铆钉连接而成，每段长 0.71 m，各段之间用销轴连接，如图 5—23 所示。链环朝采空区侧是开口的，电缆和水管从开口放入并用挡销挡住。电缆夹的一端用一个可回转的弯头固定在采煤机右端的电气接线箱上。

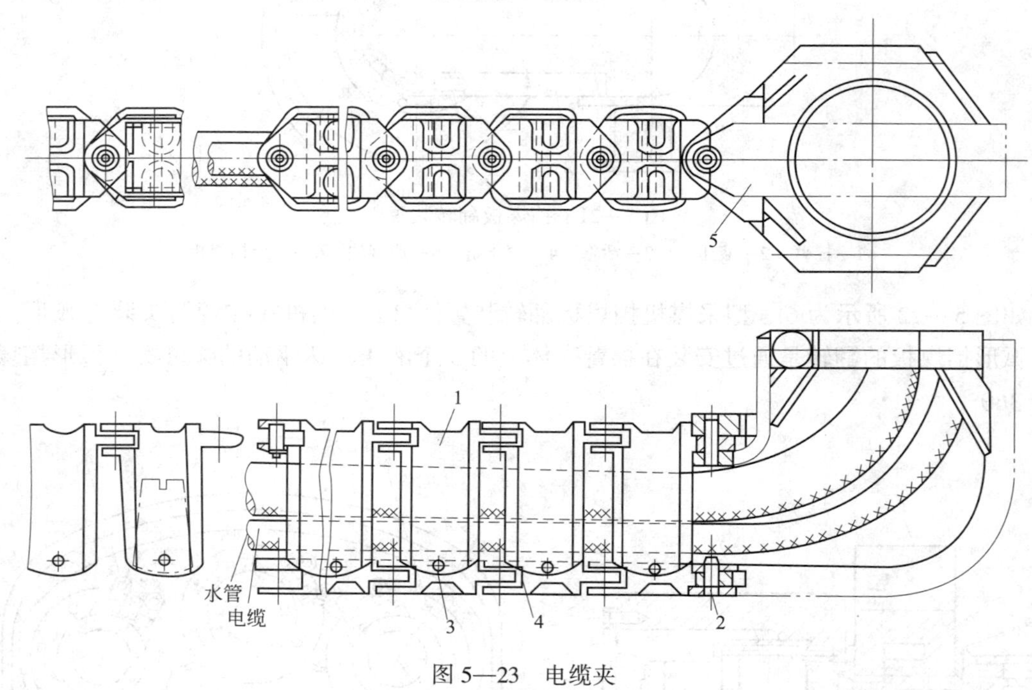

图 5—23 电缆夹

1—框形链环 2—销轴 3—挡销 4—弯头板式链 5—弯头

为了改善靠近采煤机机身这一段电缆夹的受力情况，在电缆夹的开口一边装有一条节距相同的板式链，使链环不致发生侧向弯曲和扭绞。

由主巷道来的电缆和水管进入工作面后，前半段工作面的电缆和水管直接铺在电缆槽的底部，从工作面中部附近才开始将电缆和水管放入电缆夹内。拖动的电缆及电缆夹的总长度最好比采煤机的运行长度的一半长出 2 m，以便能够打弯和适应工作面延长的需要。在采煤机下行过程中，中部电缆将出现双弯，这对某些工作面和电缆槽高度是不允许的。在这种情况下，只能使拖动的电缆及电缆夹的长度恰等于采煤机运行长度的一半。由于电缆长度没有余量，所以应在工作面两端设行程开关，使采煤机及时停止牵引，不致拉断电缆。

采用电缆夹板链可使电缆和水管不被矿石等砸坏。但在拖移过程中，由于工作面输送机经常弯曲，电缆夹易被卡住，且电缆槽内容易积煤，可能会使电缆夹垫高，导致其出槽而翻倒。因此，在采煤过程中，司机应随时注意拖缆装置的工作情况，及时清理电缆槽内的积煤，以保证电缆夹链的正常拖移，防止电缆夹板被挂住或出槽而引发事故。

MG400（450）/920（1020）系列电牵引采煤机拖缆装置结构如图 5—24 所示，由拖缆架、固定杆、回转套、连接板、销等组成。拖缆装置固定在右框架的左上部，电控箱的前面，以便电缆能顺利进入电控箱。

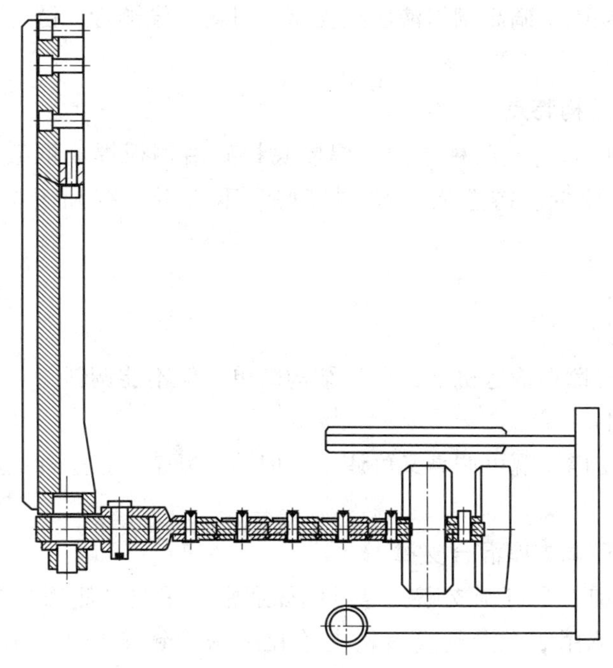

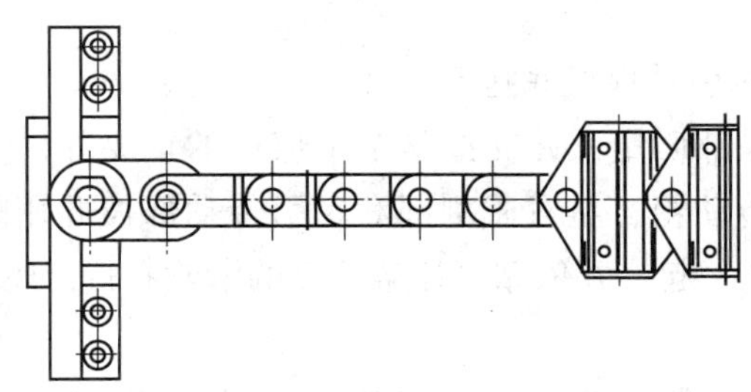

图 5—24　MG400（450）/920（1020）系列电牵引采煤机拖缆装置

三、底托架

1. 底托架的组成及作用

(1) 底托架的组成

底托架一般由左、右或左、中、右等主体部分构成，它们之间用定位销、定位块、定位用螺栓连接固定成一个整体。底托架还有调高调斜支座、滑靴、导链管、定位块等其他附件。

一般采煤机的电动机、截割部、牵引部、控制箱等都组装成一个整体，并用螺栓和定位块固定在底托架上。底托架的高度要根据采高、滚筒直径、机面高度及挖底量等来确定。底托架与输送机支撑导向部分的结构尺寸必须相匹配。底托架下应留有足够的过煤高度，保证煤流畅通。

（2）底托架的作用

底托架的作用是支撑、固定整个采煤机，并使其在刮板输送机上沿导向装置平稳地移动。底托架还可以用来固定调高调斜液压缸支座、滑靴、导链管、链轮轴等，以及固定和保护冷却、喷雾水管。

2. 底托架的主体结构特点

底托架主体有焊接和铸造两种结构。焊接底托架由钢板焊成框架，用螺栓连接而成，它的刚度较差，应用较少。铸造底托架刚度好、重心低，有利于机器稳定工作，应用广泛。

3. 底托架支撑形式

（1）刚性支座支撑

用 4 个刚性支座支撑在输送机上，它的结构简单，但不能调斜。

（2）可调支座支撑

用 4 个可调支座支撑，既可调高又可调斜，但结构复杂，且这种支座系统静力不定，已很少应用。

（3）刚性支座和可调支座混合支撑

用 2 个刚性支座和 2 个可调支座支撑，例如通常在采空区侧用 2 个可调滑靴套在输送机的导向管上，煤壁侧用 2 个滑靴或滚轮支撑在槽帮或铲煤板上，这种支撑形式应用最普遍。

4. 典型底托架

（1）6MG200-W 型液压牵引采煤机底托架

底托架是承受采煤机的全部质量，并支撑整个采煤机的重要部件。6MG200-W 型液压牵引采煤机的电动机、液压传动箱、左右截割部和牵引传动部彼此用螺栓连接成一个整体后，再用螺栓与底托架紧固在一起，并依靠底托架下面的滑靴和行走轮组，骑在工作面输送机上滑行。

底托架主要由左托架、右托架、导向滑靴、滑靴、行走轮组和斜铁固定装置等组成。底托架采用钢板焊接件，为了便于井下运输，底托架分为左右两部分，彼此用定位销和高强度螺栓、液压防松螺母连成一体。导向滑靴布置在靠采空区侧，滑靴靠煤壁侧，它们均用销轴与底托架铰接在一起，并均可相对底托架摆动。导向滑靴和行走轮组还可相对底托架沿销轴移动，以适应工作面输送机工作时可能出现的起伏不平状况，两只导向滑靴布置在行走轮组的侧面，以保证齿轮与销排的正常啮合。整台采煤机采用 M30×3.5 的高强度螺栓和液压防松螺母紧固在底托架上，为防止采煤机工作时产生左右窜动，在底托架的左右两端各装有一个斜铁紧固装置，以便将机体楔紧，以此改善紧固螺栓的受力状况，防止被切断。

（2）MG400（450）/920（1020）系列电牵引采煤机底托架

MG400（450）/920（1020）系列电牵引采煤机底托架也称大框架。大框架即采煤机机身，包括左框架、中间框架、右框架和连接各框架的液压紧固装置，以及调高液压缸和滑靴组件等，如图5—25所示。4根M42×3长液压螺栓副将左、右框架与中间框架紧固为一体，在2个对接面还各有4根M30×3.5和1根M42×3短液压螺栓副加固，为增强抗扭能力，对接面均设置2只大定位销，直径分别为ϕ300 mm和ϕ200 mm。

1）左、右框架。左、右框架结构基本对称，其中左框架如图5—26所示。作为行走传动装置的支撑架，左、右框架内都装有牵引电动机、牵引减速箱、双级行星减速器及行走箱等。在机身两端，通过阶梯轴连接端头分别与左、右截割部的摇臂铰接，还装有端头控制站，可操纵摇臂的调高、采煤机的行走等。左、右框架下部均装有滑靴和调高液压缸。左框架内装有液压泵站、机内油管和水路系统，右框架内装有电控箱和拖缆装置。

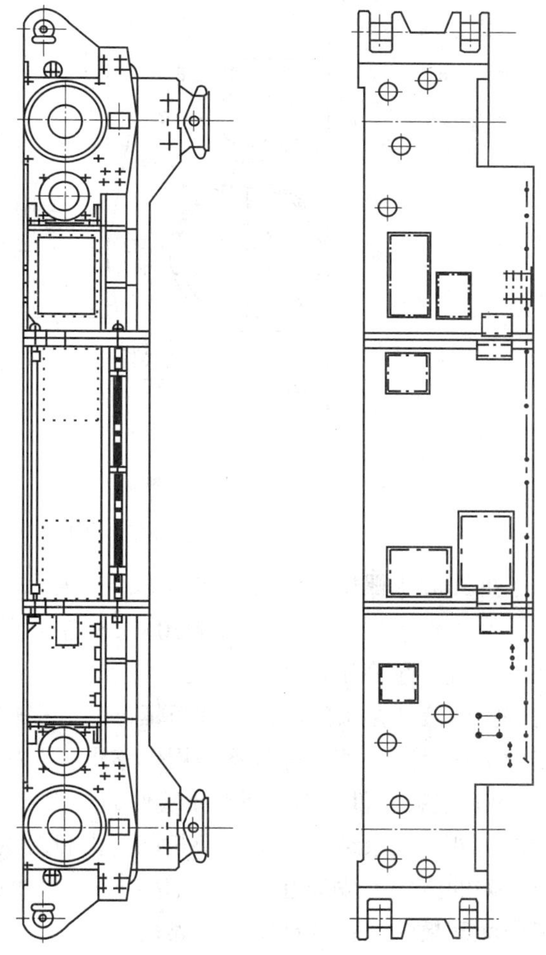

图5—25　大框架

2）中间框架。中间框架结构如图5—27所示，内装变频调速箱和制动电阻箱，它们均可从采空区侧抽出，便于维修。在煤壁侧留有布线通道，用来保护电缆、油管和水管。在中间框架顶部设有三个盖板，其中一个在变频器盖板的冷却水管接头上方，另两个正对着调速箱的接线腔盖板，便于安装、检查和维修。

3）液压螺母。液压螺母如图5—28所示，由螺母、活塞、螺栓、密封圈、油堵、紧圈组成。

其工作原理和使用方法如下：由超高压泵提供高压油，通过超高压软管、快速接头注入液压螺母油腔，缓慢拉伸高强度螺栓，达到规定压力后，用机械方式锁紧，使螺栓始终处于拉伸状态，以达到防松锁紧的目的。液压螺母采用两种规格：即MYAM30×3.5（限定油压为200 MPa）和MYCM42×3（限定油压为180 MPa）。

①操作步骤。检查液压螺母紧圈端与活塞端距离，在B结合面无间隙情况下，距离不得大于2 mm；把液压螺母和高强度螺母与高强度螺栓安装就位；取掉液压螺母上的黄色螺

堵，装上快速接头座；接上超高压泵软管，接通超高压泵，关闭（拧紧）超高压泵的截止阀；确定超高压泵油箱油量充足，开始打压，直到规定压力；拧紧紧圈，使其贴紧螺母端面，使得结合面 B 无间隙；缓慢转动油泵截止阀，卸去压力；拆下液压螺母上的快速接头座，并拧入螺堵。

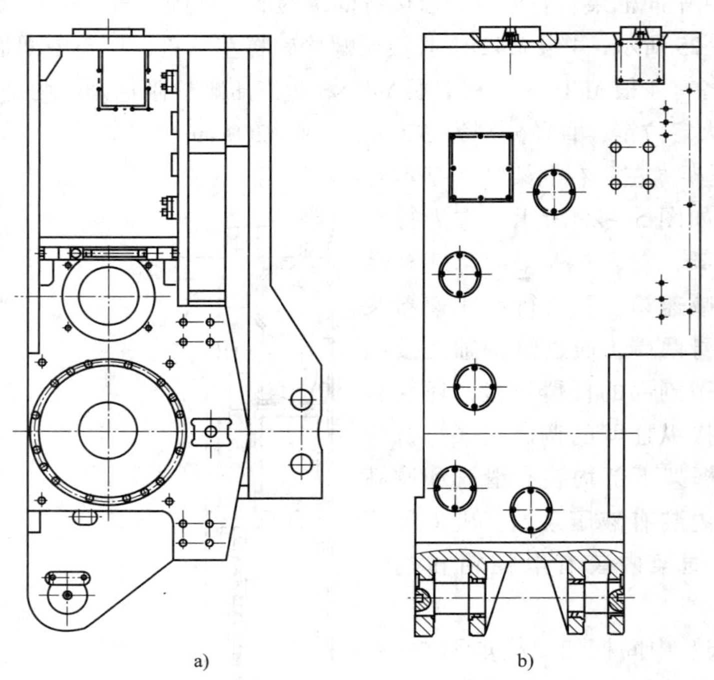

图 5—26　左框架

拆卸液压螺母步骤与安装相仿，打压后转动紧圈使其与螺母脱离即可。

②注意事项。液压螺母 M30×3.5 打压到 200 MPa 为宜，液压螺母 M42×3 打压到 180 MPa 为宜。超高压设备需专人保管和负责，培训合格后方能上岗。超高压泵使用专用油，需保护油液和接头的清洁。液压螺母的行程较小，使用时不得超过 5 mm，安装前要清除对接面上的毛刺。液压螺母不得用作移距，对接面接触后要用液压螺母锁紧。

4）滑靴组件。WD 型滑靴组件的结构如图 5—29 所示。GWD 型滑靴组件的结构除连接板加高外，其余结构与 WD 型相同。滑靴分为采空区侧的导向滑靴（安装在行走箱上）和煤壁侧的滑靴（安装在左、右框架上）。采煤机依靠两只导向滑靴和两组滑靴组件分别骑在工作面刮板输送机的销轨和铲煤板上。

四、防滑装置

在采煤工作面倾角达 10°及以上时，骑在输送机中部槽上运行的采煤机就有下滑的危险。目前对于无链牵引采煤机，由于在牵引液压系统中设有液压制动装置，能起到可靠的防滑作用，所以不必设置单独的防滑装置。而对于有链牵引采煤机，为防止牵引链断链后下滑，必须设置单独的防护装置。所以《煤矿安全规程》中明确规定：工作面倾角在 15°以上时，滚筒式采煤机必须有可靠的防滑装置。

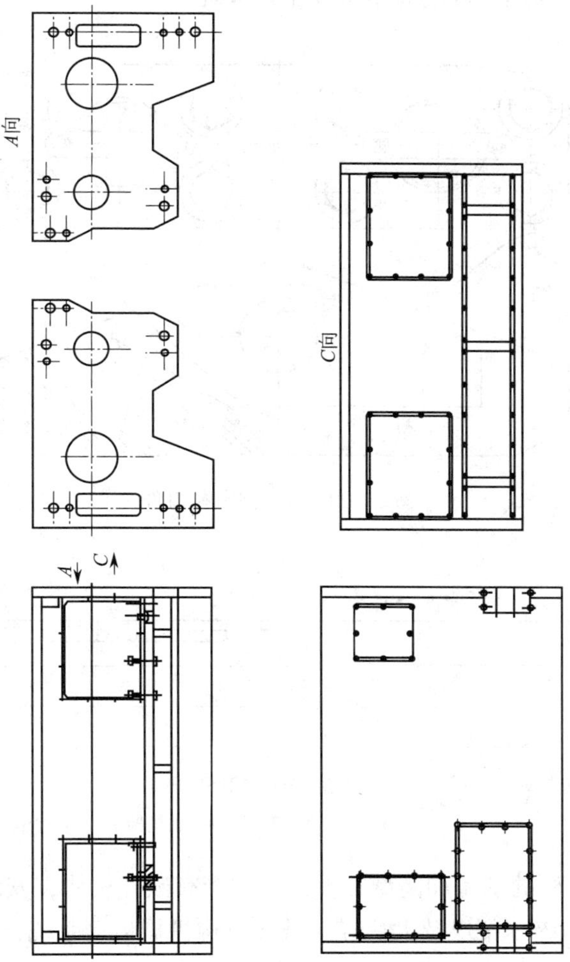

图 5—27　中间框架

最简单的办法是在采煤机下面顺着煤层倾斜向下的方向装设防滑杆，如图 5—30 所示。防滑杆 1 安装在底托架上，其端部指向刮板输送机下侧方向。它靠手把 2 操纵，可以抬起和放下。采煤机上行采煤时，用手把 2 将防滑杆放下，这样在未断链时，防滑杆自由滑过输送机刮板链，不会影响采煤机运行，一旦断链时，防滑杆便顶在输送机刮板上，这时立即停止输送机，便可阻止采煤机下滑。下行采煤时，由于滚筒顶着煤壁，采煤机没有下滑的可能，所以应将防滑杆抬起，否则将影响采煤机运行。防滑杆的防滑力有限，仅适用于中小型采煤机。

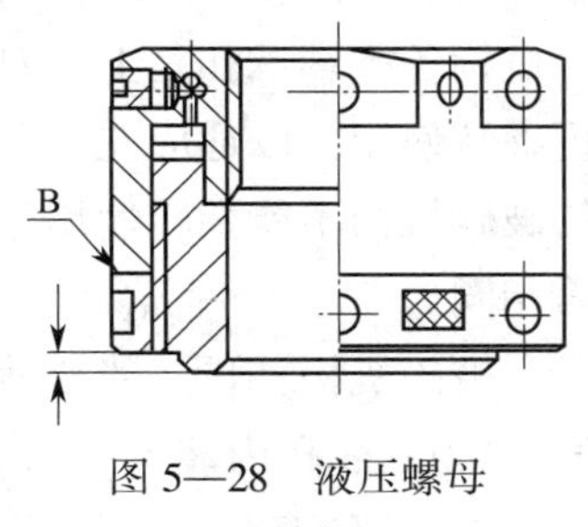

图 5—28　液压螺母
B—接合面

此外还有抱闸式防滑装置、盘式制动器防滑装置、摩擦片制动器和防滑绞车。

五、破碎机构

在煤层较厚、煤的块度较大时，采煤机或转载机上应安装破碎装置。下面以 MG-300 系列采煤机上的破碎装置为例，说明其结构及工作原理。

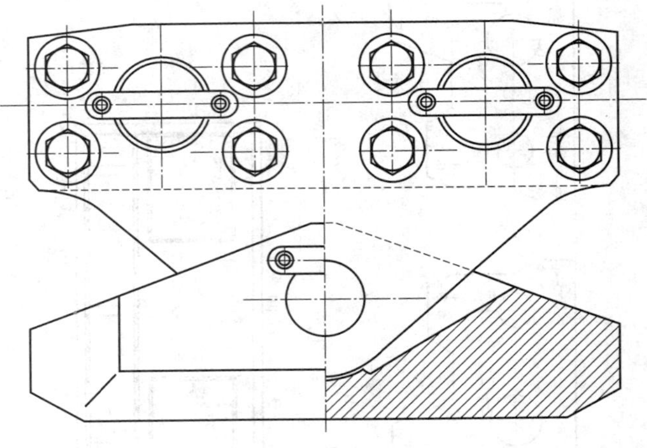

图 5—29　WD 型滑靴组件

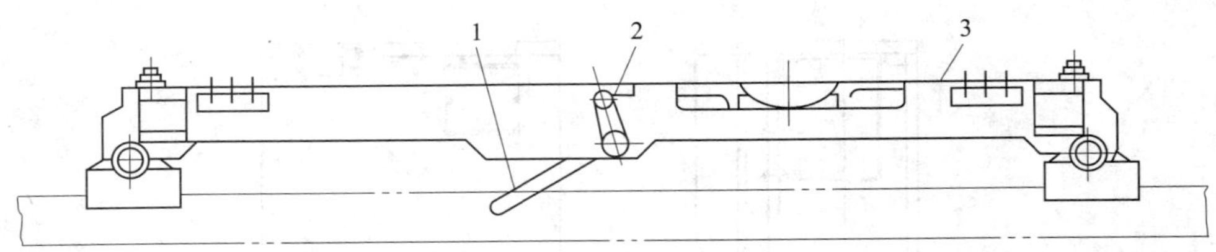

图 5—30 防滑杆

1—防滑杆　2—手把　3—底托架

MG-300 系列采煤机的基型和高型在设计上均带有破碎机构，安装在刮板输送机机尾方向的截割部上，用来破碎片帮煤及大块煤。破碎机构机械传动系统，如图 5—31 所示。

破碎装置主要由固定机壳、摇臂壳、传动齿轮、小液压缸、离合手把及破碎滚筒等部件组成。破碎机构通过止口用螺栓固定在截割部机壳上。破碎机构各行轴承孔是上下对称加工的，因此，机壳可翻转使用，以适应左右工作面的需要，但组装后的破碎机构不能翻转使用。破碎滚筒转向和截割滚筒相同。

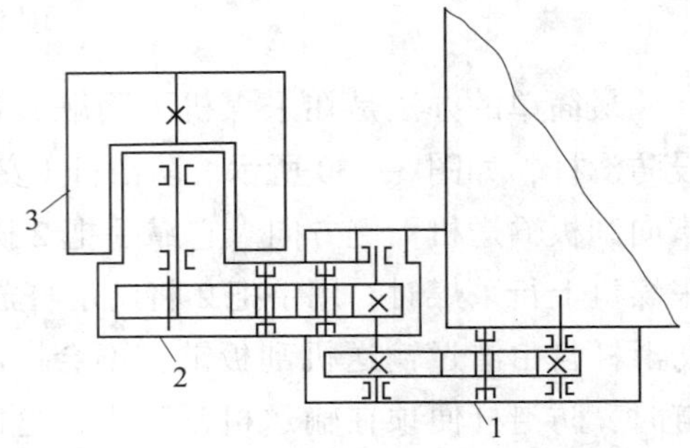

图 5—31　破碎机构机械传动系统

1—破碎装置固定减速器

2—破碎滚筒摇臂　3—破碎滚筒

破碎机构如图 5—32 所示。轴齿轮 z_{22} 从机壳的 ϕ240 mm 孔内装入，由 2 个轴承 3519 支撑。离合齿轮 z_{21} 在矩形花键上滑动，行程为 25 mm。齿轮 z_{23} 由 2 个 42219 轴承支撑在偏心套上。偏心套通过平键固定在心轴上。摇臂通过回转套装入固定机壳内，支撑在两个固定套内。轴齿轮 z_{25} 从回转套内装入，由轴承 3526 及 3522 分别支撑在回转套及固定机壳内。齿轮 z_{24} 通过矩形花键固定在轴齿轮 z_{25} 上，回转套与 2 个固定套的端面须保持间隙 0.2~0.5 mm，保证小摇臂转动灵活。接着安装带有轴承 4222 的惰轮 z_{26} 和 z_{27}，破碎滚筒轴由 2 个轴承 3528 支撑在小摇臂壳内，由齿轮 z_{25} 通过矩形花键带动，并通过渐开线花键（$m=5$，$z=26$）带动固定在该轴上的破碎滚筒。

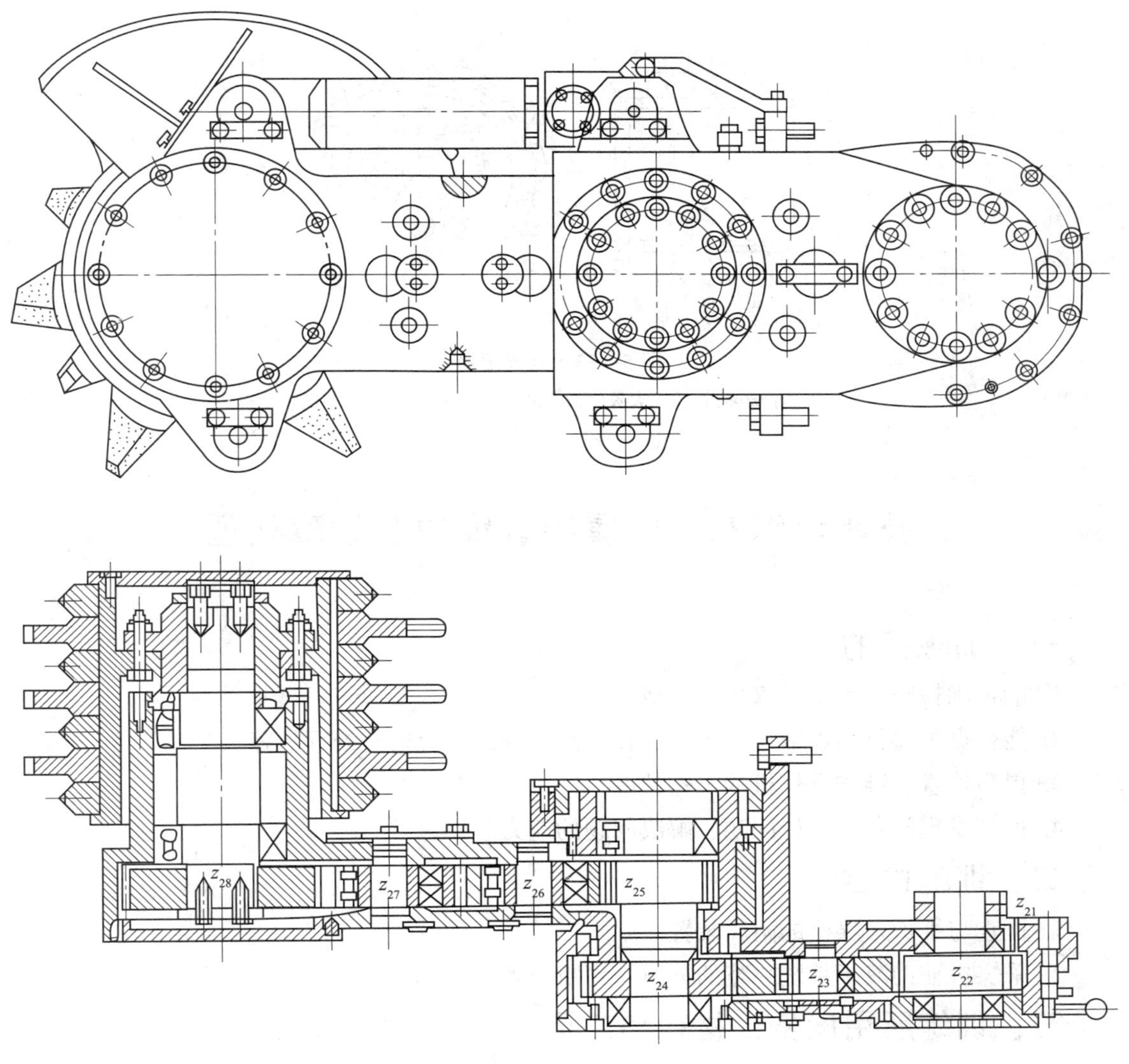

图 5—32　破碎机构

破碎机构固定机壳内的油池与截割部固定箱机壳相通。小摇臂壳内的油池是单独的。小摇臂的位置由小液压缸控制，可以从水平位置下摆 40°。

破碎机构的调高由小液压缸来实现。小液压缸由缸体、活塞杆、活塞、钢管、导向套及安装在活塞杆端部的液压锁等组成。用销轴把液压缸两端分别固定在破碎机构的固定机壳和摇臂壳上。调高液压缸是用活塞杆端的两个接头座通过两根内径为 $\phi10$ mm 的高压软管与液压传动部的外接口 L、K 连接。通过操作液压传动部上的破碎机构手液动换向阀或按动破碎机构调高按钮，可实现破碎机构小摇臂的调高。

破碎滚筒主要由小破碎齿、大破碎齿、破碎滚筒体、端盖和键等组成，如图 5—33 所示。轮毂上用键固定 3 片大破碎齿和 4 片小破碎齿，每片破碎齿沿圆周径向交错布置 6 把刀齿。为提高齿面的耐磨性，刀齿表面堆焊新型耐磨材料。

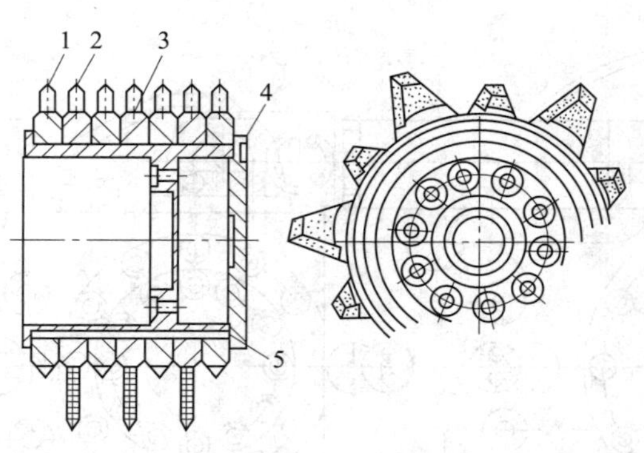

图 5—33　破碎滚筒
1—小破碎齿　2—大破碎齿　3—轮毂　4—端盖　5—键

技能训练八　附属装置维护及故障处理

一、训练目的

1. 能正确检查和维护采煤机的附属装置。
2. 能根据采煤机辅助液压系统的工作现象，判断、分析与处理故障。
3. 提高检查、维护采煤机的工作技能。
4. 提高发现问题、分析问题、解决问题的能力。

二、训练内容

1. 检查与维护采煤机的附属装置。
2. 采煤机辅助液压系统故障的分析、判断与处理。

三、训练所用设备、材料和工具

1. 采煤机。
2. 手锤、手钳、胀簧钳、套筒扳手、活动扳手、起吊设备等。

四、训练过程

1. 训练前的准备

实习教师介绍采煤机附属装置的完好标准（参见第六章第四节），并预设故障。

2. 操作训练

（1）采煤机附属装置维护检查。

（2）从维护检查中发现问题，并处理好这些问题。

（3）观察采煤机附属装置的工作情况。

（4）根据工作情况，判断故障的现象。

（5）根据故障的现象，分析故障可能的原因。

（6）通过合理的方法，尽快查找出故障的部位，并进行处理。

（7）指导教师根据学生掌握的情况进行点评、指导与总结。

五、注意事项

1. 维护检查要认真、细致，注意方法。

2. 熟知故障的现象。

3. 善于总结，找出规律。

4. 拆装时注意安全。

5. 在拆装过程中，要保证做到清洁卫生，无杂物进入箱体内。禁止使用棉纱，要用绸布或泡沫塑料。

6. 在安装过程中，要突出一个“细”字，不可丢掉或损坏任何一个密封件。

六、考核评价

附属装置维护及故障处理考核评价见表 5—2。

表 5—2　　**附属装置维护及故障处理考核评价**

类型	项目	项目与技术要求	配分	评定方法	得分
过程评价（40%）	1	遵守劳动（学习）纪律	10	考勤	
	2	认真听讲记笔记	10	观察	
	3	回答问题积极	20	检查、观察	
质量评价（60%）	1	回答问题正确	30	提问、检查、观察	
	2	操作熟练、安全	30	检查、观察	

思考练习题

1. 采煤机有哪些附属装置？其作用是什么？

2. 简述采煤机辅助液压系统的工作原理。

3. 采煤机附属装置的完好标准是什么？

4. 简述采煤机辅助液压系统常见故障的处理方法。

5. 简述液压螺母的组成与工作原理。

第六章

采煤机的使用

学习目标

了解采煤机井上检查的内容与采煤机的解体、入井、运输及井下安装、试运转相关知识，掌握安装采煤机的注意事项和安装质量要求，掌握采煤机操作前的准备工作、操作规程及注意事项，了解采煤机检修的内容和检修质量要求，掌握采煤机的维护与检查，掌握采煤机常见简单故障的原因及处理方法。

采煤机使用的好坏直接与采煤机安装、检查、维护、故障处理等息息相关，同时也与正确操作与否密不可分。因此，要从井上、入井、运输、安装、试运转入手，实现各个环节的质量控制，确保安装质量过关；在运行使用过程中要加强检查、维护与故障处理，通过这种预防性检修，保证采煤机长期处于完好状态；通过正确、安全操作，有效发挥采煤机的工作性能，提高采煤机的使用效率和使用寿命。

第一节　采煤机安装与调试

一、井上检查与试运转

1. 地面检查

采煤机下井前，应在地面进行下列检查：

（1）清点部件（包括采煤机的技术文件）数量是否齐全。

（2）安装连接关系是否准确。

（3）外接管路是否挤压、碰撞损坏，接头是否拧紧。

（4）手把位置是否正确，操作是否灵活可靠。

（5）电气系统的绝缘、防爆性能是否符合要求。

（6）各连接螺栓是否紧固。

（7）牵引机构、齿轮箱、摇臂、电动机、中间箱等各腔是否有脏物、积水。

（8）采煤机结构、性能参数是否符合订购要求，设备间配套关系是否正确，保证使差错和事故隐患在下井之前得到解决。

2. 试运转

在清点部件数量并将它们组装成整机后，应进行以下几方面的工作：

（1）按照技术要求向有关部位注液压油和润滑油（或润滑脂），通冷却水。

（2）地面试运行时，一般不少于 30 min 整机空载运行。

（3）检查刮板输送机、液压支架、转载机等设备的配套性能和配套尺寸是否符合要求。

（4）启动采煤机，首先判断各运转部分的声音是否正常，有无异常的发热和渗漏现象。再检查各部分的动作是否正确、灵活、可靠。检查内容包括滚筒转向要符合工作要求，摇臂升降灵活，截割部和牵引部离合器手把、牵引换向和调速手把，以及其他手把、按钮、开关灵活，挡煤板翻转灵活，喷雾系统工作正常，各保护装置和显示仪表工作正常，各防爆部位连接牢固等。

（5）性能测试

牵引部：正、反向的最大牵引速度，牵引速度回零情况，正、反向的压力过载情况（须进行几次测试）。

截割部：在电动机额定功率的 50% 和 75% 的加载试验中，各正、反转 30 min，测定电动机电流、各部位油温和机壳温度，测量齿轮的啮合间隙和接触斑点。加载试验结束后的油温不得高于 60 ℃，壳温不得高于 110 ℃。此外，还要测定辅助液压系统的压力、摇臂升降时间和调高范围等。

二、采煤机的入井和运输

1. 采煤机的入井注意事项

采煤机在地面试运转正常后方准入井。采煤机的入井及运输应按相关要求进行。

为了便于采煤机井下组装，如果提升、运输条件许可，应尽量采用整体运输，至少应使采煤机牵引部和电动机，截割部减速箱和摇臂一起运输。必要时，也可以分成滚筒、摇臂及截割部减速箱、电动机、牵引部、底托架等几部分运输。

在入井前，应根据工作面的方向（左或右）和机器的安装顺序，在井上安排好各部件的装车次序及方位，以免在井下作不必要的调头，特别是整体底托架在井下很难调头。

各部件运输时应用木板垫在其结合处，以保护加工面，并用防护罩保护外伸的轴，用托架将摇臂锁定在减速箱上。液压件接头处应加塑料盖，以防脏物进入。

2. 采煤机井下运输注意事项

（1）对裸露的结合面、管接头、电缆、操作手把、按钮必须采取保护措施。

（2）对活动部分必须采取固定措施，液压缸必须与主机架固定。

（3）油管、水管端头必须堵后包扎方能下井。

（4）紧固件及零碎小件必须分类装箱下运，以免丢失。

（5）零部件装车时要注意重心，保证加工面及手把、按钮不受撞碰和摩擦，捆绑要牢靠。

（6）装车顺序由现场安装地点和井下运输条件来确定。进入安装地点的零部件先后顺序一般是后滚筒、右摇臂、右截割部的减速箱、底托架、牵引部、电动机、左截割部的减速箱、左摇臂、前滚筒和护板等。装车的排列顺序与安装顺序密切相关，所以一般是未装底托架之前，先把后滚筒、右摇臂拉过一定的距离之后，再装底托架，这样会给安装带来一定的便利。

三、采煤机的安装与试验

1. 安装的准备

采煤机的安装准备分为现场准备和工具准备两个方面。

（1）现场准备

1）开好机窝。一般机窝在工作面上端头运输道口，长度为 15~20 m，深度不小于 1.5 m。

2）在工作面端部的安装场地上应架设好支架，并用横梁加固，以保护工作空间及承受起重机件的质量。

3）在对准机窝运输道上帮硐室中装 1 台 14 t 回柱绞车（或更大些），并在机窝上方的适当位置固定 1 个吊装机组部件的滑轮。

4）在安装地点附近的输送机有 6 节中部槽的电缆槽和挡煤板应空着不装，以便采煤机的底托架放在输送机上。

（2）工具准备

1）撬棍。3~4 根，长度 0.8~1.2 m。

2）绳套。其直径为 12.5 mm、16 mm、18.5 mm，长度视工作面安装地点和条件而定。一般可准备 1~1.5 m 长的绳套 3 根，2~3 m 长的绳套 3 根，0.5 m 的短绳套若干根。

3）万能套管。用于紧固各部位螺栓（钉）。

4）活扳手和专用扳手。

5）一般可准备 5~8 t 的液压千斤顶 2~3 台。

6）其他工具。如手锤、扁铲、砂布、锉刀、常用手钳、旋具和小活扳手等。

7）手动起吊葫芦。2.5 t 和 5 t 各 2 台。

2. 安装程序

（1）有底托架采煤机的安装程序

有底托架采煤机的安装程序一般是：在刮板输送机上先安装底托架，然后在底托架上组装牵引部、电动机、电控箱、左右截割部，连接调高调斜千斤顶、油管、水管、电缆等附属装置，再安装滚筒和挡煤板，最后铺设和张紧牵引链，接通电源和水管等。

（2）无底托架采煤机的安装程序

1）把完整的右（或左）截割部（不带滚筒和挡煤板）安装在刮板输送机上，并用木柱将其稳住，把滑行装置固定在刮板输送机导向管上。

2）把牵引部和电动机的组合件置于右截割部的左侧，同样用木柱支垫起来，然后将右截割部和牵引部两个结合面擦干净，用螺栓将这两大件连接在一起。

3）用同样的方法将左截割部与电动机和牵引部组合件的左侧用螺栓连接起来。

4）固定滑行装置，将油管和水管与千斤顶及有关部位接通。

5）将两个滚筒分别固定在左右摇臂，装上挡煤板，铺设牵引链并锚固张紧，再接通电源、水源等。

3. 安装要求

（1）采煤机安装注意事项

1）安装前必须有技术措施，并认真执行。

2）现场条件和专用工具准备完备，准备不充分不许安装。

3）零部件安装要齐全，不合格的不安装，保证安装质量。

4）碰伤的结合面必须进行修理，修理合格后方能安装，以防止运转时漏油。

5）安装销、轴时，要将其清洗干净，并涂一层油。严禁在不对中时用大锤硬打，防止敲坏零部件。

6）在对装花键时，一要清洗干净，二要对准槽，三要平稳地拉紧。

7）要保护好电气元件和操作手把、按钮，避免损坏，结合面要清洗干净并涂上密封胶。

8）起吊时，要注意顶板、棚梁的坚固程度，不牢固不能起吊，要垂直起吊，不允许斜拉棚梁，以免拉倒而砸伤人员和设备。

9）安装后，要先检查后试车。试车时必须把滚筒处的杂物清除干净，确定无问题后再带滚筒试车。

（2）采煤机安装质量要求

1）零部件完整无损，螺栓齐全并紧固，手把和按钮动作灵活、位置正确，电动机与牵引部及截割部的连接螺栓牢固，滚筒及挡煤板的螺钉（栓）齐全、紧固。

2）油质和油量符合要求，无漏油、漏水现象。

3）电动机接线正确，滚筒旋转方向符合工作面的要求。

4）空载试验时，低压正常，运转声响正常。

5）牵引链锚固正确、无拧链，连接环垂直安装，有涨销。

6）电缆尼龙夹齐全，电缆长度符合要求。

7）冷却水、内外喷雾系统符合要求，截齿齐全。

8）各种安全保护装置齐全，试验合格，工作可靠安全。

4. 采煤机整机试验

（1）操作试验

操纵各操作手把、控制按钮，动作应灵活、准确、可靠，仪表显示正确。

（2）整机空运转试验

牵引部手把放在最大牵引速度位置，合上截割部离合器手把，进行 2 h 原地整机空运转试验：滚筒调到最高位置，牵引部正向牵引运转 1 h；滚筒调至最低位置，牵引部反向牵引运转 1 h。同时应满足如下要求：

1）运行正常，无异常噪声和振动，无异常温升，并测定滚筒转速和最大牵引速度。

2）所有管路系统和各结合面密封处无渗漏现象，紧固件不松动。

3）测定空载电动机功率和液压系统压力。

（3）调高系统试验

操作调高手把，使摇臂升降。要求速度平稳，测量由最低位置到最高位置及由最高位置到最低位置所需要的时间和液压系统压力，其最大采高和挖底量应符合设计要求。最后将摇臂停在近水平位置，持续 16 h 后其下降量不得大于 25 mm。

采煤机组装调试完毕应进行试生产，以观察采煤机负载运行情况，发现问题及时处理，待一切正常后方可正式生产。采煤机正式生产前，要将采煤机中的油放出，并清洗或更换各种滤芯，最后按规定注入新油，以保证采煤机可靠工作，延长采煤机的使用寿命。

四、采煤机安装与调试注意事项

采煤机安装与调试过程中，不免会遇到各种情况，为了确保安装、调试质量，还应注意下列事项：

1. 组装单滚筒采煤机时，应该保证截割部在采煤机下端，牵引部在采煤机上端。若由于工作面方向不同，采煤机的组装状态不符合此项要求时，应在采煤机下井前，按使用说明书的要求进行改装。

2. 采煤机检修后重新安装，应注意保持其密封的完好性，如电动机在截割部及牵引部结合面的密封。管接头要连接正确，各处固定螺钉要拧紧且有可靠的防松措施，并应对某些环节进行调整，其中主要是：

（1）液压牵引部主液压泵零件调节：调速手把置于“零位”上，以及带压力自动调速系统的液压牵引部超载而使主回路安全阀开启时，链轮都应停止转动。

（2）辅助泵的油压力调整：辅助泵的供油压力应略高于背压阀的调定压力，但供油压力太高也是不利的。

（3）调节节流阀和节流孔：调节节流阀和节流孔的目的是获得较理想的调速特性。

（4）调整机械离合器：离合手把打到不同位置上，离合器应能正确离合。

3. 按规定的牌号和数量注入润滑油，定期检查，不符合要求的要及时更换。抗磨液压油每隔 15 天抽检一次，每隔 1 个月进行一次全面检查。齿轮油每隔 1 个月进行一次化验，换油标准按照有关规定执行。

4. 采煤机初次启动前，以及换油和长期停用后重新启动前，要排净液压系统中的空气。有些采煤机的牵引部设置了放气孔，一般空运转 10~15 min 即可把空气排净。

5. 采煤机投入使用前，为了检查检修、安装的质量，应进行一段时间的试运转，检查主液压泵工作压力、辅助泵供油压力、油温、水温等是否正常，检查开停是否正常，检查调速性能和各项保护是否达到规定的标准。

6. 采煤机在工作面正式运转前，应检查确认各处油质的注油量、冷却水的流量和压力，以及截割部和其他各处设备情况是否正常。为使油温达到 40 ℃左右的正常工作温度，可将截割部和牵引部的离合器脱开（牵引部没有离合器时，可将换向阀或主液压泵打在零位），空运转一段时间后，再按规定开动牵引部。

7. 应每天检查各处油位和过滤器，必要时注油或更换滤芯。导链轮处应定期加注润滑脂。

8. 发现牵引力和牵引速度达不到规定指标、油温超过 80 ℃，甚至不能使液压马达转动等情况时，应及时检查处理。液压元件和管道漏油或堵塞，往往导致上述情况的发生，有时也可能是主液压泵、液压马达或机械传动损坏引起的。

第二节　采煤机安全操作

一、操作前的准备工作

采煤机司机在开机前必须做认真仔细的检查和试运转，以便发现问题并及时处理，确保安全。

1. 工作面的检查

（1）检查支护情况，包括检查顶、底板的起伏变化和液压支架的接顶状态。

（2）观察煤层的变化情况，查看煤层高度是否发生变化，有无夹矸，煤质硬度如何，以及煤壁是否有片帮等状况，查看支架的护帮板及侧护板是否完好。

（3）注意检查采煤机周围有无障碍、杂物和无关人员，工作面轨道是否平直。

2. 设备检查

（1）控制手把、按钮与安全设施应灵敏、可靠、准确、齐全，并置于“零位”和“停止”位置。

（2）必须将截割部离合手把打到“断开”位置，并插上闭锁插销。

（3）各部润滑油位应符合要求。

（4）各部连接螺栓要齐全、紧固。

（5）滚筒截齿要齐全、锐利和牢固。

（6）检查喷嘴、水管是否固定可靠，供水压力、流量是否符合要求。

（7）检查电缆及电缆拖移装置是否可靠，电缆槽内是否有煤块或矸石。

（8）检查牵引链或链条有无扭结现象或裂纹，齿条连接销要牢固，紧链装置及其安全阀要可靠。

（9）检查工作面信号系统是否正常。

（10）检查停止输送机的按钮是否可靠。

发现问题应及时处理好。

3. 试运转检查

（1）每班开始工作之前，应脱开滚筒和牵引链轮，在停止供入冷却水的情况下空运转 10~15 min，使油温升至 40 ℃左右以后再正常开机。

（2）在空运转及正常开机时，注意观察牵引部及各部状况，倾听运转声音，查看各指示用压力表指示值是否正常。

（3）观察冷却喷雾系统的水压、流量是否正常。

（4）检查液压系统及冷却喷雾系统是否有渗漏，喷雾雾化效果是否良好。

各项检查工作结束后，方可发出预警信号，准备开机。

二、采煤机操作

1. 采煤机运行操作

检查工作结束后，发出信号通知运输系统操作人员由外向里按顺序逐台启动刮板输送机。待刮板输送机正常启动运转后，方可按下列顺序启动采煤机：

（1）解除各紧急停止按钮。

（2）合上电动机隔离开关。

（3）点动启动和停止电动机的按钮，待电动机即将停止转动时，合上截割部离合器（切记截割部离合器不能在电动机高速运转时接合，否则会打掉齿轮离合器的牙齿）。

（4）打开采煤机供水截止阀，供给冷却喷雾用水。

（5）发出采煤机启动运行预警信号，并注意机器周围有无人员及障碍物。

（6）按动启动按钮，观察滚筒转向是否正确。

（7）操作调高手柄或按钮，把挡煤板翻转到滚筒后面，再把滚筒调至所需的高度。

（8）根据顶、底板及煤层构造情况确定一个初始牵引速度，采煤机牵引速度要由小到大逐渐增加，不许猛增（也就是常说的牵引速度要均匀）。

2. 采煤机运行过程中的注意事项

（1）顶、底板不好时要先采取措施，不得强行截割，也不准甩下不管，对夹矸、断层、空巷等要提前处理好。

（2）运行中随时注意采煤机各部的温度、压力、声音、振动等运行状况，发现异常情况要及时停机检查并处理好，否则不得继续开机。

（3）大块煤、矸石及其他物料不得拉入采煤机底托架内，以防卡住或堵塞过煤空间，或造成采煤机脱轨落道。

（4）电缆、水管不得受拉、受挤，不得拖在电缆槽或电缆车外。

（5）不得在电动机开动运行时，操纵截割离合器。

（6）运转过程中，随时观察冷却喷雾水压、流量、雾化情况是否符合规定要求，否则应停机检查处理。

（7）不允许频繁启动采煤机的电动机。

（8）停机时，坚持先停牵引，后停电动机。无异常紧急情况，不允许在运行中直接用停电动机的方式停机，更不许用紧急停机手柄（或按钮）直接停机。

（9）司机随机操作时既要安全操作机器，又要注意自身的安全。

（10）严禁滚筒截割支架顶梁、护帮板、金属网及输送机铲煤板，否则不仅会损坏截齿，更有可能产生截割火花而引发瓦斯、煤尘爆炸事故。

（11）当工作面或滚筒附近瓦斯浓度超限时应立即停机，切断电源并进行汇报和处理。

（12）司机除采用无线电遥控外，必须跟机操作，手不能离操作手柄或按钮过远。

3. 正常停机操作

正常停机的操作原则是先停牵引、后停电动机。其操作顺序如下：

（1）将牵引调速手把打到零位（或将开关阀手把打回零位，电动机恒功率开关回零位），停止牵引。

（2）待截割滚筒内余煤排净后，用停止按钮停电动机。

（3）把离合器及其操作手把打回零位，关闭进水截止阀。

（4）当采煤机较长时间停车或司机远离采煤机时，应将换向隔离开关置于零位，切断电源，打开截割离合器，关闭冷却喷雾水阀门，停止供水，并将两滚筒放到底板上，以便摇臂内各部的润滑油流动。

4. 紧急情况停车

出现下列情况之一时，可操作急停开关或停止按钮：

（1）当采煤机负荷过大，电动机被蹩住（闷车）时。

（2）采煤机附近片帮冒顶严重，危及安全时。

（3）出现人身伤亡事故或重大事故时。

（4）采煤机本身发生异常，如内部发生异响、电缆拖移装置出槽卡住、采煤机掉道、采煤机突然停止供水喷雾、采煤机失控等。

三、操作注意事项

1. 一般操作注意事项

（1）没有经过培训且没有取得上岗证的人员不得开机。

（2）应严格执行“三大规程”、岗位责任制、现场交接班制度及维护保养制度。

（3）无喷雾冷却水或水的压力、流量达不到《煤矿安全规程》要求的，不准开机。

（4）截割滚筒上的截齿、喷嘴应无缺损和失效。

（5）刮板输送机未正常启动运行时不得开机。

（6）在采煤机上必须按规定设置机载式甲烷断电仪或便携式甲烷检测报警仪，所指示的甲烷（CH_4）浓度≥1.0%时不得开机（其报警浓度为≥1.0%，断电浓度为≥1.5%，复电浓度为≤1.0%）。

（7）开机前要先喊话，并发出相应的预警信号，仔细观察机器周围的情况，确认无不安全的因素时方可开机。

（8）点动电动机，在其即将停止转动时操作截割部离合器。

（9）禁止带负荷启动或频繁点动开机。

（10）采煤机在割煤过程中，要注意割直、割平并严格控制采高，防止工作面出现过度弯曲或顶板出现台阶式状况，注意防止割支架顶梁或输送机铲煤板。

（11）工作面遇有坚硬夹石或硫化铁夹层时应放震动炮处理，不能用采煤机强行截割。

（12）除紧急情况外，不允许在停止牵引前用停止按钮、隔离开关、断路器或紧急停止按钮来直接停止电动机。

（13）在采煤机工作过程中，防滑装置应可靠，不应在防滑装置失灵的情况下继续开动机器。

（14）需要较长时间停机时，应先让输送机运完中部槽中的煤后，再按顺序停电动机，断开隔离开关，脱开离合器，切断电磁起动器隔离开关，然后闭锁输送机。

（15）检修滚筒或更换截齿时，应切断电动机电源，断开截割部离合器和隔离开关，并闭锁刮板输送机，让滚筒在适宜的高度上，用手转动滚筒检查或更换截齿。

（16）翻转挡煤板时要正确操作，以防损坏挡煤板。

（17）工作面瓦斯、煤尘超限时，应立即停止割煤，必须按规定停电，撤出人员。

2. 电牵引采煤机操作注意事项

（1）交流变频电牵引采煤机启动时，应按启动按钮3~5 s，待启动后，检查中文显示屏的电压、电流、温度等信息一切正常后，方可左右牵引。

（2）按牵引按钮时，禁止按住不松。初牵引速度控制在1 m/min内，待行走稳定后方可加速，一般控制在5 m/min以内。初采期间，运行速度控制在2 m/min以内。

（3）需要改变牵引方向时，应先将牵引速度降到接近0，按下牵停按钮，再反向牵引，同时观察中文显示屏的电压、电流、温度等信息是否正常，如正常，再调整运行速度。

（4）采煤机停机后，严禁立即开机，必须经过不低于3 min的等待，等待变频器显示屏黑屏后指示灯熄灭，才能重新开动采煤机，以保证变频器有充分的放电时间。

（5）开机前，必须先供水，严禁无水开机；停机时，应先停机，后停水。

（6）牵引变压器、牵引电动机的所有的绝缘测试必须在断开变频器电缆连接的情况下进行，否则会引起变频器损坏。

（7）当第一次试运行采煤机或再次连接变频器、牵引电动机电缆时，应检查相序是否正确。以防由于相序错误而导致机器两牵引电动机对拉或顶牛，牵引不能正常行走。

（8）应认真阅读相关型号交流变频电牵引采煤机产品说明书，严格按说明书规定操作。

四、典型采煤机的操作

以MG400(450)/920(1020)系列电牵引采煤机为例，介绍典型采煤机的操作。

1. 典型采煤机开机前的设备检查

MG400(450)/920(1020)系列电牵引采煤机开机前的检查除按本节第一项内容外，还应特别注意下列事项：

（1）检查各操作手把、按钮及离合器手把位置是否正常。

（2）检查油位是否符合规定要求，有无渗漏现象。

（3）开机之前，首先要将水阀打开，通冷却水，没有冷却水禁止开机。

（4）滚筒不要卡在煤层里，不要被阻转。如果被卡在煤层里，应先抽出离合器，将采煤机反牵引一段后再合上离合器工作。

2. 典型采煤机操作功能

MG400(450)/920(1020)系列电牵引采煤机操作除按本节第二项内容外，还应特别掌握其特殊的操作功能。

摇臂油池通气孔
摇臂油位观察孔
高压表
低压(背压)表
变频器操作面板
电控操作面板
离合器手把
右端头站
隔离开关手把
水阀开关
右调高手把
左调高手把
端头控制站
离合器手把

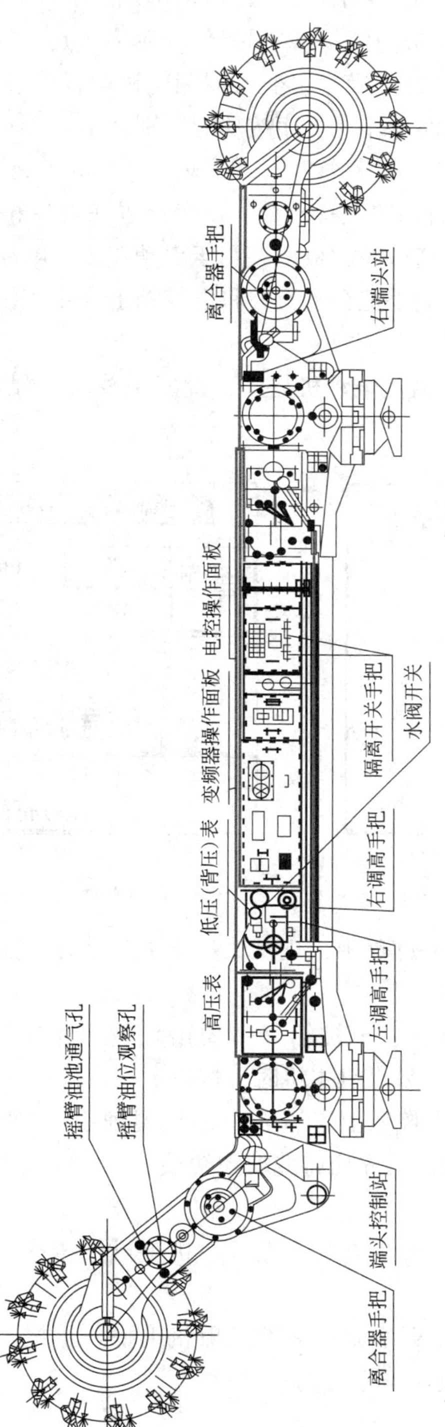

图 6—1　操作显示图

MG400(450)/920(1020) 系列电牵引采煤机操作点有电控箱、左右遥控发射机、左右端头操作站、变频调速箱等处，如图 6—1 所示。按操作功能分为采煤机主启 SBQ、主停 SBT（带闭锁）、运输机停止 SBY（带闭锁）、牵引操作（牵启 SQ、牵停 ST、加速 SVU、减速 SVD、向左 SL、向右 SR）、摇臂升降操作、变频器漏电试验操作、变频器复位操作、变频器急停和复电操作、变频器检修时操作。下面按功能分别介绍。

（1）采煤机主机操作

1）启动操作。采煤机主机的启动按钮有两个。一个设置在电控箱控制腔面板上，用于启动右截割电动机；另一个设置在高压腔面板上，用于启动左截割电动机。具体操作如下：

①将左、右截割电动机隔离开关手把合上，并将电控箱上停止按钮解锁。

②按“主启”按钮，右截割电动机启动。

③按“左截割启动”按钮，左截割电动机启动，此时电控箱先显示图 6—2，后显示图 6—3，指示牵引的下一步操作。

图 6—2　开机界面

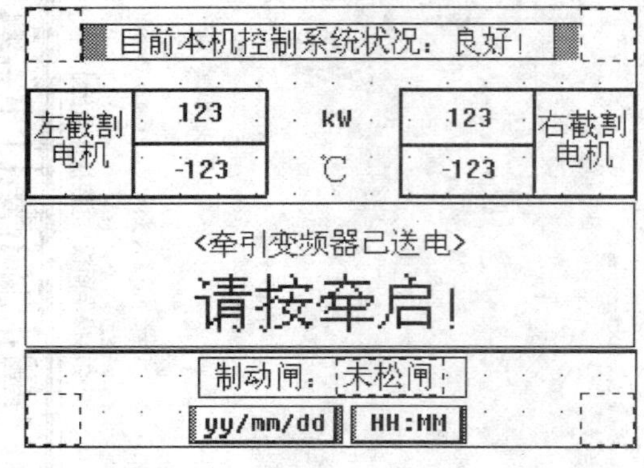

图 6—3　正常开机显示

2）停止操作。在采煤机的停车过程中，正常情况下先停止牵引，再按“主停”，否则将损坏制动器，并对设备有冲击。

采煤机主机停止有五处可以操作：电控箱（带闭锁），左、右端头站（不闭锁），左、右遥控发射机（不闭锁）。需要停止采煤机主机时，按以上五个按钮的其中之一即可。

3）运输机停止操作。采煤机电控箱上有一个 SBY 运闭按钮（带闭锁），只要按下即可将运输机停止。若要重新开运输机，首先应将此按钮解锁。

4）摇臂调节

①左摇臂升降操作：可在左端头站或左遥控发射机上操作，按“左升”则左摇臂升，按“左降”则左摇臂降。

②右摇臂升降操作：可在右端头站或右遥控发射机上操作，按“右升”则右摇臂升，按“右降”则右摇臂降，相应的显示屏上有箭头显示。

（2）牵引操作

牵引操作必须在采煤机启动后、并确认有“牵电”信号才能进行，且必须按牵启、速度给定、选择方向的顺序进行，停止牵引时按“牵停”。

当按下“主启”按钮，采煤机得电后，变频调速箱控制回路就有电；在正常情况下，变频调速箱真空接触器便自动吸合，主回路也得电，这从电控箱显示屏或变频调速箱中间显示窗的信号可确认，此时可进行牵引操作。

牵引操作可分为正常状态操作和电控装置出现故障时的检修（近控）操作。

1）正常状态操作。正常状态操作可以在五处进行：电控箱，左、右端头站和左、右遥控发射机。其中，牵引启动操作只能在电控箱进行，具体操作如下：

①牵引启动。按下电控箱上的“牵启”按钮，牵引启动，显示屏显示如图6—4所示。

②速度给定。初始状态给定速度为零，由“加速”或“减速”按钮设置给定速度指令，显示如图6—5所示。

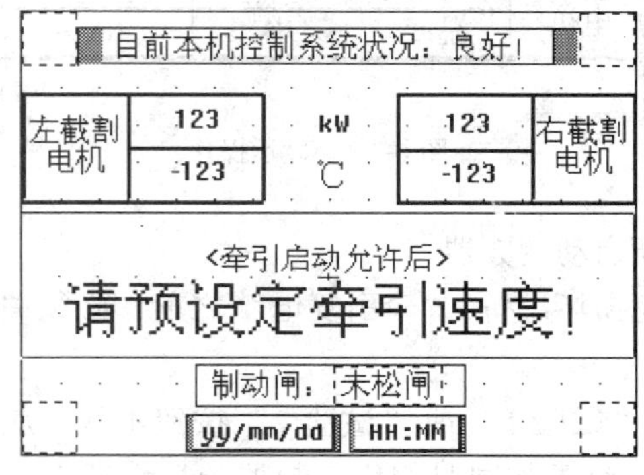

图6—4　速度设定

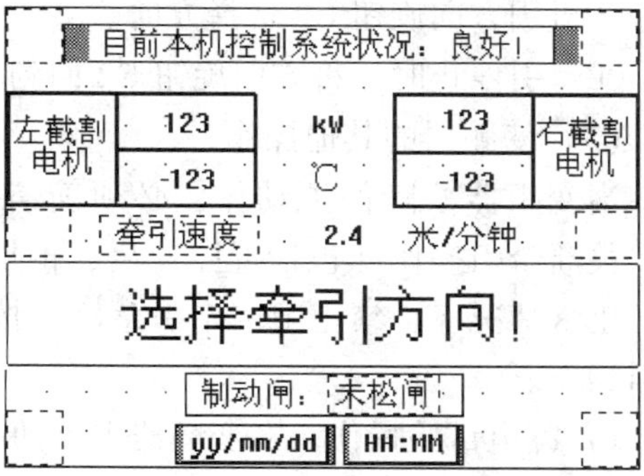

图6—5　设定方向

③选择牵引方向。按下“向左”或“向右”按钮，牵引过程中换向时，可直接按下相应的方向按钮，采煤机可自动完成换向，显示如图6—6所示 。

④方式选择。按下“方式”按钮，采煤机运行于调动状态，采煤机速度可在0~10 m/min间调节，显示屏显示如图6—7所示 。调动速度只能用于空车调车，严禁用于割煤。

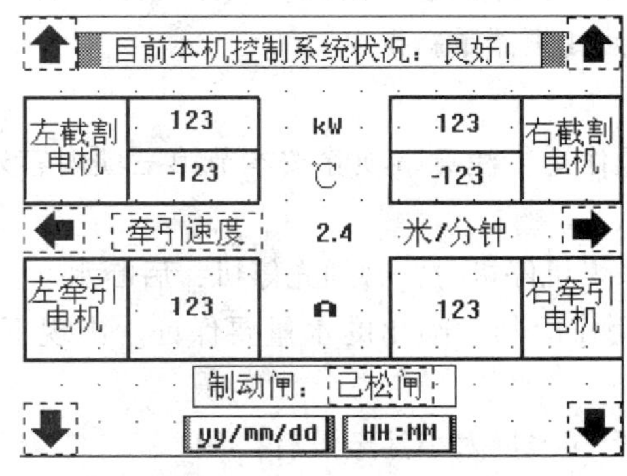

图6—6　割煤方式显示界面

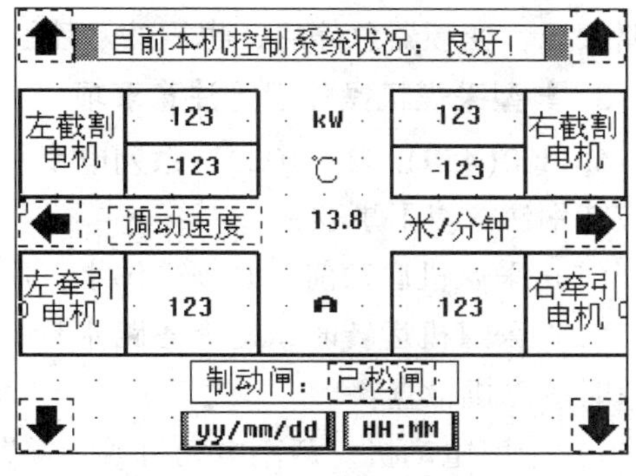

图6—7　调动方式显示界面

⑤牵引停止操作。可以在电控箱、左右端头站或遥控发射机处操作，执行此操作后牵引速度自动为零，显示屏显示如图6—6所示。

⑥显示操作。按下显示按钮可循环显示存储的工作参数，显示如图6—8所示。连续按

下可循环显示，放开后可自动回到正常屏幕。

2）检修（近控）操作。当控制器组件发生故障而使牵引无法正常操作时，或在检修变频器或某些特定场合使用时，例如检修采煤机的牵引部等，采用备用近控方式操作，可以不受电控箱控制而实现变频器的运行，实现对采煤机的牵引控制。具体步骤如下：

①打开变频调速箱的中间盖板，将拨钮开关 B1、B2 拨向近控状态，然后盖好盖板。

②必须先用速度旋钮 G1 选择速度。

③再用方向旋钮 G2 选择方向。

④牵引停止时，将方向旋钮 G2 回到“停”。

历史数据序号：12

记录时刻：yy/mm/dd HH:MM

速度指令：		12.3	未松闸
（请细心查看！）		左侧	右侧
截割电机	功率 kW	-123	-123
	温度 ℃	-123	-123
牵引电机	电流 A	-123	-123
	温度	NA	NA

图 6—8 显示操作

（3）变频器的其他操作

当变频器故障保护动作，必须确信排除故障、关断牵引操作（包括近控）后，再复位，重新启动变频器。

正常情况下，禁止用“牵引急停”按钮，以免损坏设备，“牵引复电”之前，必须关断牵引操作。

1）漏电试验操作。在变频器未启动前，按下“试验 1”或“试验 2”按钮不放，应使变频器主回路真空接触器跳闸，显示器上“牵电”灯灭，同时相应变频器的显示器上“漏电”灯亮。松开试验按钮，再按下复位按钮，即可恢复原来状态。

2）变频器复位操作。当变频器发生故障保护动作及漏电、电压异常等故障，待故障排除、关断牵引操作后，按下“复位”按钮，消除故障记忆。

3）牵引急停和牵引复电操作。在运行过程中，遇到特殊紧急情况，如操作开关和按钮失灵等，则可按下“牵引急停”按钮，切断真空接触器，停止变频器和牵引部。牵引急停之后，如已无故障，变频器需要重新送电时，可按“牵引复电”按钮，使主电路得电。主油路失压，变频器急停后，也需按“牵引复电”，使变频器重新得电。

3. 典型采煤机操作运行注意事项

MG400(450)/920(1020) 系列电牵引采煤机操作运行注意事项除按本节第三项内容外，还应特别注意以下事项：

（1）采煤机启动前，必须先供水，后开机；采煤机停机时，必须先停机，后断水。

（2）采煤机运转时，检查各路水量，特别是用作冷却后喷出的水量要保证。出现下列现象时应停机检查：

1）牵引电动机、截割电动机或者摇臂水套的冷却水量太小甚至没有。

2）调速箱或者电阻箱的冷却水量或水压低于设定的最低值。

（3）未遇意外情况，停机时不允许采取“紧急停车措施”。

（4）操作中随时注意滚筒位置，防止割顶、割梁、割底或丢顶、漂底等。

（5）要随时注意电缆和水管的工作状态，防止电缆和水管挤压、蹩劲和跳槽等事故的发生。

（6）注意观察油压、油温、机器的运转情况和变频器的显示，如有异常情况，应立即停机检查。

（7）长时间停机或换班时，必须打开隔离开关，并把离合器手把脱开，关闭水阀开关。

（8）工作面输送机应尽量平直，以防滑靴蹩卡，操作时住意观察采煤机的振动情况，避免变频器因振动而损坏。

第三节 采煤机维护与润滑

一、采煤机的维护

1. 采煤机的四检制

为充分发挥采煤机的效能和延长使用寿命，保证其正常运转和安全生产，必须加强采煤机的维护。对采煤机的维护保养工作应坚持“四检”制，即班检、日检、周（旬）检和月检，并要把工作任务落实到人，实行包机制。班检是采煤机司机当班时对自己操作的采煤机进行必要的检查，班检时间不少于 30 min。日检一般由检修班班长负责，相关人员参加，检查处理时间不少于 4 h。周检由分管机电的区队长和机电技术人员负责，日检人员参加，检查处理时间一般不少于 6 h。月检由矿机电副矿长或机电副总工程师组织机电部门和周检人员参加，检查处理时间同周检，也可稍长一些。采煤机“四检”细则见表 6—1。

表 6—1 采煤机“四检”细则

检修类别	检修项目	检修标准与要求
班检	1. 检查和处理采煤机表面卫生情况	1. 保持采煤机各部位清洁，无浮煤浮矸，无积水和其他杂物
	2. 检查各种信号、压力表、油位指示	2. 保持诸信号、压力表、油位显示正确无误
	3. 检查各部位螺栓（机身对口、挡煤板、滑靴及其他易松动部位），检查采煤机导向或齿条连接装置	3. 各部位连接牢固、齐全
	4. 检查各部位是否漏油、渗油	4. 保持规定液面，在运行卡中记录
	5. 检查更换、补充损坏和缺少的截齿，检查齿座损坏情况	5. 齿座齐全完整，无开焊、变形，截齿锋利不短缺，连接销齐全牢固
	6. 检查电缆、电缆夹的连接与拖拽情况	6. 电缆连接可靠，无扭曲挤压，电缆夹板无缺损，并记录电缆破损情况
	7. 检查各操作手把、按钮	7. 手把、按钮操作灵活可靠
	8. 检查牵引链、连接环及张紧装置	8. 牵引链无断裂、扭结、严重咬伤及变形，连接环安装位置正确，张紧装置工作安全可靠
	9. 检查防滑制动与防滑装置	9. 制动可靠、动作灵活，牵引防滑装置安全可靠
	10. 检查并询问冷却、喷雾供水情况	10. 水流畅通无泄漏，喷雾效果良好，供水压力、流量符合规定
	11. 检查液压翻转装置，清理支撑架上的煤粉	11. 液压翻转装置翻转灵活，支撑架的转动副内不得存有煤粉

续表

检修类别	检修项目	检修标准与要求
日检	日检前处理好班检中处理不了的问题 1. 处理电缆、电缆夹板、电缆槽故障 2. 处理滑靴、对口连接和翻转挡煤板等处的螺栓 3. 检查各部位油位和注油点 4. 检查冷却喷雾系统（水压、流量） 5. 检查调斜、升降、翻转千斤顶等 6. 检查和处理牵引链、牵引齿条连接环和张紧装置故障 7. 检查和处理防滑制动器和防滑装置故障 8. 检查和处理操作手把按钮故障 9. 检查和处理过滤器	1. 确保电缆无扭结，拖拽自如，电缆夹板完好 2. 螺栓、螺帽、垫圈等齐全、紧固，根据实际情况涂防松胶 3. 按润滑图表加注油脂，油质符合规定，油量适宜 4. 水管畅通无泄漏，喷嘴通畅无损坏，按冷却图检查水泵流量、压力、转子、定子，牵引部最小流量合乎规定 5. 千斤顶无损坏、泄漏，动作灵活可靠 6. 同班检 7. 动作可靠、灵活，牵引防滑装置安全可靠 8. 动作可靠、灵活，接触良好 9. 保持正常的过滤效果
周（旬）检	处理日检中处理不了的问题 1. 检查各部位油质和油量 2. 特别注意检查、处理滑靴、支撑架、机身之间的连接部位 3. 清洗过滤器 4. 检查电气控制箱	1. 按润滑图表加注油脂，油质符合规定，油量适宜，并取油样进行外观检查 2. 保证紧固可靠 3. 清洗或更换水过滤器，保证过滤效果 4. 防爆面符合规定，接线不松动，电气控制箱保持干燥，无杂物、油污
月检	处理周（旬）检处理不了的问题 1. 处理漏油并取油样检验 2. 检查和处理滑靴的磨损量 3. 检查和处理牵引链损伤、节距变形、牵引链轮磨损、齿条齿形变形 4. 进行电动机绝缘性能测试 5. 检查电动机密封 6. 根据电动机的特殊要求对轴承注入锂基脂 7. 检查电气箱防爆面和电缆 8. 检查防滑制动闸 9. 检查滚筒轴承运转情况和连接螺栓紧固情况，检查滚筒是否有裂纹、开焊、严重磨损	1. 按油脂管理规定取油样化验并进行外观检查，按规定更换油或清洗油箱，处理各连接部位的漏油 2. 磨损量一般不超过 10 mm 3. 按相关标准执行，建议每 45 天强制更换连接环，保证运行安全 4. 用 1000 V 摇表，绝缘电阻大于 1.1 MΩ 5. 保证密封良好 6. 用特殊工具注入锂基脂 7. 符合防爆规定 8. 工作可靠，如 EDW 型采煤机摩擦片磨损间隙小于 6 mm的标准 9. 滚筒运转无异常，连接螺栓齐全牢固，记录滚筒开裂与磨损情况

2. 采煤机维护注意事项

（1）严格执行“四检”制度，不准将维修时间挪做生产或他用。

（2）严格执行采煤机使用的有关规定、管理制度及标准要求。

（3）充分利用维修时间，合理组织和安排人员，认真完成维修的计划任务。

（4）维修时，维修负责人及相关人员必须先检查工作地点的温度、湿度、风速、瓦斯、煤尘、顶板支护、照明等情况，确保工作地点的安全。

（5）维修前必须清理采煤机周围的杂物，做好材料、工具、条件等的准备工作。

（6）无论检修采煤机的哪个部位，必须切断采煤机电源，把开关、手把离合器置于停止位置或断开位置，并打开电磁起动器中的隔离开关，闭锁刮板输送机。

（7）注油、换油时要严格按油质管理细则执行。

（8）检查螺纹连接时，必须注意防松螺母的特性，不符合使用条件及失效的应予以更换。

（9）维修过程中，应做好防滑、制动工作，注意观察周围环境变化情况，确保施工人员的安全。

（10）维修结束后，按操作规程的要求进行空运转，试验合格后再停机、断电，并做好检修维护记录。

二、采煤机的润滑

采煤机工作条件恶劣，负载大，受冲击，空间窄小，通风差，散热不良，还受煤尘、水的污染。因此，要保证采煤机安全、可靠运行，就必须严格执行维护保养制度，严把用油和润滑关。采煤机常用的润滑材料大致分为两类：一类是润滑油类，常用的主要有液压油和齿轮油等；另一类是润滑脂类，常用的主要是钙基润滑脂、钠基润滑脂、钙钠基润滑脂和锂基润滑脂等。

1. 采煤机液压油

在液压牵引采煤机中，液压油既是传递动力的工作介质，又是液压系统各元件的润滑剂，此外还有冷却、冲洗、防锈等作用。液压油对液压系统的工作性能会产生极其重要的影响。

采煤机液压油主要用于牵引部液压系统和附属液压系统，其中牵引部多采用N100、N150号抗磨液压油，而附属液压系统可采用汽轮机油（透平油）或普通液压油。

采煤机液压系统对液压油的要求是：

（1）具有适宜的黏度和良好的黏温性，黏度指数应大于90。

（2）有良好的润滑性能和抗磨性能。

（3）化学性能稳定，抗氧化能力强，抗泡沫性好。在储存及工作过程中，不应氧化生成胶质，能长期使用且不变质。当系统温度、压力变化时，油液的性能不变。

（4）有良好的防锈性能和抗乳化性能。

（5）有良好的抗腐蚀性能。

（6）抗剪切性能好。

（7）闪点高，凝固点低。

（8）对密封材料适应性强，以免影响密封件的使用寿命。

我国常用的抗磨液压油是按国际标准化组织（ISO）关于抗磨液压油牌号的规定来确定新牌号的。它的牌号分别有N10、N15、N22、N32、N46、N68、N100、N150及N46K，分类符号为HM。其中N46K为对银部件具有良好的抗腐蚀性能的抗磨液压油。

2. 齿轮油

齿轮油是专门用于齿轮传动的润滑油。它广泛用于采煤机整个截割部及破碎滚筒的传动部分。

（1）齿轮油的作用

1）减少齿轮及其他运动件的磨损，延长使用寿命。

2）起冷却作用。

3）减轻振动，降低噪声，缓解齿轮之间的冲击。

4）冲洗齿面，减少齿间的磨料磨损。

5）防止腐蚀，避免生锈。

（2）齿轮润滑油分类

齿轮润滑油分为两大类，即工业齿轮油和车辆齿轮油。采煤机械的齿轮传动都用工业齿轮油，车辆齿轮油用于车辆和工程机械的齿轮传动。

工业齿轮油又分为普通工业齿轮油和极压工业齿轮油。普通工业齿轮油具有抗磨、抗泡沫和较好的抗氧化性能，一般用于中等载荷的闭式齿轮传动的润滑。极压齿轮油是在普通工业齿轮油中加入了极压添加剂，这种油具有良好的极压性、抗磨性、防锈性、抗泡沫性、分水性和抗氧化性，因此，油膜强度大，摩擦系数低，特别适用于重载、冲击载荷的煤矿机械的齿轮传动润滑。

极压齿轮油按添加剂不同分为铅型和硫磷型，铅型极压齿轮油只能用于温度低于 80 ℃的场合，否则会产生硫化铅沉淀。硫磷型极压齿轮油具有良好的抗乳化性，可用于温度为 80 ℃以上的场合，采煤机齿轮传动中，都用这种油做润滑剂。国产硫磷型极压齿轮油有 N68～N1000 八个牌号，常用硫磷型极压齿轮油质量标准见表 6—2。

表 6—2　　硫磷型极压齿轮油质量标准（暂行）

指标＼牌号	N100	N150	N220	N320	N460	N680
40 ℃运动黏度（10^{-6} m^2/s）	90～110	135～165	198～242	288～352	414～506	612～748
黏度指数不低于	70	70	70	70	70	70
闪点不低于（℃）	180	200	200	200	200	220
凝点不高于（℃）	−8	−8	−8	−8	−8	−5
机械杂质含量不大于	0.02%	0.02%	0.02%	0.02%	0.02%	0.02%

采煤机的齿轮传动载荷重、有冲击、工作温度变化大，又往往有水浸入，因此都选用运动黏度为（150～460）$\times10^{-6}$ m^2/s（40 ℃）的极压工业齿轮油，最常用的是 N220、N320 和 N460 三种硫磷型极压工业齿轮油，其中 N220、N320 用得最多。以上油品也适用于输送机、转载机、破碎机和泵站的齿轮传动润滑。

3. 润滑脂

采煤机润滑脂选择的主要依据是机器的工作温度、运转速度、轴承负荷和工作条件。采煤机械中常用润滑脂的特性见表 6—3，其中锂基脂的综合性能较好，在采煤机械中应用广泛。

表 6—3　　采煤机械中常用润滑脂的特性

类型	特　性	连续使用最高温度（℃）	低温启动转矩	抗水性	工作稳定性	使用寿命
钙基脂	抗水、价廉	80	中到低	好	一般	中等
钠基脂	高熔点、工作稳定	120	高到低	差	最好到差	中到长
钙钠基脂	高熔点	120	中到低	一般	最好到差	中到长
锂基脂	高熔点、抗水、寿命长	150	高到低	好	最好到一般	长

润滑脂牌号可根据轴承内径 d(cm)、转速（r/min)、工作条件从表 6—4 中选择。在采煤机械中，3 号锂基脂应用最广。

表 6—4　　润滑脂牌号的选择

轴承工作温度（℃）	速度因素 d_n（cm・r/min）	干燥环境	潮湿环境
0~600	≤80 000	2 号脂（钠基、钙基）	2 号脂（钙基、锂基）
	>80 000	3 号脂（钙基、钠基、锂基）	3 号脂（锂基）
40~1 000	≤80 000	3 号（2 号）脂（钠基、锂基）	3 号脂（锂基）
	>80 000	3 号（4 号）脂（钙基、锂基）	3 号脂（锂基）

注：当 d_n> 300 000 cm・r/min 时，不宜用润滑脂。

4. 油脂使用中的注意问题

（1）注油过程中的注意事项

1）在注油前首先要注意顶板、煤帮的支护状况，在确保人员和设备安全时方可注油。

2）注油前注意油液的状态，如发现变色、变味或油中含有杂质，即尽可能不再使用，提取油样，待化验后再作定夺，若只是含有杂质，过滤后可以使用。注油时用的加油器、油嘴和设备上的油口用绸布或泡沫塑料擦干净，不准用棉纱擦洗。

3）换注新油时，应先将油池中的旧油放净，并将油池清洗干净。一般采用灌油的方法进行清洗，换油时，应先将旧油放出，并用 20#透平油冲洗，再用少量新油冲洗后，加入一定数量的新油，使液压系统空运转，待系统中的旧油排出后，再把该定量的新油放掉，才可重新注入新油。

4）按设备润滑图表要求的品种、牌号加注油，严防加错油。同一油型、同一牌号、不同厂家生产的液压油不能混用，不同油型、同一牌号的油品也不得混用。

5）油桶、油抽子要一油专用，油枪及其他油具要清洁，严防把杂物带进油池。

6）油类产品要经过滤后再注入采煤机各部。

7）注油时，一定要根据产品说明书中规定的注油图表按时、按量注油。注油量要适宜，过多会引起过度发热，过少则会影响润滑。

8）注油时严防水进入油池。

9）注油后，盖板要密封可靠，螺钉紧固，严防松动，以防水和杂质混进油中。

（2）润滑油的代用与换油原则

润滑油在生产中应尽量避免代用。若一时没有合适的润滑油而必须代用时，要遵循以下原则：

1）尽量选用同类油品或性能相近、添加剂相同的油品来代替。

2）黏度要适当，以不超过被代用油黏度的±25%或高低差 1 号为限。

3）油品的精制程度以深代浅，质量以优代劣，才能确保润滑性能，并可适当延长使用期。

4）采煤机的代用油黏温性要好，选择的代用油与工作温度变化相适应。

5）低凝液压油可用来代替抗磨液压油和普通液压油。

6）用防水性好的油品代替防水性差的油品。

7）极压齿轮油中的两种油可以互相代用，但可能接触水的部位，选用硫磷型较好。

8）采煤机选择代用油时，代用油与原来的油应做混溶试验，确认无问题时方可代用。

9）换用代用油时，应先用低黏度透平油清洗，然后换油。

（3）润滑油性质判断方法

在采煤机注油时，首先应对润滑油性质进行判断。在井下无仪器的情况下，可用外观检查和气味好坏来判断液压油的油液质量，其判别标准见表6—5。

表6—5 液压油的油液质量判别标准

序号	外观检查	气味	处理意见
1	清洁透明	良好	照常使用
2	透明，有小黑点	良好	过滤后可继续使用
3	乳白色	良好	更换油液
4	黑色	恶臭	立即更换油液

（4）润滑脂使用中应注意的事项

1）确保润滑脂清洁，不得含有任何杂质，不得随意乱放。

2）润滑脂按规定使用，按时按量注脂，不得混用。

3）经常检查，注意脂量、脂质的变化。

4）要及时更换已达不到规定质量要求的润滑脂。

三、典型采煤机的维护与润滑

1. 6MG200-W型液压牵引采煤机的维护与润滑

（1）主要维护内容

6MG200-W型液压牵引采煤机的维护除按本节第一项内容外，还应注意下列维护内容。

1）日检

①检查各大部件连接的液压螺母及其他螺钉是否紧固齐全，发现松动要及时拧紧。

②检查电缆、水管、油管是否有挤压和破损。

③检查各压力表是否损坏。

④检查各部位油位是否符合要求，是否有渗漏现象。

⑤检查各操作手柄、按扭动作是否灵活。

⑥检查截齿和齿座是否损坏与丢失，截齿丢失，必须及时补上。

⑦检查喷嘴是否堵塞和损坏，水阀是否正常工作，堵塞的喷嘴要及时清洗更换。

⑧检查平滑靴与导向滑靴的工作状况。

⑨机器运转时，检查各部位的油压、温升及声响，以及段间连接是否有松动。

⑩注意水量检查，特别是用作冷却后喷出的水量一定要符合要求。

2）周检

①清洗泵站及水阀中的过滤器滤芯。

②从放油口取样，化验工作油中的过滤油质是否符合要求。

③检查和处理日检中不能处理的问题，并对整机的大致情况做好记录。

④检查司机对采煤机的日常维护情况和故障记录。

（2）润滑

6MG200-W 型液压牵引采煤机的注油应按要求及时加入，才能确保各部分的润滑，保证采煤机的正常运转。注油时必须注意：

1）按表 6—6 标明的油脂牌号进行注油，不允许混用。

2）注入液压油与齿轮油时必须过滤，以保证油质清洁。

3）注入油量应适当，要符合注油标明的要求。

4）截割电动机、牵引电动机和泵站电动机需按各自要求的时间及油脂牌号注油脂。

表 6—6　　6MG200-W 型液压牵引采煤机的注油要求

注油点	润滑部位	润滑油牌号	注油量	检　查
各 3 处 共 6 处	左截割部 右截割部	N320$^{\#}$中极压工业齿轮油	1. 摇臂放平后从油箱上方盖板上的注油口注油到油位计的 2/3 处 2. 从油箱上方盖板上的注油口注油到量油尺的两刻线之间	每班开机前应仔细检查油位，并及时加油。按实际情况更换新油
各 1 处 共 2 处	左牵引箱 右牵引箱		从油箱上方盖板上的注油口注油到量油尺的两刻线之间	
共 1 处	泵站液压油箱	N100$^{\#}$抗磨液压油	至油标上位	
共 1 处	泵站齿轮油箱	N320$^{\#}$中极压工业齿轮油	从油箱上方的注油口注油到量油尺的两刻线之间	
各 1 处 共 2 处	左、右摇臂与左、右调高液压缸铰接处	锂基润滑油脂	适量	每周检查一次并注油
各 1 处 共 2 处	左、右摇臂截割电动机离合器轴与内花键啮合处			
各 1 处 共 2 处	底托架与调高液压缸缸座铰接处			
各 1 处 共 2 处	底托架行走轮组轴承腔内			

2. MG400(450)/920(1020) 系列电牵引采煤机的维护与润滑

（1）维护主要内容

1）日检

①检查各大部件连接的液压螺母及其他螺钉、螺栓是否紧固齐全，发现松动要及时拧紧，丢失要补齐。

②检查电缆、水管、油管是否有挤压和破损。

③检查各压力表是否损坏。

④检查各部位油位是否符合要求，是否有渗漏现象。

⑤检查各操作手柄、按钮动作是否灵活。

⑥检查截齿和齿座是否损坏与丢失。

⑦检查喷嘴是否堵塞和损坏，水阀工作是否正常。

⑧检查行走轮与导向滑靴的工作状况。

⑨机器运转时，检查各部位的油压、温升及声响。

⑩水量检查，特别是用作冷却后喷出的水量一定要符合要求。

2）周检

①清洗调高泵站阀中的过滤器滤芯。

②从放油口取样化验工作油液油质是否符合要求。

③检查变频器是否松动。

④检查和处理日检不能处理的问题，并对整机的大致情况做好记录。

⑤检查司机对采煤机的日常维护情况和故障记录。

（2）润滑

MG400(450)/920(1020) 系列电牵引采煤机注油注意事项同 6MG200-W 型液压牵引采煤机，注油要求如图 6—9 所示。

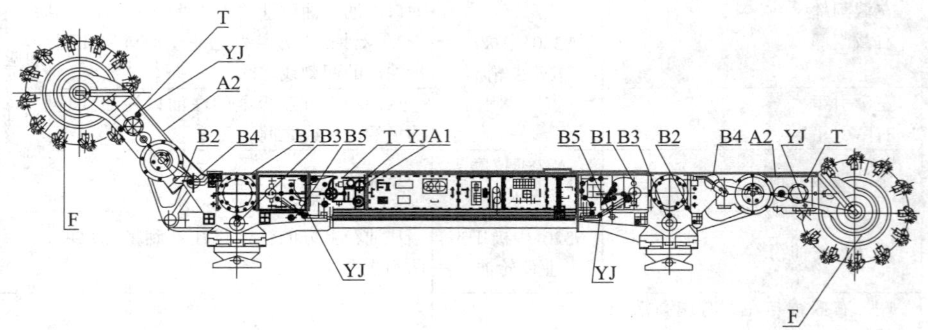

<table>
<tr><th>注油点</th><th>注油部位</th><th>润滑油牌号</th><th>注油量</th><th>检查</th></tr>
<tr><td>A1</td><td>调高系统油箱</td><td>N100 液压轴</td><td>加油至油位计上线</td><td rowspan="3">每班开机前应检查油位计油位并及时加油</td></tr>
<tr><td>A2</td><td>左右摇臂</td><td rowspan="2">N320 中负荷工业齿轮油</td><td>放平摇臂加油至油位计</td></tr>
<tr><td>B1</td><td>左右行走减速箱</td><td>加油至油位计上线</td></tr>
<tr><td>B2</td><td>调高油缸前销轴 2 处</td><td rowspan="4">钙基润滑油脂</td><td rowspan="4">适量</td><td rowspan="4">每周检查一次并注油</td></tr>
<tr><td>B3</td><td>行走箱销轴 2 处</td></tr>
<tr><td>B4</td><td>摇臂回转中心销轴 4 处</td></tr>
<tr><td>B5</td><td>调高油缸后销轴 2 处</td></tr>
</table>

YJ	油位计
F	放油孔
T	通气孔

图 6—9 MG400(450)/920(1020) 系列电牵引采煤机注油要求

第四节 采煤机检修与故障处理

一、采煤机的检修

为保证采煤机的正常运转和设备完好，充分发挥采煤机的效能及延长机器的使用寿命，除了做好采煤机的日常维护工作，严格执行“四检”外，还必须定期对采煤机进行强制检修。按采煤机的检修内容分为小修、中修、大修三种。

1. 小修

采煤机小修是指采煤机在工作面运行期间，结合“四检”进行强制维修和临时性的故障处理，以维持采煤机的正常运转和完好。小修周期为一个月。

2. 中修

中修是指采煤机采完一个工作面后，整机（至少牵引部）上井，由使用矿进行定检和调试，中修周期为4~6个月。中修除完成小修内容外，还需完成以下六项任务：

（1）将采煤机全部解体、清洗、检验、换油，根据磨损情况更换密封件及其他零件和组件。

（2）对采煤机各种护板进行整形、修理和更换，对底托架及滑靴（或滚轮）进行修理。

（3）滚筒的局部整形及齿座修复。

（4）导轨、电缆槽和拖缆装置的修理、整形。

（5）控制箱的检验和修复。

（6）整机调试。试运转合格后方可下井使用，并要求试验记录齐全。

3. 大修

采煤机运转2~3年，产煤80万~100万吨后，如果其主要部位磨损超限，整机性能普遍降低，并且具备修复价值和条件的，可进行以恢复其主要性能为目的的整机大修。采煤机检修质量应符合相关标准要求。

大修除完成中修任务外，还须完成以下十项任务：

（1）截割部机壳、端盖、轴承杯、摇臂套、小摇臂的修复或更换。

（2）摇臂的机壳、轴承座、行星轮架（系杆）、连接凸缘的修复和更换。

（3）滚筒的整形及配合面的修复。

（4）调高、调斜、张紧千斤顶的修复和更换。

（5）牵引部液压泵、液压马达、辅助泵和所有阀件，以及其他零件的修复或更换。

（6）牵引部行星轮机构的修复。

（7）冷却喷雾系统的修复。

（8）电动机绕组整机重绕或更换部分线圈，以及防爆面的修复。

（9）为恢复整机性能所必须进行的其他零件的修复或更换。

（10）整机调试，试运转合格后，喷漆出厂。

二、采煤机检修质量要求

1. 牵引部检修质量要求

（1）牵引部箱体内不得有任何杂物，各元部件必须清洗，不允许有锈斑。

（2）组装时必须认真检查各零部件的连接，安装管路必须正确无误。

（3）伺服机构调零必须准确。

（4）按规定注入新油液。

（5）各类保护装置必须灵敏可靠，绝不允许随意更改或甩掉不用。

2. 截割部检修质量要求

（1）机壳内不得有任何杂物，不允许有锈斑。

（2）各传动齿轮完好无损，啮合状况符合规定。

（3）各部轴承符合配合要求，无异常。

（4）各部油封完好无损，不得渗漏。

（5）按规定注入新的润滑油和润滑脂。

（6）离合器手把、调高手把、挡煤板翻转手把等必须动作灵活、可靠，位置正确。

（7）滚筒不得有裂纹和开焊现象，螺旋叶片的磨损量不超过原厚度的1/3。

（8）端面及径向齿座完整无缺，其孔磨损不超过 1.5 mm，补焊齿座的角度应正确无误。

3. 采煤机附属装置检修质量要求

（1）内、外喷雾系统水路畅通，喷嘴齐全，不得有漏水现象。

（2）底托架和挡煤板应无变形，无裂纹及开焊现象。

（3）滑靴磨损量不得超过 10 mm，其销轴磨损量不得超过 1 mm。

（4）冷却系统必须工作可靠，冷却器、管路均应做 1.5 倍额定压力的耐压试验，不得有变形和渗漏现象。

（5）导向器不得有变形、卡阻现象。

（6）牵引链张紧装置齐全可靠。液压张紧油缸按规定试验合格，弹簧张紧器伸缩灵活，弹簧不得有疲劳变形。

（7）无链牵引装置连接可靠，各零部件磨损量不超限。

（8）防滑装置应可靠无误，制动力矩应符合原设计要求。

三、采煤机完好标准

1. 机体

（1）机壳、盖板无裂纹，固定牢靠，结合面严密，不漏油。

（2）操作手把、按钮、旋钮完整，动作灵活可靠，位置正确。

（3）仪表齐全，灵敏准确。

（4）水管接头牢固，截止阀灵活，过滤器不堵塞，水路畅通，不漏水。

2. 牵引部

（1）牵引部运转无异响，调速均匀准确。

（2）牵引链伸长量不大于设计长度的3%。

（3）牵引链轮与牵引链传动灵活，无咬伤现象。

（4）无链牵引链轮与齿条或链轮的啮合灵活可靠。

（5）牵引链张紧装置齐全可靠，弹簧完整。紧链液压缸完整，不漏油。

（6）转链、导链装置齐全，后者磨损量不大于 10 mm。

（7）液压油质量符合相关标准要求。

3. 截割部

（1）齿轮传动无异响，油位适当，在倾斜工作位置，齿轮能带油，轴头不漏油。

（2）离合器动作灵活可靠。

（3）摇臂升降灵活，不自动下降。

（4）摇臂千斤顶无损伤，不漏油。

4. 截割滚筒

（1）滚筒无裂纹或开焊。

（2）喷雾装置齐全，水路畅通，喷嘴不堵塞，水成雾状喷出。

（3）螺旋叶片磨损量不超过内喷雾的螺纹。无内喷雾的螺旋叶片，磨损量不超过原厚度的1/3。

（4）截齿缺少或截齿无合金的数量不超过10%，齿座损坏或短缺的数量不超过2个。

（5）挡煤板无严重变形，翻转装置动作灵活。

5. 电气部分

（1）电动机冷却水路畅通，不漏水。电动机外壳温度不超过80 ℃。

（2）电缆夹齐全牢固，不出槽，电缆不受拉力。

6. 安全保护装置

（1）采煤机原有安全保护装置（如与刮板输送机的闭锁装置、制动装置、机械摩擦过载保护装置、电动机恒功率装置及各种电气保护装置）齐全可靠，整定合格。

（2）有链牵引采煤机在倾斜15°以上工作面使用时，应有可靠的防滑装置。

7. 底托架、破碎机

（1）底托架无严重变形，螺栓齐全紧固，与牵引部及截割部接触平稳，挡铁严密。

（2）滑靴磨损均匀，磨损量不大于10 mm。

（3）支撑架固定牢靠，滚轮转动灵活。

（4）破碎机动作灵活可靠，无严重变形及磨损，不缺齿。

四、采煤机故障处理基本知识

采煤机的故障类型主要有三大类：一是液压传动部分的故障，二是机械传动部分的故障，三是电气控制部分的故障。其中液压传动部分故障较多，占采煤机故障总量的80%以上。由于这部分故障多发生在复杂的液压系统，不易发现和查找，因此，在实际工作中，必须通过对故障征兆的分析判断，以及必要的检测和试验手段，才能正确判断故障点。

1. 判断故障的程序和方法

采煤机司机在分析判断故障时，首先要对采煤机的结构、原理和性能作全面的了解，只有这样才能对液压故障做正确的判断。

（1）判断故障的程序

听：听取当班司机介绍采煤机发生故障前后的运行状态，尤其听取细微现象、故障征兆，必要和可能时可启动采煤机听其运转声响。

摸：用手摸可能发生故障点的外部，判断温度变化情况和振动情况。

看：看液压系统有无渗漏，特别注意看主要的液压元件、接头密封处、结合面等是否有渗漏现象。查看运行日志记录和维修记录，查看各种系统图，看清采煤机运转时各仪表指示读数值的变化情况。

量：通过仪表、仪器测量绝缘电阻以及冷却水的压力、流量和温度，检查液压系统中高、低压实际变化情况和油质污染情况，测量各安全阀、背压阀及各种保护装置的主要整定值等是否正常。

分析：根据以上程序进行科学的综合分析，排除不可能发生故障的原因，准确地找出故障的原因和故障点，提出可能的处理方案，尽快排除故障。

（2）判断故障的方法

为了准确、及时地判断故障，查找到故障点，必须了解故障的现象和发生过程。判断故障的方法是先外部，后内部，先电气，后机械，先机械，后液压，先部件，后元件。按照这一方法层层解剖，就能比较容易、准确、迅速地判断出故障点。

1）先划清部位。首先判断是哪类故障，相应于采煤机的哪个部位，弄清故障部位与其他部位之间的关系。如采煤机的电气故障、机械故障及液压故障，分别对应于采煤机的电气部、截割部及牵引部。因此，只要搞清故障类别，即可确定故障的大体部位及部位之间的关系。

2）从部件到元件。确定故障点所在部件后，再根据故障的现象并利用上述判断故障的程序和方法在某一部件内深入检查判断，即可查找出具体的故障元件，即故障点。

2. 采煤机故障处理的一般步骤与原则

（1）处理故障的一般步骤

1）了解故障的表现和发生经过。对于故障的情况可以直接观察了解，也可借助各种仪表，如电气仪表、温度计、压力表等进行检查测试，取得确定的数据资料，以便进行分析研究。

2）分析故障原因。分析故障原因时，要在熟悉机器各部分的结构和动作原理的基础上，结合有关故障的具体情况来分析各种可能的原因，最后再做出判断。

3）做好排除故障前的准备工作。排除故障前，要先把情况了解详细，把原因分析清楚，并把需要的工具、备件和材料等准备齐全，同时还要把其他准备工作做好。

4）排除故障。排除故障过程中，打开盖板或拆卸机件时，要记住机件的相对位置和拆卸顺序。安装时要注意机件位置是否正确，连接是否牢固，连接件是否齐全等。作业中要注意保持四周环境清洁，严防杂物落入箱内。

（2）处理故障的一般原则

在处理故障时，根据故障现象和经过对故障点做出正确的分析判断，是一项十分重要而复杂的工作。对比较复杂的故障分析判断没有十分把握时，可以按照先简单后复杂、先外部后内部的原则来处理。

3. 判断和处理故障应注意的事项

在井下工作面处理采煤机的故障是一项十分复杂的工作，既要准确地处理好故障，又要时刻注意安全，所以在处理故障时应注意以下事项：

（1）排除故障时，应断开采煤机电源、隔离开关和离合器，闭锁刮板输送机，使防滑、制动装置处于工作状态；检查、处理并支护好采煤机周围的顶板、煤壁，将机器周围清理干净，在机器上方挂好篷布，防止碎石掉入油池中或冒顶、片帮伤人。

（2）处理故障过程中所需要的工具（特别是专用工具）、备件、材料必须准备充分。

（3）判断故障应严格按要求程序进行，试车一定要慎重，切不可把故障扩大。

（4）判断故障时，应注意综合分析，要仔细、准确判断故障，对症下药，切忌盲目用更换部件的方法来试探性处理问题。

（5）拆装的方法、顺序要正确。

（6）在处理故障的过程中，应注意零部件内部要清洁，无杂质及细棉丝等物。

（7）处理好故障后，安装零部件时，应注意零部件的安装方法和顺序，不要碰伤零部件的结合面、划伤密封圈，确保零部件及管路连接严密牢固、无松动、不渗漏。

（8）处理故障要彻底，不留后患，不能处理完老故障又出现新故障。

（9）更换的部件要合格，需更换的部件一定要事先检查，确认合格后才能进行安装，否则既浪费时间，又影响生产。

（10）故障处理完毕后，一定要清理现场、清点工具、检查机器中有无异物，然后盖上盖板，注入新油并排气后进行试运转。试运转合格后，检修人员方可离开现场。

五、采煤机常见故障的处理

1. 采煤机液压系统的故障处理

（1）采煤机液压系统的基本特点

1）在液压传动系统中，压力大小受工作负荷的影响。工作阻力大，液压系统中压力就大，同时压力损失和泄漏也随之增大。

2）液压传动系统主要靠管路连接，利用液压油传递动力。因此，管路漏损将严重影响系统的性能。

3）液压传动系统的工作介质是液压油，工作中油温变化直接影响液压油黏度的大小。

4）液压元件制造精度高、间隙小，多数配合为间隙配合。特别是液压泵和液压马达，要求其主要零件间既有良好的密封，又要动作灵活，相对运动的零件间借助油膜进行润滑，以减少金属摩擦。这就要求液压油中不能有水分、空气及机械杂质等，否则，将发生零件磨损或卡死等故障。

5）采煤机液压系统设有多种保护。因此，系统中起保护作用的液压元件的调定值一定要准确可靠，否则将影响采煤机的使用性能。

（2）采煤机液压系统故障分析要考虑的因素

1）压力变化情况。采煤机液压系统分高压和低压两部分。高压随负载的增加而升高；低压是恒定的，负载的增加或降低对低压无影响。当采煤机的液压系统发生故障时，其压力变化有以下几种情况：

①低压正常，高压降低。当负载增加时，高压反而降低，这说明液压系统有漏损，泄漏

处在主油路的高压侧，应停机处理。

② 高压正常，低压下降。说明低压系统或补油系统有泄漏，应检查主油路的低压侧和辅助泵，以及补油系统。

③ 高压下降，低压上升。说明液压系统中高、低压窜通，应检查高压安全阀、旁通阀、梭形阀是否有窜液。

2）油液污染情况

① 油温升高。液压油混入水后，油液乳化，油的黏度降低，系统泄漏增加，油温迅速上升。

观察分析的内容：观察牵引部油箱油位是否上升，抽油样观察油是否有沉淀现象。油进水后将分解，上部是油，下部是水，这种情况应立即换油。

② 牵引部有异常声响。液压油混入空气后可使液压系统产生气穴，液压泵将发出异常声响。如不及时处理将损坏液压泵。

检查分析的内容：检查过滤器是否堵塞，吸油管是否漏气，牵引部油箱液面是否太低。这都是造成系统吸空的主要原因，发现后及时处理。

③ 过滤器堵塞，液压系统泄漏。液压油混入机械杂质后，将造成过滤器堵塞。如不经常清洗过滤器，机械杂质将进入液压系统，使有些液压元件受损，从而导致系统泄漏。为防止这种现象发生，应每班检查和清洗过滤器，定期抽油样进行观察和化验分析。

3）伺服机构动作迟缓。由于液压油被污染，造成液压元件研损，致使液压系统泄漏增加，导致液压系统压力和流量都降低。因此，伺服机构动作迟缓，采煤机牵引力和牵引速度降低，采煤机工作不正常。

（3）采煤机液压系统常见故障分析与处理

采煤机液压系统常见故障分析与处理方法见表 6—7。

表 6—7　　采煤机液压系统常见故障分析与处理方法

故障现象	故障原因	处理方法
采煤机时牵引时不牵引	液压油污染严重、油中机械杂质超限。由于油脏，补油单向阀或整流阀（梭形阀）的阀座与阀芯之间可能有杂质。当上述阀的阀座与阀芯之间卡入的机械杂质较小时，采煤机牵引无力；当卡入的杂质较大时，采煤机不牵引；当卡住的杂质被油液冲掉时，采煤机牵引恢复正常；当杂质再度卡在该阀芯与阀座之间时，又出现牵引无力或不牵引现象	应清洗或更换补油单向阀、整流阀，然后清洗牵引部油箱并更换新油。其清洗方法为：加入低黏度汽轮机油（透平油）空运转 30 min 左右把油放掉。再加入少量规定牌号的抗磨液压油空运转约 10 min 再放掉。最后，按规定牌号和油量注入抗磨液压油
采煤机只能单向牵引	1. 伺服变量机构的液控单向阀油路或伺服阀回油路被堵塞或卡死，回油路不通，造成采煤机无法换向	1. 检修液控单向阀或伺服阀，清除堵塞的异物，必要时换油
	2. 伺服变量机构由随动阀到液控单向阀或油缸之间的油管有泄漏，造成采煤机不能换向	2. 紧固所有松动的接头，更换损坏的密封件，更换或修复漏液的油管
	3. 伺服变量机构调整不当，主液压泵摆动装置的角度摆不过来（不能超过零位），造成采煤机不能换向	3. 重新调整伺服变量机构，直至主液压泵摆动装置能灵活地通过零位
	4. 换向或功率控制电磁阀损坏。如换向电磁阀某一边、功率控制电磁阀欠载一边的电磁铁线圈断线或接触不良等原因，造成采煤机无法换向	4. 修复或更换损坏的电磁阀

续表

故障现象	故障原因	处理方法
液压牵引部产生异常声响	1. 主油路系统缺油 2. 液压系统中混有空气 3. 主油路系统有外泄漏 4. 主液压泵或液压马达损坏	1. 查清原因,进行处理,并补充缺油量 2. 查清进入空气的原因并消除,再重新排净系统中的空气 3. 查清泄漏的原因及部位。紧固松动的接头,更换损坏的密封件或其他液压元件,消除泄漏 4. 更换主液压泵或液压马达
补油热交换系统压力低或无压	1. 油箱油位太低或油液黏度过高,油质污染,产生吸空 2. 过滤器堵塞 3. 背压阀整定值低或因系统油液不清洁堵住了背压阀的主阀芯或先导孔 4. 补油系统或主管路低压侧漏损严重 5. 补油泵安全阀整定值低或损坏 6. 电动机反转 7. 吸油管密封损坏,管路接头松动,管路漏气或油液黏度高 8. 补油泵轴花键磨光或泵损坏	1. 按规定油位补加油液;怀疑油液污染时,应及时更换新油 2. 按规定间隔时间周期更换或清洗滤芯 3. 清洗背压阀、调整其整定值或更换损坏的背压阀 4. 更换漏油的油管和密封件。如果是补油系统的油管漏油时,液压箱上的补油压力表的压力和背压压力就会明显下降。此时,打开液压箱上盖,就会明显看出泄漏处,特别是电动机停止或快要停转时更为明显 5. 对补油泵的安全阀按要求整定,损坏时要更换 6. 纠正电动机的转向 7. 拧紧松动的吸油管接头,更换密封和吸油管 8. 更换补油泵空心轴,泵损坏时更换新件
液压牵引部过热	1. 冷却水流量不足或无冷却水 2. 冷却水系统短路、堵塞或泄漏,牵引部得不到冷却或冷却效果不好 3. 牵引部传动齿轮磨损超限,接触精度太低 4. 轴、轴承、座孔之间配合间隙不当 5. 油池油量过多或过少 6. 用油不当,油的黏度过高或过低,或油中含水、杂质过多 7. 牵引部液压系统有外泄漏	1. 将冷却水流量增大到规定值或打开关闭的阀门。确保水路畅通,保证供水质量与冷却效果 2. 查清部位,进行修复 3. 更换磨损超限的齿轮并换油,必要时更换牵引部 4. 更换轴、轴承,修理孔座 5. 调整到规定油量 6. 更换成规定品种、牌号的新油液 7. 查清原因进行修复
牵引速度慢	1. 调速机构螺钉松、拉杆调整不正确或者轴向间隙过大,调速时使主泵摆动装置摆角小 2. 制动器未松开,牵引阻力大 3. 行走机构轴承损坏严重,落道或者滑靴(轮)丢失 4. 主回路系统主液压泵、液压马达出现渗漏或损坏,造成压力低、流量小 5. 控制压力偏低	1. 调整拉杆到正确位置,紧固螺钉,消除间隙,达到动作准确、灵敏的要求 2. 接通制动器压力油源,使制动器松开。工作面倾角小于12°时,可以不装制动器 3. 确定行走部位损坏程度,若需更换应及时更换,如果是落道应及时上道,滑靴丢失也应及时安装 4. 修复渗漏处或更换主液压泵、液压马达 5. 根据控制压力偏低的原因进行处理修复
斜轴式轴向柱塞双向变量泵使用不久配油盘便损坏	1. 牵引部液压系统的液压油严重污染,油中机械杂质超限,配油副产生磨粒磨损,引起配油盘磨损超限或烧坏配油盘 2. 牵引部液压系统的液压油中水分超限,引起油液乳化或油液氧化变质、油膜强度下降,在配油副间出现边界摩擦,导致配油盘很快磨损超限而损坏 3. 牵引部液压系统油量严重不足。因油液污染和机械杂质超限,使补油元件或管路堵塞,或因补油回路本身的故障,导致主油路流量不足,在液压泵配油副间出现边界摩擦,导致液压泵配油盘损坏 4. 用油品种不当,因油的黏度过低致使配油副间呈现半干摩擦,导致配油盘很快损坏	1. 修复或更换配油盘,定期检查油质情况,发现油不合格时应及时更换 2. 查清引起油中有水的原因并排除,然后修复或更换配油盘 3. 查清油量不足的原因,并处理好,更换污染杂质超限的油液 4. 清洗系统,更换符合要求的液压油

续表

故障现象	故 障 原 因	处 理 方 法
附属液压系统无流量或流量不足	1. 油箱油位太低，调高泵吸不上油 2. 吸油过滤器堵塞，导致泵的流量太小 3. 液压泵损坏或泄漏量过大 4. 系统有外泄漏，引起流量不足	1. 将油加到要求规定的油位 2. 清洗或更换过滤器 3. 修复或更换液压泵 4. 修复附属液压系统泄漏处
滚筒不能调高或升降动作缓慢	1. 调高泵损坏，泄漏量太大而流量过小 2. 调高液压缸损坏或上、下腔窜液 3. 安全阀损坏或调定值太低 4. 油管损坏、密封失效、接头松动引起的外泄漏，导致系统供油量不足 5. 液压锁损坏	1. 修复或更换损坏的调高泵 2. 修复或更换调高液压缸 3. 修复或更换安全阀，或将调定值调至规定值 4. 紧固接头，更换损坏油管及密封件 5. 更换液压锁
滚筒升起后自动下降	1. 液压锁损坏 2. 调高液压缸窜液 3. 安全阀损坏 4. 管路泄漏	1. 修复或更换液压锁 2. 更换调高液压缸 3. 更换安全阀 4. 紧固接头，更换损坏的密封件和其他元件
挡煤板翻转动作失灵	1. 附属液压系统的液压泵损坏，泵无流量或流量不足 2. 油液污染，液压泵吸油过滤器堵塞，泵的流量太小 3. 液压泵安全阀压力调定值太低或安全阀损坏 4. 液压缸保护安全阀动作值太低或安全阀损坏 5. 挡煤板翻转液压缸（或液压马达）漏油或窜液 6. 换向阀损坏或卡死 7. 液压系统有外泄漏	1. 修复或更换液压泵 2. 清洗或更换滤油器，必要时更换油液 3. 重新将液压泵安全阀调定值调到额定压力值或更换安全阀 4. 重新将液压缸安全阀动作值调到额定动作值或更换安全阀 5. 修复或更换损坏的液压缸 6. 修复或更换损坏的换向阀 7. 拧紧松动的接头，更换损坏的密封、油管、接头等元件，消除泄漏故障点
采煤机降尘效果差	1. 喷雾泵的压力、流量不能满足采煤工作面要求 2. 供水管路有外泄漏，导致压力、流量不足 3. 供水管路截止阀关闭或未全部打开，流量太小 4. 过滤器堵塞 5. 供水质量差，引起喷嘴堵塞 6. 喷嘴丢失未能及时补充，水呈柱状喷出 7. 安全阀损坏或调定值低，造成供水压力不够	1. 调整喷雾泵的压力、流量 2. 修复供水管路 3. 打开供水截止阀 4. 清洗过滤器 5. 改善供水质量 6. 及时补上丢失的喷嘴 7. 更换安全阀，调整压力值

2. 采煤机常见机械故障的分析与处理

采煤机常见机械故障分析与处理方法见表6—8。

表6—8　　采煤机常见机械故障分析与处理方法

故障现象	故 障 原 因	处 理 方 法
截割部齿轮、轴承损坏	1. 由于设备使用时间过长，有的机械零件磨损超限，甚至接近或达到疲劳极限 2. 由于操作不慎，使得滚筒截割输送机铲煤板、液压支架前探梁（或护帮板），使截割部齿轮、轴承承受巨大冲击载荷 3. 缺油或润滑油不足，在有的齿轮副或轴承副之间出现边界摩擦，导致齿轮轴承很快磨损失效	1. 在地面检修采煤机时，尽可能将磨损严重的齿轮和轴承更换成新件，并确保安装质量；保障良好的润滑，减少磨损 2. 加强采煤工作面工程质量管理，设备配套尺寸要符合规定要求，推溜移架步距和端面距应符合规定要求。增强支架工、采煤机司机的工作责任心，提高操作技术，严格执行操作规程。司机要正确、规范、谨慎地操作采煤机，及时掌握煤层及顶板情况，尽量避免冲击载荷 3. 各润滑部位要按规定加够润滑油脂，并按“四检”制的要求，及时检查、更换或补充润滑油脂

续表

故障现象	故障原因	处理方法
截割部减速器过热	1. 用油品种不当 2. 油量过多或过少 3. 油中水分超限，或油脂变质，使得油膜强度降低 4. 齿轮、轴承磨损超限，接触精度太低，引起摩擦发热 5. 截割负荷太大 6. 无冷却水，或冷却水流量及压力不足 7. 冷却器损坏或冷却水短路	1. 按规定要求牌号加注油液 2. 按规定要求油量注油 3. 换油，并经常检查油质，发现其不合格应及时更换 4. 更换齿轮及轴承 5. 调节牵引速度与截深，降低负荷 6. 无冷却水及冷却喷雾系统不合格不得开机，修复冷却喷雾系统 7. 更换冷却器，查清短路原因并修复

六、典型采煤机常见故障分析与处理

以6MG200-W型采煤机为例。6MG200-W型采煤机常见故障分析与处理见表6—9。

表6—9　　6MG200-W型采煤机常见故障分析与处理

故障现象	故障原因	处理方法
采煤机不牵引（低压不降）	1. 刹车电磁阀电控失灵或阀芯蹩卡 2. 液压马达损坏 3. 功控电磁阀阀芯蹩卡或弹簧失效 4. 其他故障（高压溢流阀的调定压力过低，主液压泵断轴等）	1. 修理或更换刹车电磁阀 2. 修理或更换液压马达 3. 修理或更换功控电磁阀 4. 高压溢流阀的调定合适，修理或更换主液压泵
采煤机不牵引（低压下降）	1. 补油泵损坏，如两侧密封面严重拉毛 2. 高、低压油路严重漏损 3. 低压溢流阀故障，如低压溢流阀的阀芯卡住，以及调节弹簧损坏或调节弹簧座松动 4. 主液压泵与液压马达严重漏损 5. 液压油严重污染	1. 修理或更换补油泵 2. 检查油路泄漏处并处理 3. 修理或更换低压溢流阀 4. 修理或更换主液压泵与液压马达 5. 更换液压油
采煤机不牵引（系统无压）	1. 油位过低，吸不上油 2. 吸油管路堵塞 3. 油液黏度过高 4. 补油泵损坏，如发生键侧压溃、断轴 5. 补油泵转向相反 6. 通气塞孔堵塞	1. 将油加至正常位置，并检查泄漏处 2. 排出堵塞物 3. 排空油箱，更换低黏度油 4. 修理或更换补油泵 5. 改正电动机接线 6. 清洗或更换通气塞
调高泵的噪声过大	1. 吸油处管路部分堵塞 2. 空气由管路泄漏处进入系统 3. 空气在管路中密闭 4. 通气塞堵塞 5. 液压元件磨损或损坏 6. 调高泵的连接法兰松动 7. 泵运行速度过高 8. 油液黏度过大	1. 排除堵塞物 2. 检查接头是否泄漏，如需要则紧固并进一步检查软管 3. 如需要，给系统排气 4. 清洗或更换通气塞 5. 更换液压元件 6. 检查更换密封垫，适当紧固 7. 检查电动机整定速度，检查电压是否过高 8. 换用适当黏度的油
泵外泄漏	转轴磨损	更换O形密封圈

续表

故障现象	故 障 原 因	处 理 方 法
系统元件磨损较快	1. 油液内有研磨物 2. 油液黏度低 3. 持续高压超过泵的最大值 4. 系统中有空气 5. 通气塞阻塞	1. 清洗过滤器，更换油液 2. 检查油液黏度是否合适 3. 检查安全阀的整定压力，如需要应重新调整 4. 检查泄漏部位，进行修理 5. 排除阻塞物，清洗通气塞
泵内元件损坏频繁	1. 油压过高 2. 泵由于缺油滞塞 3. 外界异物进入泵内 4. 软管损坏	1. 检查，调整安全阀的压力为 20MPa 2. 检查油位、过滤器及供油管道，修理或更换 3. 拆开泵，排出异物 4. 检查软管，如需要请更换
系统压力过高	1. 安全阀压力整定不当或阀失效 2. 背压过高，回油不畅 3. 油液黏度过高 4. 调高泵安装过紧	1. 检查，调整压力，更换失效的安全阀 2. 检查回油环节是否有阻塞或憋卡，如果需要就更换 3. 检查油液黏度是否合适 4. 拆开并重新安装
调高系统不能动作	1. 调高泵损坏，泄漏量太大 2. 高压胶管损坏或接头松脱 3. 安全阀失灵，压力调不到所需的压力值或调得过低 4. 调高液压缸内活塞密封圈损坏或缸体焊接脱焊，相互窜油 5. 调高液压缸液压锁密封不严，互相窜油 6. 粗过滤器严重堵塞	1. 更换密封或调高泵 2. 更换高压胶管或紧固接头 3. 维修或更换安全阀 4. 更换密封或修复开焊处 5. 更换液压锁 6. 清洗或更换粗过滤器滤芯
摇臂蠕动	1. 调高液压缸、液压锁内部泄漏，或调高液压缸活塞杆腔外部泄漏 2. 调高电磁阀、手动换向阀未返回零位	1. 更换液压缸密封，如缸壁划伤则更换液压缸，更换液压锁 2. 修理或更换调高电磁阀、手动换向阀
摇臂抖动	调高液压缸节流塞与系统不匹配	更换节流塞
阀和调高液压缸过度磨损	1. 油液中有研磨性物质 2. 调高液压缸安装不当 3. 系统压力过高 4. 油液黏度过低或过高 5. 系统进入空气 6. 零件安装不当	1. 更换油液过滤元件 2. 检查并重新安装 3. 检查安全阀并重新调整 4. 更换黏度标号适合的油液 5. 排出空气，检查泄漏 6. 重新安装，合理装配

技能训练九　采煤机安装

一、训练目的

1. 能正确安装采煤机。
2. 熟知安装采煤机的注意事项和安装质量要求。
3. 掌握采煤机整机试验的内容。

二、训练内容

1. 安装采煤机。
2. 采煤机安装质量检查。
3. 整机试验。

三、训练所用设备、材料和工具

1. 采煤机。
2. 模拟工作面。
3. 手锤、手钳、胀簧钳、套筒扳手、活动扳手、起吊设备、铜棒、索具等。

四、训练过程

1. 训练前的准备

实习教师准备模拟工作面或课件。

2. 操作训练

（1）地面检查采煤机。

（2）地面试运转。

（3）面对模拟工作面或课件，叙述采煤机安装的准备工作和安装程序。

（4）面对实训车间安装后的采煤机进行安装质量检查。

（5）面对采煤机叙述整机试验的内容和要求。

（6）指导教师根据学生掌握的情况进行点评、指导与总结。

五、注意事项

1. 检查要认真、细致，注意方法。
2. 试运转注意安全，并在教师监督、指导下进行。
3. 采煤机安装的质量，直接影响设备的使用寿命和生产效率，应特别注意：

（1）截割部减速箱与电动机、电动机与泵箱，以及各部件与底托架的连接螺栓必须要紧固，否则长期使用产生松动，各部件之间出现间隙，会造成联轴节损坏，花键轴头磨损严重及各部件连接处的断裂。

（2）安装前仔细检查对接面是否平整，防止安装后紧固不严，产生漏油或击穿密封。

六、考核评价

采煤机安装考核评价见表 6—10。

表 6—10　　**采煤机安装考核评价**

类型	项目	项目与技术要求	配分	评定方法	得分
过程评价（40%）	1	遵守劳动（学习）纪律	10	考勤	
	2	认真听讲记笔记	10	观察	
	3	训练态度积极	20	检查、观察	

续表

类型	项目	项目与技术要求	配分	评定方法	得分
质量评价（60%）	1	回答问题、安装、试验正确	30	提问、检查、观察	
	2	操作熟练、安全	30	检查、观察	

技能训练十　采煤机操作

一、训练目的

1. 掌握采煤机操作前的检查准备工作。
2. 较熟练地操作采煤机。
3. 能正确处理采煤机运行过程中的问题。
4. 熟悉采煤机操作注意事项。

二、训练内容

1. 采煤机操作前的检查与准备。
2. 采煤机开机、运行、停机。

三、训练所用设备、材料和工具

1. 采煤机。
2. 模拟综采工作面。

四、训练过程

1. 训练前的准备

实习教师要严明操作纪律、讲明操作要求和安全注意事项。

2. 操作训练

(1) 采煤机操作前的检查与准备。
(2) 采煤机开机。
(3) 教师指出工作面出现的问题。
(4) 根据教师提出的问题，对采煤机的操作做出正确的反映。
(5) 采煤机的停机操作。
(6) 操作完毕后，说出操作的注意事项。
(7) 指导教师根据掌握的情况进行点评、指导与总结。

五、注意事项

1. 遵守操作纪律。
2. 确保安全，并在教师监督、允许下进行操作，严禁擅自操作。

六、考核评价

采煤机操作考核评价见表 6—11。

表 6—11　　采煤机操作考核评价

类型	项目	项目与技术要求	配分	评定方法	得分
过程评价(40%)	1	遵守劳动(学习)纪律	10	考勤	
	2	认真听讲记笔记	10	观察	
	3	训练态度积极	20	检查、观察	
质量评价(60%)	1	回答问题、操作正确	30	提问、检查、观察	
	2	操作熟练、安全	30	检查、观察	

技能训练十一　采煤机维护

一、训练目的

1. 会进行采煤机的维护检查。
2. 掌握采煤机需要润滑的部位和对润滑油的要求。
3. 能正确对采煤机加油润滑。
4. 能通过外观和气味判别液压油油液质量。

二、训练内容

1. 采煤机的维护检查。
2. 按要求对采煤机各润滑部位注油润滑。
3. 判别液压油油液的质量。

三、训练所用设备、材料和工具

1. 采煤机。
2. 各种润滑油、润滑脂。
3. 注油工具、常用的开口扳手、梅花扳手、内六角扳手、套筒扳手、手钳、手锤、胀簧钳等。

四、训练过程

1. 训练前的准备

实习教师准备各种质量的油脂，并预设故障点。

2. 操作训练

（1）按要求对采煤机进行维护检查。
（2）指出维护检查中出现的问题，并进行处理。
（3）对采煤机液压油液的质量进行判别。
（4）对采煤机各润滑部位加注润滑油、脂。
（5）指导教师根据学生掌握的情况进行点评、指导与总结。

五、注意事项

1. 遵守操作纪律。
2. 在教师监督、允许下对采煤机加注润滑油、脂，严禁擅自操作。

六、考核评价

采煤机维护考核评价见表6—12。

表6—12　　采煤机维护考核评价

类型	项目	项目与技术要求	配分	评定方法	得分
过程评价(40%)	1	遵守劳动(学习)纪律	10	考勤	
	2	认真听讲记笔记	10	观察	
	3	训练态度积极	20	检查、观察	
质量评价(60%)	1	回答问题、维护正确	30	提问、检查、观察	
	2	操作熟练、安全	30	检查、观察	

技能训练十二　采煤机常见故障处理

一、训练目的

1. 熟悉采煤机常见的故障与处理方法。
2. 提高分析、查找、处理采煤机故障的能力。

二、训练内容

1. 采煤机故障的分析。
2. 采煤机故障的查找。
3. 采煤机故障的处理。

三、训练所用设备、材料和工具

1. 采煤机。
2. 采煤机常见故障易损零部件。
3. 手锤、手钳、胀簧钳、套筒扳手、活动扳手等。

四、训练过程

1. 训练前的准备

实习教师对采煤机预设常见的故障点。

2. 操作训练

（1）针对采煤机故障现象，正确分析故障的原因，并提出查找的步骤和处理办法。
（2）根据采煤机运行的情况，判断故障的现象。
（3）根据采煤机故障的现象，分析故障的原因，并进行正确处理。

(4) 采煤机试运行，故障现象消除。

(5) 指导教师根据学生掌握的情况进行点评、指导与总结。

五、注意事项

(1) 一定要遵守操作纪律。

(2) 在教师监督、允许下对采煤机进行开机操作，严禁擅自操作。

(3) 注意安全。

六、考核评价

采煤机常见故障处理考核评价见表6—13。

表6—13　　采煤机常见故障处理考核评价表

类型	项目	项目与技术要求	配分	评定方法	得分
过程评价(40%)	1	遵守劳动(学习)纪律	10	考勤	
	2	认真听讲记笔记	10	观察	
	3	训练态度积极	20	检查、观察	
质量评价(60%)	1	回答问题、故障处理正确	30	提问、检查、观察	
	2	操作熟练、安全	30	检查、观察	

思考练习题

1. 简述采煤机地面检查的主要内容。
2. 采煤机地面试运转有哪些要求？
3. 简述采煤机安装质量要求。
4. 采煤机安装后应做哪些试验？
5. 简述采煤机操作前的检查与准备工作。
6. 简述采煤机的开停机步骤。
7. 简述采煤机在运行过程中的注意事项。
8. 采煤机操作注意事项有哪些？
9. 采煤机维护检查的主要内容有哪些？
10. 润滑油、润滑脂使用中应注意哪些问题？
11. 采煤机的注油部位有哪些？
12. 采煤机检修的内容有哪些？
13. 判断采煤机故障的程序和方法是怎样的？
14. 采煤机常见故障的原因及处理方法有哪些？

参 考 文 献

［1］ 沈国才．采煤机［M］．北京：中国劳动社会保障出版社，2009.

［2］ 全国煤炭技工教材编审委员会．采煤机［M］．北京：煤炭工业出版社，2000.

［3］ 张红俊．综合机械化采掘设备［M］．北京：化学工业出版社，2008.

［4］ 刘建功，吴森．中国现代采煤机械［M］．北京：煤炭工业出版社，2012.

［5］ 李锋，刘志毅．现代采掘机械［M］．北京：煤炭工业出版社，2011.

［6］ 梁兴义，徐蒙良．液压传动与采掘机械［M］．北京：煤炭工业出版社，1997.

［7］ 王启广，李炳文，黄嘉兴．采掘机械与支护设备［M］．徐州：中国矿业大学出版社，2006.

［8］ 白杰平，马晴和．液压传动与采掘机械［M］．北京：煤炭工业出版社，1995.

［9］ 贾民．AM500 双滚筒采煤机故障分析与处理［M］．徐州：中国矿业大学出版社，1998.

［10］ 编委会．采煤机司机［M］．北京：煤炭工业出版社，2006.

［11］ 谢锡纯，李晓豁．矿山机械与设备［M］．徐州：中国矿业大学出版社，2002.

［12］ 国家安全生产监督管理总局，国家煤矿安全监察局．煤矿安全规程［M］．北京：煤炭工业出版社，2016.

［13］ 孙执书，李缤．采掘机械与液压传动［M］．徐州：中国矿业大学出版社，1991.

［14］ 程居山．矿山机械［M］．徐州：中国矿业大学出版社，1997.

［15］ 马新民．矿山机械［M］．徐州：中国矿业大学出版社，1999.

［16］ 刘胜利．矿山机械［M］．北京：煤炭工业出版社，2005.

［17］ 钟诚．采煤机司机［M］．北京：煤炭工业出版社，2003.

［18］ 刘德喜．采掘机械［M］．北京：煤炭工业出版社，1994.

［19］ 王寅仓，丁原廉．采掘机械［M］．北京：煤炭工业出版社，2005.

［20］ 李启明．煤矿机械检修工艺学［M］．北京：煤炭工业出版社，1991.

［21］ 陈奇，许景昆．双滚筒采煤机［M］．北京：煤炭工业出版社，1992.